To D. H. Rowe
von AWS 1980

Fossilien

Bilder und Gedanken zur paläontologischen Wissenschaft

Von Wilhelm Schäfer

Im Verlag von Waldemar Kramer
Frankfurt am Main

Senckenberg-Buch 58
Herausgegeben von der Senckenbergischen Naturforschenden Gesellschaft
zu Frankfurt am Main

ISBN 3-7829-1075-3
Schutzumschlag und Buchgestaltung:
Renate Klein-Rödder
Lichtsatz von Johannes Weisbecker, Frankfurt am Main
Druck und Einband von W. Kramer & Co. Druckerei-GmbH. in Frankfurt am Main

Vorwort

Diesem Buch liegt eine Rede zugrunde, die am 22. September 1975 bei einer öffentlichen Abendveranstaltung auf der 45. Jahrestagung der Paläontologischen Gesellschaft in Hannover gehalten wurde. Sie wurde auch als „Senckenberg-Buch 56" herausgegeben. Das schmale Bändchen war in wenigen Monaten vergriffen.

Die weitere Nachfrage nach der Rede hat die Senckenbergische Naturforschende Gesellschaft veranlaßt, den Redetext – sehr erweitert und nunmehr reich mit Bildern versehen – als „Senckenberg-Buch 58" zu veröffentlichen. Zahlreichen erneuten Gesprächen mit meinen Mitarbeitern im Senckenberg-Museum, Paläobotanikern, Zoologen der Taxonomie und Funktionellen Anatomie, Paläozoologen, Paläoanthropologen und Geologen, verdanke ich fruchtbare Hinweise. Ihnen allen danke ich sehr herzlich.

Mein Dank gilt auch Frau *Renate Klein-Rödder* für die graphische Gestaltung des Buches, Frau *Theresia Helmerich* für das Schreiben der Manuskripte und dem Verleger Dr. *Waldemar Kramer* für die gute Ausstattung dieses Buches.

Wilhelm Schäfer

Inhaltsverzeichnis

I. Absichten und Ziele

Was Fossilien im Spiegel wissenschaftlicher Fragestellung eigentlich seien und was Paläontologie als Wissenschaft und als Bildungsträger heute wäre, darüber abzuhandeln hat sich dieses Buch vorgenommen.

So zu fragen, betrifft gerade den Autor dieses Buches besonders, hat er doch ein Leben lang diese historische Naturwissenschaft, vornehmlich aus der Beobachtung heutzeitigen Geschehens in der Natur (aktualistisch arbeitend) erlebt; also diese mehr von außen betrachtend, aber immer in der Absicht, sie ganz zu verstehen, ihr zu dienen und an der richtigen Stelle behilflich zu sein. Dieses Buch ist keine Historie dieser Wissenschaft, vielmehr eine Sammlung von ± selbständigen Essays in dem Versuch, mit Hilfe ihrer Historie zu bestimmen, wo diese Wissenschaft heute im Kreis verwandter Disziplinen steht und wie sie in unserer gegenwärtigen Welt als Bildungsträger benötigt wird.

Es ist sicherlich richtig, daß das Ansinnen, nämlich eine Wissenschaft (und hier die Paläontologie) in wichtigen Teilen zu deuten, immer von neuem und von den unterschiedlichsten Seiten her gestellt wird, so oft dies auch in der Vergangenheit schon geschehen ist. Ist doch Wissenschaft nichts Statisches, ein einmal so Gegebenes und so Existierendes. Wissenschaft hat, so weit sie in Freiheit sich entwickelt, ihre Dynamik, sie ändert sich oft in wenigen Jahren oder fast plötzlich, ja in Revolution alte Beziehungen und gegangene Wege verlassend und neue betretend. Sie ändert sich in ihren Zielen und in ihrer Stellung zu anderen Wissenschaften und zum Leben der Menschen in der Zeit und ihren ökonomischen Absichten.

Unser Thema ist also mit diesen hier gegebenen Überlegungen nicht erledigt, es ist ein Thema von Dauer.

Wenn – allerdings hier nur bedingt – von geschichtlichen Betrachtungen zur paläontologischen Wissenschaft als Voraussetzung für diese Untersuchungen die Rede ist, so sollten doch drei Autoren eingangs genannt werden; sie haben sich diesem Thema z. T. weit ausholend gewidmet. So sei zuerst auf die klassische Darstellung von KARL VON ZITTEL (1839–1902) mit dem Titel »Geschichte der Geologie und Paläontologie bis Ende des 19. Jahrhunderts« (1899), hingewiesen. Ebenso nenne ich CARL CHRISTOPH BERINGER (1954), dessen Darstellung so deutlich, wie er sagt, »Wert und Eigenwert der beiden historischen Naturwissenschaften«, der Paläontologie und der Geologie, offenlegt, und ich nenne HELMUT HÖLDER (1960), der in der Reihe »Orbis academicus, Problemgeschichten der Wissenschaft in Dokumenten und Darstellungen« eine Entwicklung der Paläontologie als Wissenschaft (»in Texten und ihrer Geschichte«) gegeben hat.

Vorliegendes Buch will jedoch, obwohl darin Daten zur Geschichte der Paläontologie reichlich gebracht werden, einerseits keine Geschichte dieser Wissenschaft sein; auch andererseits kein kurzgefaßtes oder Stoff-aufzählendes Lehrbuch der Paläontologie, das sich mit dem faktischen Inhalt dieser Wissenschaft befaßt und dazu alte und neue Einzeltatsachen geben will.

Es will vielmehr die schöpferisch-geistigen Erfahrungen im Umgang mit Fossilien und mit einer Wissenschaft nacherleben, also Prinzipien der Einsicht aus Vergangenheit und Gegenwart verdeutlichen und daher immer vom Historischen her ihre Ideen und ihre Grundgedanken öffnen: Es will die eigentlichen Voraussetzungen, unter denen diese Wissenschaft – ohne darin vollständig zu sein – heute lebt und sich entfaltet, verdeutlichen.

Damit ist dies kein Buch allein für den Fachmann oder den angehenden Fachmann. Es will in geistesgeschichtlicher Methode das Wissensgut und auch das Bildungsgut, das in dieser Wissenschaft steckt, einem größeren Kreis nahebringen. Erhält diese Wissenschaft doch heute – wie nachzuweisen sein wird – zunehmend tiefere allgemeine Bedeutung.

Der Inhalt des Buches bringt nicht die ganze Paläontologie. Eine solche müßte das weite Feld biostratigraphischen Denkens vertieft untersuchen, müßte den geologischen Zeitbegriff und die Gliederung in Formationen diskutieren, müßte auf den mikropaläontologischen Arbeitsbereich, der sich heute zu einem fast selbständigen Fach mit eigener Methodik entwickelt hat, eingehen und müßte vor allem daran anknüpfend den Bezug paläontologischen Forschens zum Kartierungswesen und zur ökonomischen Praxis zur Sprache bringen, ob es sich um die Ausbeutung von Erzlagerstätten oder von Kohle und vor allem von Erdöl und Erdgas handelt. Dies geschieht also in diesem Buche, das kein Kompendium und kein Lehrbuch sein will, nicht; jedoch soll sehr wohl die Bezogenheit dieser Wissenschaft zur Praxis in einigen Textabbildungen anklingen.

Der Mittelpunkt unserer Betrachtung liegt dort, wo das taxonomisch bestimmte Einzelobjekt zu finden ist, d. i. in den Bereichen der Morphologie und Phylogenie, der Todes- und Einbettungslehre, der Fährten- und Spurenkunde, der Biofazieskunde. Wenn das Buch, wie angekündigt, die Paläontologie auch als Bildungsträger, welcher in besonderer Weise unser Weltbild bestimmen kann, sieht, so muß es über die Beziehung dieser Wissenschaft zum Visuellen und zu den gestalterischen Kräften in uns aussagen. Das aber leitet hin zu den Abbildungen, die diesem Buch beigegeben sind.

Definition, Entwicklung und Inhalte einer Wissenschaft sind Geistesgeschichte, und es ist in einer solchen Darstellung vorab von Wissenschaftstheorien die Rede.

Solche Abstrakta sind nicht zu »illustrieren«. Dies bedauere ich hier umso mehr, als es gerade die Paläontologie mit gewachsenen »Gestalten« zu tun hat, also das Visuelle in dieser Wissenschaft, wie wir oben sagten, eine so große Rolle spielt und schließlich um so mehr, als dieses Buch gerade auch für die Hand des interessierten Laien bestimmt ist, welchem Fossilien, die Geschichte der Organismen, deren Erforschungsgeschichte und auch die Art, in der eine Naturwissenschaft in der Zeit lebt, weitgehend unbekannt sind. So seien diesen Seiten – ohne näheren Bezug zu dem Gesagten – Illustrationen beigegeben, besonders eindrucksvolle Fossilien sowie zeichnerische Auseinandersetzungen, wie sie im »paläontologischen Alltag« entstanden sind, dazu Rekonstruktionen sowie Bilder von der Bergung von Fossilien und heutige Fossilanwärter in ihrer natürlichen (und heutigen) Umwelt.

Ich bin mir darüber im klaren: Bilder von organischen Gestalten, die zum betrachtenden Verweilen anregen und einen auf Wissenschaft zielenden Text begleiten, verführen nur zu leicht den Betrachter zu dem Versuch eines »anschaulichen Begreifens« der organischen Form. Sie machen in einem Denken in Archetypen, unabhängig von aller kritischen Ratio, befangen.

Sie leben, anders gesagt, nur zu leicht in der Gedankenwelt einer lange überwundenen »idealistischen Morphologie«, wie diese von den Naturwissenschaftlern in der Romantik zu Beginn des 19. Jahrhunderts vertreten wurden. Dies damals um so mehr, als viele Naturwissenschaftler Maler waren oder – ihrem Zeitgeist (Romantik) verschrieben – in enger Beziehung zu den Problemen der bildenden Kunst standen. So war es nur verständlich, daß alles, was sie auch taten, von vornherein dem »Anschaulichen« verhaftet war.

Dies aber ist in diesem Buch gerade nicht mit der Beigabe von Abbildungen gemeint. Vielmehr sollen sie ganz schlicht den Gegenstand, von dem in diesem Buch die Rede ist, dem Fernerstehenden verdeutlichen, wobei »verdeutlichen« bedeutet: Formbeziehungen und Lagebeziehungen bemerken und Funktionszusammenhänge feststellen. Auch sollen die Abbildungen die Art und Weise, in der wir heute mit Fossilien umgehen, veranschaulichen. Es ist daher in diesem Buch der Betrachter weniger mit portraithaften Photographien von Fossilien allein gelassen; es stehen vielmehr Bilder und Skizzen von Konstruktionen im Vordergrund oder Grabungsberichte oder Bilder vom paläontologischen Geschehen in der Gegenwart, auch von heute lebenden Tieren als Nachfahren von Fossilien, vom technischen Gerät und von Schiffen und dem ökonomischen Bezug, der letzten Endes in allen Naturwissenschaften vorhanden ist. Was die Fossilien selbst betrifft, so gebe ich vor allem Beispiele aus der Wirbeltierkunde, einschließlich des Menschen, aus dem Gebiet der Fossilgrabungen, der Betrachtung fossiler und rezenter Schichtflächen.

Kurz, die Illustrationen mit ihren Bildtexten dazu sollen der Einstimmung dienen. Sie sollen deutlich machen, wie in dieser Wissenschaft – und das ist seit je so – Konkretum und Abstraktum zusammen das Ganze erst ausmachen.

Naturwissenschaft ist nicht Spiegelbild des Beziehungsgefüges der vorgefundenen natürlichen Dinge. Wissenschaft ist vielmehr von Menschen gemacht und spiegelt die Folge menschlicher Ideen über die Natur. Um dies recht deutlich zu machen und um das Verständnis für Wissenschaft als Stück der großen, unser Denken umfassenden Geistesgeschichte zu stärken, habe ich der Folge von Fossilbildern eine Sammlung von etwa 40 Forscherbildern am Ende des Buches beigefügt. Es wird dabei deutlich: in dieser Auswahl erscheinen auch Köpfe, die in einer rein fachbezogenen Geschichte der Paläontologie nicht zu finden wären, und es fehlen solche, die in einer Geschichte der Paläontologie sehr wohl gefunden werden sollten. Das zeigt uns schon, das Buch will unsere Wissenschaft, die Paläontologie, nicht fachwissenschaftlich verstanden wissen; es soll vielmehr das Verständnis dafür geweckt werden, daß unsere Wissenschaft, neben vielen anderen, Teilstück der einen großen abendländischen Idee ist, das Geheimnis des Lebendigen mit dem hier entstandenen Mittel des wissenschaftlichen Denkens etwas zu lüften.

Aber noch ein Hinweis: Fossilien, so empfinden wir auf den ersten Blick oder dann, wenn wir uns lange mit ihnen beschäftigen, sind schön. HAECKEL (1834–1919, Abb. 211) ließ sich in seinem ästhetischen Empfinden dazu verleiten, »Kunstformen der Natur« in einem Band zusammenzustellen. Auch wir empfinden die Schönheit, die in den von HAECKEL in Buntlithographien gegebenen Naturgegenständen (Radiolarien, Quallen, Rippenquallen, Venusgürtel etc.) liegt, und wir widmen in diesem Buch einen ganzen Abschnitt dem Visuellen. Aber hüten wir uns: Die Natur erzeugt nicht in manchen und später vom Menschen ausgewählten Fällen »Kunstformen« und verzichtet in anderen Fällen darauf. Vielmehr sind wir es in diesem Fall selbst, die wir die Ästhetik in bestimmte Naturdinge hineinsehen oder als Maler durch Umsetzen und Abstrahieren hineinlegen. Von diesem Vermögen lebt mit Recht letzten Endes jedes naturhistorische Schaumuseum heute und lebt auch die bildende Kunst seit Jahrtausenden. Als Wissenschaftler sollten wir nur die rationalen, also naturgesetzlichen und wissenschaftlichen Beziehungen suchen. Dabei tritt die Ästhetik an den Rand des Blickfeldes.

Eine weitere Gruppe von Abbildungen und graphischen Darstellungen bezieht sich unmittelbar auf das im Text Gesagte; es sind echte Illustrationen von im Text Dargestelltem. Welchem Teilbezirk paläontologischen Forschens die Abbildungsinhalte angehören, ist im Abbildungstext, wo dies notwendig ist, vermerkt. In jedem Fall können die Bilder, und darin habe ich mich besonders bemüht, in ihrem Inhalt und in ihren Erläuterungen als selbständige Aussagen genommen und verstanden werden.

Vergessen wir aber nicht: Hinter den ohne näheres Engagement zu beschauenden Photographien und hinter den manchmal amüsant zu betrachtenden Zeichnungen und Rekonstruktionen steht eine Wissenschaft mit vielen Fachgelehrten aus vielen Nationen. Ihr Umgang mit unserer Wissenschaft ist nüchtern; sie haben im Bestreben, die Naturgegebenheiten rational aufzuklären, seit Jahrhunderten meist mit der ganzen Existenz ihrer Wissenschaft gedient; Erkenntnisstreben am paläontologischen oder geologischen Objekt war ihnen Lebensinhalt.

II. Paläontologie, eine biologische Wissenschaft

Paläontologie – und damit wäre zu beginnen – ist eine biologische Disziplin. Und dies wird erst recht deutlich, wenn wir ihren Weg durch die Jahrhunderte verfolgen. Aber – und darin unterscheidet sie sich von den meisten anderen biologischen Disziplinen – sie entfaltet erst dadurch ihr eigentliches Wesen, daß sie bei aller Eigenständigkeit ihre Kräfte verströmt in andere Disziplinen, daß sie von dort Wesentliches empfangen hat und täglich empfängt. Ich meine vor allem ihr Verhältnis zur Geologie, ein Verhältnis, das von der Sache her, d. i. vom Fund der Versteinerung im Gestein her so eng ist, daß unsere Wissenschaft auf deutschen Hochschulen nur im Rahmen der Erdwissenschaften (und nicht im Rahmen der Biologie) betreut wird und nur so institutionell und finanziell existiert. Die nahe Verbindung zur Geologie rührt daher, daß für die Geologie – wie wir sehen werden – unsere Wissenschaft nicht beliebige Ausweitung, sondern seit alters integriertes Teilstück (Datierungsfrage, Lagerstättenwesen) ist.

Geistesgeschichtlich gesehen, setzt sich unsere Wissenschaft – und darin entspricht sie in ihrem Gefüge der Biologie überhaupt – aus mehreren einzelnen Komponenten, aus sogenannten Grundwissenschaften (mit ihren Folgewissenschaften) zusammen (Meyer-Abich 1963, Abb. 222). Sie ist damit – eben durch das Zusammengefügtsein aus den verschiedensten und nicht immer aufeinander bezogenen Fragestellungen und Sparten und durch die Verbindung dieser im einzelnen divergierenden „Paläontologien" – keine systematische Einheit, sehr wohl aber doch ein in ihren Strukturen, in ihren Funktionen und in ihren geschichtlichen Epochen, im wesentlichen erst in den letzten Jahrhunderten gewachsenes Ganzes, das nicht nur vom Namen her mit Recht als Einheit empfunden wird.

„Ihre Theorien können also nicht, weil keine systematische Einheit, aus einem allgemeinen Prinzip durch logische oder mathematische Operationen abgeleitet werden, indem jede Teilerkenntnis ein Baustein zu diesem einen, übergeordneten Erkenntnis-System ist."

Sie besteht vielmehr – wie die Biologie und auch die Geologie selber – aus mehreren selbständigen Teilgliedern;

sie ist damit ein Bündel divergierender, in ihrer Methodik sehr verschiedener und in ihrer Beziehung zueinander nur geschichtlich zu verstehender Teilaspekte.

Wenn Paläontologie, wie die Naturwissenschaften überhaupt, eine Geschichte hat, so bedeutet dies, daß Nachfolgendes in Beziehung zu Vorhergehendem steht, daß Entwicklungen zu erkennen sind. Meyer-Abich (1963) spricht von einer „logischen Entfaltung der Naturwissenschaften". Er erkennt für die Biologie einzelne Entwicklungsstufen, die zusammengenommen das sinnvolle Ganze des historischen Ablaufs durch die letzten zweieinhalb Jahrtausende erst ausmachen. Auch für die Paläontologie, so ist festzustellen, ist diese „Entfaltung" als Kriterium echter Wissenschaft in wesentlichen Bereichen zu beobachten, wiewohl sie im Vergleich mit der Biologie des Rezenten eine sehr junge Wissenschaft ist. In dieser Darstellung übernehme ich daher, in dankbarer Erinnerung an viele gemeinsame Gespräche auf Spiekeroog, gern die obengenannten Meyer-Abich'schen Begriffe und folge damit der holistischen Stufenfolge Meyer-Abich's in den biologischen Naturwissenschaften auch für die Sinndeutung paläontologischer Forschung.

Er gliedert (1926) in drei Typen des forschenden Vorgehens, die er noch einmal unterteilt:

A. Deskriptiver Typus:
1. Stufe: Besondere Deskription
2. Stufe: Vergleichende Deskription

Abb. 1: Objekt paläontologischen Studiums, Homo sapiens: Hier: Reliefguß (Beton) mit rezentem menschlichem Schädel. — Original, Senckenberg-Museum.

3. Stufe: Theoretische Deskription.

B. Kausal-analytischer Typus:
1. Stufe: Qualitatives Experiment
2. Stufe: Quantitatives Experiment
3. Stufe: Historische Analyse.

C. Synthetischer Typus:
1. Stufe: Mathematische Theorie
2. Stufe: Historische Theorie.

Diese Typen und ihre Stufen sind ein logischer Ertrag. Sie folgen nicht unbedingt, aber in der Regel zeitlich aufeinander; sie existieren, sind sie einmal erarbeitet, nebeneinander und einander abstützend. Es geht in dieser Folge nichts an Erkenntnis verloren, alles erscheint in neuem Gewand wieder. Wie aus der Aufstellung ersichtlich, divergieren diese Folgen schließlich in zwei Richtungen, nämlich in die mathematische und in die historische Theorie.

Die einzelnen Stufen sind in der Paläontologie auf Grundwissenschaften und ihre Folgewissenschaften, diese aus der Biologie und aus der Geologie entwickelt, angewendet. Jede der fünf Grundwissenschaften (der Morphologie, der Taxonomie, der Physiologie, der Phylogenie und der Ökologie) – allesamt verschiedenen Denkrichtungen und historischen Gegebenheiten entstammend – haben die jeweils vorher entstande-

Abb. 2: Objekt paläontologischen Studiums, Homo sapiens: Kaum 6000 Jahre zurück reicht unsere relativ gesicherte Kenntnis vom Menschen. Für die ca. 1 Mio Jahre menschliche Urgeschichte liefern uns nur spärliche Bodenfunde ein ungefähres Bild menschlicher Entwicklung. Hier: Schauvitrine im Senckenberg-Museum mit einer Darstellung der Entwicklung der Geräte und Steinwerkzeuge, die dem Eiszeitmenschen zur Verfügung gestanden haben. — Vitrinen-Gestaltung Renate Klein-Rödder.

nen mit zum Inhalt, so daß die in den Grundwissenschaften und paläontologischen Folgewissenschaften enthaltene Unterschiedlichkeit der Denkformen (und damit die Vielzahl der Untersuchungsformen gegenüber dem Objekt) von Mal zu Mal zunimmt. So wird – wie Meyer-Abich sagt – die früh entwickelte Morphologie durch die später entstandenen Grundwissenschaften nicht überholt; sie ist vielmehr in den später entwickelten, z. B. in der Ökologie integriert. Damit ist die Morphologie selber eine neue geworden, und umgekehrt wäre diese Ökologie, ohne ihre typisch morphologischen Komponenten, ein Torso. Diese hier geschilderte Reihenfolge der Grundwissenschaften ist eine Hierarchie, eine aufsteigende Gliederung und Rangordnung; die fünf Folgewissenschaften sind historischer Adnex, heute in ihrem Inhalt zwingend, aber in ihrer Reihenfolge nicht festgelegt.

Die Grundwissenschaften als die wissenschaftlich-systematisch nicht mehr weiter auflösbaren und daher autonomen Einheiten mit ihren Folgewissenschaften machen die Paläontologie, wie sie heute existiert, aus. Ich meine mit diesen auf die Paläontologie bezogenen Grundwissenschaften und ihren Folgewissenschaften:

Grundwissenschaften

die Beschreibende Morphologie, die Systematik und Taxonomie, die Funktionelle Morphologie, die Phylogenie, die Ökologie, **Folgewissenschaften** die Aktuopaläontologie, die Paläanthropologie,	aus der Biologie hergeleitet
die Biostratigraphie, die Biofazieskunde und Paläogeographie	aus der Geologie hergeleitet

Lernen wir diese Grundwissenschaften und ihre Folgewissenschaften in Hinblick auf die in Rede stehende Paläontologie etwas genauer kennen. Auch hier folgen wir Meyer-Abich und gebrauchen seine Termini.

1. Morphologie – Taxonomie

Die erste Grundwissenschaft, nämlich die Morphologie, und die zweite, die Taxonomie (Systematik), sind in der Hochantike entstanden und basieren beide auf den Erkenntnissen eines Platon (427–348 v. Chr., Abb. 175) und eines Aristoteles (384–322 v. Chr., Abb. 176).

Morphologie ist im Ursprünglichen reine Beschreibung des als Form Gegebenen. Der enge Bezug zwischen Konstruktion und Form, wie er für uns heute besteht, wurde lange nicht (vielleicht mit Ausnahme des Iatromechanikers Borelli, 1608–1679, und mancher seiner Nachfolger, welche von allem Anfang her Leben vom Mechanischen her deuteten) gesehen.

Gilt es, Merkmale einer Gruppe von Individuen durch die Methode der Beschreibung und des Vergleichs als ein Gemeinsames oder doch Geordnetes erstehen zu lassen und Gruppe nach Gruppe spezialisierend, aber doch bezogen, herauszustellen, so sprechen wir also von Morphologie oder Vergleichender Morphologie und ordnen seit alters in Typusbegriffen; werden jedoch Merkmale gegenüber anderen deutlich herausgearbeitet (um eine Ordnung der Formen herbeizuführen), wird also das Trennende, das Besondere jedes einzelnen betont, sprechen wir von Systematik oder von Taxonomie.

Heute wird im allgemeinen unter „Systematik“ die Lehre von der Vielfalt der Arten und ihrer geordneten Abgrenzung voneinander verstanden; die Einordnung in das System im einzelnen wird als „Taxonomie“ bezeichnet. Taxonomie und Systematik sind morphologische Disziplin; sie sind die eine der zwei Weisen, Morphologie zu betreiben (s.o.).

a) Begriffsbestimmung

Wenn die klassische Gestaltenlehre (Morphologie) rein beschreibend und also statisch-platonisch genannt werden muß, so existiert der Begriff „Zeit“ nicht, nur die ewige Wiederkehr aller Dinge (Kreisprozesse).

Die ewige Veränderlichkeit der Zeit, die sich niemals wiederholt, die in der Antike Heraklit (544–483 v. Chr.) als einziger wohl sah und die erst das Wesen des Historischen späterhin wachsen läßt, gehört in der Antike der Scheinwelt an. Es stehen vielmehr „das Einmalige und der ewig gleichbleibende Raum im Mittelpunkt, das Besondere, das Unbewegte, das Einzelne als wahres, i. d. Z. nicht veränderliches, von der bloßen Erscheinungswelt abgerücktes Objekt als die einzig gegebene wissenschaftliche Wahrheit“ (Meyer-Abich).

Hier haben die Figuren der euklidischen Geometrie ihre Wurzel;

die dynamischen Gleichungen einer analytischen Geometrie, die Natur-Vorgänge und Abläufe (nicht Natur-Formen) faßbar machen, werden erst 2000 Jahre später (Descartes 1596–1650, Abb. 186) existent.

Beschreibung sieht in der Gestalt das Ruhende und das Gleichgewicht. Da aber Beschreibung der gegebenen Gestalt unterscheidet und spezifiziert, so führt sie zur Vergleichenden Morphologie, wie sie durch die Ordnung der Formen zur zweiten, schon oben genannten Weise morphologischen Forschens, zur Systematik und zur Taxonomie führt.

In welcher Form auch immer,

Biologie ist zunächst als Qualitätenlehre statische Beschreibung des unveränderlich Wirklichen

Abb. 3: Objekt paläontologischen Studiums, Homo sapiens: Ahnenkult und Kannibalismus beim heutigen Menschen. Hier: Kopfjägertrophäen vom »Schädelbaum« (Motiv eines Kopfjägertuchs von der Insel Sumbal, G. H. R. von KOENIGSWALD). — Vitrine im Senckenberg-Museum, Gestaltung RENATE KLEIN-RÖDDER.

und unterscheidet sich gerade darin von den modernen, dem Veränderlichen nachgehenden (und sich daher so gern in Kurven ausdrückenden) Naturwissenschaften.

Mit der so gekennzeichneten Erforschung der Gestalt von Pflanze und Tier und des statischen Raumes als einem zeitlos Seienden im Sinne der antiken Qualitätenlehre – also morphologisch, vergleichend morphologisch und taxonomisch-systematisch – beginnt die Biologie als Wissenschaft (Abb. 7).

Diese GOETHEsche Morphologie, als Anschauung eines zeitlos Seienden und ganz dem Sinne romantischen Zeitgeistes verhaftet, ist allerdings heute nicht mehr die unsere. Ist doch für uns in jeder Deskription eines organischen Naturgegenstandes (der ja stets Konstruktion oder funktionelles Gefüge ist) dieses Funktionelle im Vorgang des Beobachtens nicht eliminiert, vielmehr schon mitgedacht. Dies gilt auch dann, wenn es oft abgestritten wird. Beschreibung und Erklärung laufen bei aller säuberlichen Trennung des Konfigu-

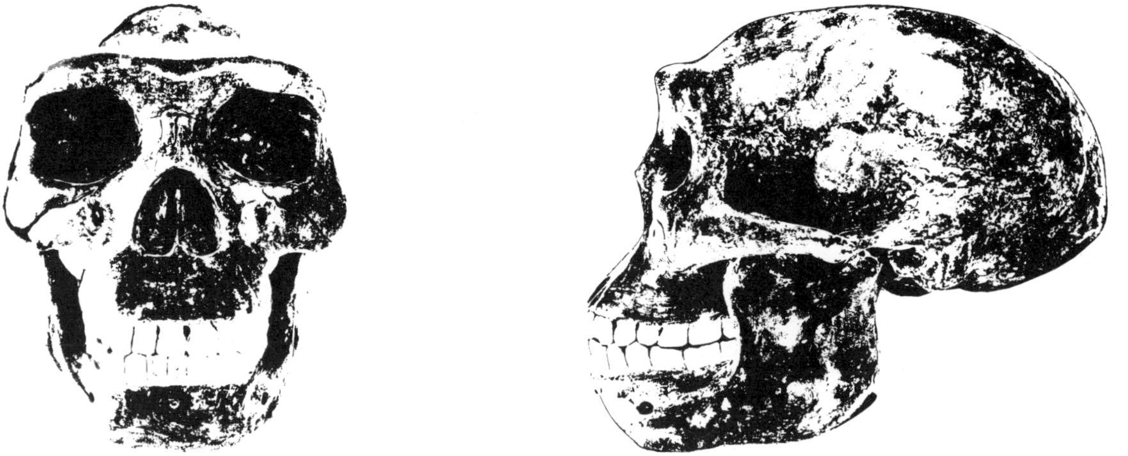

Abb. 4a u. b: Objekt paläontologischen Studiums, Homo sapiens: Rekonstruktion des 2 Mio Jahre alten Pithecanthropus modjokertensis (nach F. WEIDENREICH), frontal und im Profil. Sammlung G. H. R. von KOENIGSWALD, Senckenberg-Museum. — Aufn. E. HAUPT, Siebdruck J. WIRTH, Senckenberg-Museum.

rativen vom Konstruktiven in eines; das Quantitative verschiebt sich zum Qualitativen hin.

b) Gestaltenlehre als beschreibende Naturwissenschaft

Der Ausdruck „Morphologie" ist noch jung und erst von GOETHE (1749–1832, Abb. 194) geschaffen; er bedeutet bei ihm und auch später „Gestaltenlehre", die als Urphänomen im Anschaulichen liegt und an realen Beispielen mit individuellem Charakter darstellbar wird. Diese GOETHEsche Morphologie unterscheidet sich übrigens im deutschen Sprachgebrauch durch ihre Bindung an ein idealistisches Gestaltkonzept bis zum heutigen Tag von der „morphology" des Engländers. Dort meint „morphology" auch den Apparat.

Beschreibung der Formen einer Konstruktion oder späterhin Beschreibung eines Vorganges in der Zeit sind also nicht die platte Summation von beziehungslosen Einzelteilen und Einzeltatsachen; Beschreiben ohne Vorordnung der Bezogenheiten – so sehen wir es heute – kann sogar im Sachverhalt täuschen. Biologische Formen (z. B. ontogenetische) sind nur in ihrem funktionellen Bezug und im „Wozu" verständlich beschreibbar. Beschreibung von organischen Formen steht also von vornherein unter der Last bestimmter funktioneller Vorstellungen (Theorien). Zusammenfassend: Auf Beschreibung beruhende

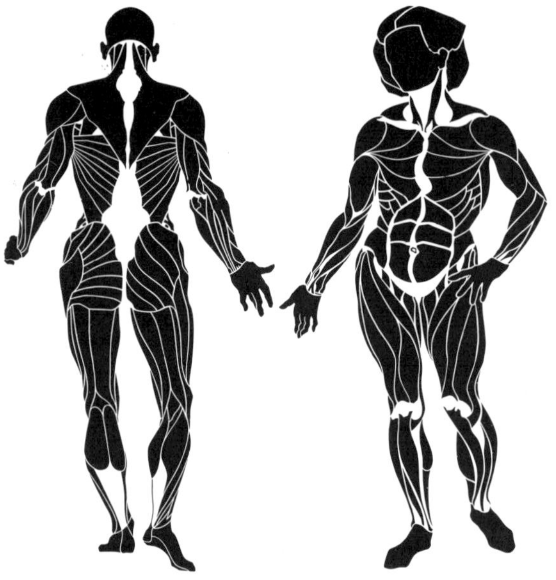

Abb. 5a u. b: Objekt paläontologischen Studiums, Homo sapiens: Oberflächenmuskulatur, dorsal und ventral. — Original, Senckenberg-Museum.

Erkenntnis ist mehr als einfache Anschauung eines zeitlosen Raumgebildes und ist mehr als Wiedergabe unmittelbarer, sinnlicher Anschauung von Einzelteilen und Einzelobjekten, vielmehr hat Beschreibung eine Konzeption, die Zusammenhänge (Gesamt-Zusammenhänge) erkennen läßt.

Dies alles betrifft den Paläontologen in besonderer Weise: Ist er doch, der er nicht dem Leben und seinen Vorgängen und Abläufen unmittelbar gegenübersteht, mit jedem Hammerschlag und mit jeder beginnenden wissenschaftlichen Auseinandersetzung immer von neuem der gegebenen und in statischer Ruhe verharrenden Gestalt seines Fossils gegenübergestellt. Trotzdem sollte er sich darüber im klaren sein, daß er die zu beschreibenden Objekte nur mit Hilfe eines vorgegebenen Konzepts fassen kann; wobei »Beschreiben« bedeutet, einen Gegenstand als Konstruktionsteil mit Worten so festzulegen, daß er von allen übrigen Gegenständen und Konstruktionen eindeutig zu unterscheiden ist. Vergleichende Beschreibung ist, das Gemeinsame einer Gruppe von Gegenständen hervorzuheben und herauszustellen.

Diesem Beschreiben, als einem kreativen und in Worten gehaltenen Nach- und Neugestalten und der verpflichtenden Sauberkeit, die in jeder Tätigkeit des Beschreibens von Gegenständen, Konstruktionen oder geologisch-stratigraphischen Raumeinheiten als Ausdruck wissenschaftlicher Äußerung wie eh und je zu liegen hat, widmete Rudolf Richter (1881–1957, Abb. 218) in einer Abhandlung über Studien im Paläozoikum der Mittelmeerländer (R. & E. Richter 1940) folgende Gedanken: »Zur Arbeitsweise: Die Beschreibenden Naturwissenschaften haben sich ihres Namens zu schämen begonnen, weil sorglose Arbeiten den Eindruck haben aufkommen lassen, als ob das gemeinte »Beschreiben« nur eine Buchung von Tatsachen wäre«. Die Bezeichnung »Beobachtende Naturwissenschaft« – so sagt Richter – würde dieses Mißverständnis vielleicht verhüten. In Wirklichkeit sei jenes »Beschreiben« das Ergebnis und der Ausdruck einer naturforschenden Arbeit im eigentlichen Sinne.

»Schriften der Beobachtenden Naturwissenschaften veralten nicht!«

Er drückt damit das Endgültige, das dem einmal wahrhaft Beschriebenen innewohnt, aus, so als wäre das Beschriebene das Objekt selbst: Beschreiben von Gegenstand und Vorgang führt zum »Dokument« und ist originaler Akt. Das Beschreiben liefert eine Urkunde mit Authentizität.

Der Freiraum des reinen Beschreibens des schlicht und im Augenblick natürlich Gegebenen sollte auch heute noch gewahrt werden. Unter dem Gesichtspunkt funktioneller Morphologie und ihrer heutigen Bedürfnisse tritt die Beschreibung des Vorganges zur Beschreibung der reinen Form, noch ehe das erste Experiment geplant ist. In der Bezeichnung der »Beobachtenden Naturwissenschaften« drückt sich bei Richter der Bezug zum Funktionellen bereits aus. Denn »Beobachten« ist nicht nur Registrieren: Beobachten schließt bereits Taxieren und Abwägen der gegebenen Gewichte, der beteiligten Einzelteile eines Systems und der funktionellen Beziehungen sowie die Fragen nach dem Warum und dem Wozu mit ein. Ein solches Beobachten ist also Erkennen und Herauslösen von Eigenschaften, gibt das Inventar der beteiligten Einheiten und die Bezüge, sowie die Neuordnung dieser Eigenschaften unter bestimmten Gesichtspunkten. In die gleiche Richtung zielt seine Definition des kritischen Katalogs; er ist Prototyp des Beschriebenen und Registrierten.

Richter in seinem spontan und treffend dargelegten Bekenntnis für das Beschreiben als einer wissenschaftlichen Tätigkeit erhielt in jüngster

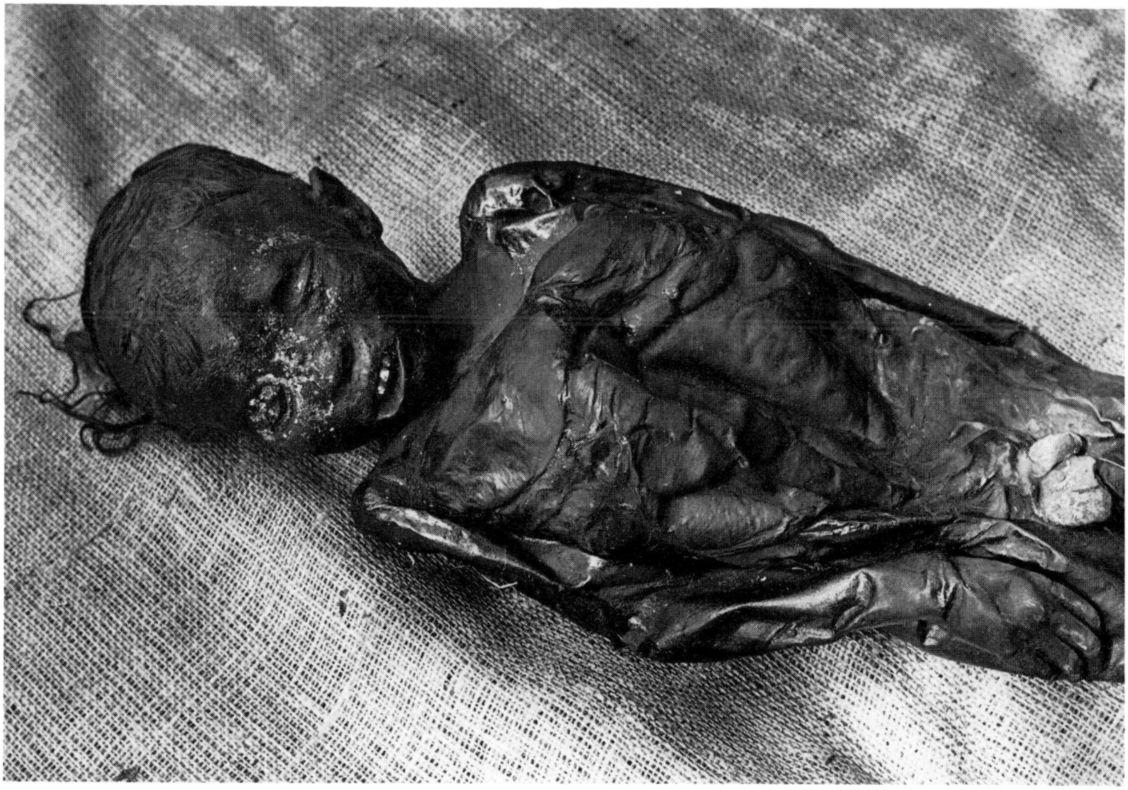

Abb. 6: Objekt paläontologischen Studiums, Homo sapiens: Künstliche Mumifizierung, unterstützt durch trocken-warmes Klima. Knabenmumie Ägypten. Sammlung Dr. EDUARD RÜPPELL, Senckenberg-Museum. – Aufn. E. HAUPT, Senckenberg-Museum.

Zeit – ohne daß der eine vom anderen gewußt hätte – in KONRAD LORENZ (1977) als einem Verhaltensforscher und Ethologen einen Fürsprecher. LORENZ breitet unter dem Titel »Der moderne Irrtum des Verzichts auf Beschreibung« vor dem Leser den mit dem Verzicht der Beschreibung verbundenen Verlust qualitativer Information aus.

Die sachliche Beobachtung des organischen Systems also und die Bestandsaufnahme seiner einzelnen Teile sei wichtiges und selbstverständlichstes Tun. Beschreibung müsse vor der Systematisierung erfolgen, beide aber seien Voraussetzung für die Abstrahierung. Beschreibend-vergleichende Anatomie und Systematik erst brächten Ordnung in die chaotische Vielfalt lebender Spezies und bereiteten den Weg für die Anerkennung des gemeinsamen Ursprungs aller Lebewesen, sei doch für Struktur- und Funktionseinheiten eine historische Erklärung erforderlich; eine solche sei hier aber tatsächlich auch eine kausale. So ist, worauf PETERS (1976) hinweist, Systematik nicht bloße Ordnung von Einheiten, sondern als solche auch Grundlage einer Synthese für die Gesamtkenntnis von Organismen.

Die Form des Denkens in vorwiegend anorganischen Dingen, so sagt LORENZ weiter, und in der dadurch bedingten Vorherrschaft technomorpher Denkgewohnheiten unter Vernachlässigung der Beschreibung aber würde in den Naturwissenschaften zu einer ausschließlich der Physik und Chemie adäquaten Wertschätzung führen, leider in großen Teilen die Biologie bestimmend und beeinflussend. Obwohl manche von uns die Gefahren dieser Entwicklung zu sehen begännen, sei die Mehrzahl der Menschheit noch immer trunken von dem Erfolg technomorpher Methodik, entsprechend anmaßend und geschwellt von jenem Hochmut, der vor dem Fall kommt. Indessen bedeute aber in der Biologie die Kenntnis der Struktur als einer qualitativen Größe nicht Mittel zum Zweck, sondern sei Zweck an sich. Die übliche, weithin sichtbare Unterschätzung aller nicht quantitativen Denkoperationen habe zudem allgemein verderbliche Folgen. Sie hindere die Menschheit am Verständnis für das, was Leben eigentlich bedeute, womit die falsche und oberflächliche Behandlung von Leben als schlimme Folge verbunden sei. Neben der quantitativen Unterscheidung organischer Systeme stehe vielmehr die an Strukturen gebundene qualitative; sie sei zunächst in der Vielzahl der einander gleichwertigen belebten Formen durch Beschreibung faßbar.

Beschreiben also, zu Richter zurückkehrend, ist nicht ungefährer Bericht von Äußerlichkeiten, ist nicht einfach Deskriptives.

Auf Beobachten beruhendes Beschreiben ist, belebte Gestalt in die Form der Sprache projizieren; Beschreiben ist – durch linear geordnete, den Sachverhalt treffende Wort-Inventarisierung der funktionell einander zugeordneten Teile – eine erste Maßnahme zur Klärung von Systemen (und das heißt: von Ganzheiten und von Gestalten). Auf Beobachten beruhendes Beschreiben ist gewiß einfaches, zugleich aber anspruchsvolles Mittel, Sachverhalte auseinanderzulegen und Ganzheiten vor Augen zu führen. Über dieses Beobachten sagt Popper (1972): »In der Wissenschaft spielt nicht so sehr die Wahrnehmung, wohl aber die Beobachtung eine große Rolle. Eine Beobachtung aber ist ein Vorgang, in dem wir uns äußerst aktiv verhalten. In der Beobachtung haben wir es mit einer Wahrnehmung zu tun, die planmäßig vorbereitet ist, die wir nicht ›haben‹, sondern ›machen‹ .... Beobachtungen sind immer selektiv«.

Beobachtbar und meßbar, so noch einmal Lorenz, seien zwei völlig verschiedene Dinge. Zuerst komme das Beobachten; das Messen komme später. Bei der Überprüfung sei die Quantifizierbarkeit das Entscheidende. »Um etwas zu beweisen, muß man messen.«

Es ist sicherlich kein Zufall, daß ein Paläontologe, Rudolf Richter, als erster von dem Wert des Beschreibens in den biologischen Naturwissenschaften und von den Gefahren, die mit seiner Mißachtung verbunden sind, gesprochen hat, leben doch Paläontologen in besonderer Weise zuerst einmal von der sichtbaren Welt.

Aber zurück zur Geschichte der Paläontologie: Haben also zwar die Antike – und in ihrem Gefolge das Mittelalter – die Morphologie als erste Grundwissenschaft beherrscht, so haben beide das Fossil, ich meine die Wissenschaft vom Fossil, doch nicht gekannt; sie haben, so sehr sie sich auch beschreibend und ordnend der rezenten Pflanze und dem rezenten Tier widmeten,

Fossilien als wissenschaftliche Objekte überhaupt nicht zur Kenntnis genommen.

Warum dies? Die Antwort wird nach der Definition von Morphologie und von Taxonomie die dritte biologische Grundwissenschaft, die Physiologie (S. 22), geben.

Abb. 7: Athen: Propyläen und Nike-Tempel (Akropolis). Ausgangsort morphologischer Wissenschaft: Erforschung der Gestalt als einem zeitlos Seienden. – Original.

Abb. 8a–g: Renaissance: Entdeckung funktioneller Zusammenhänge in Raum und Zeit. Hier: Handzeichnungen Leonardo da Vincis. 6 Darstellungen funktionellen Geschehens: (a.) = Wirkungsweise einer Feuerwaffe (Bombarde). (b.) = Untere Extremität: Beuge- und Streckstrukturen. (c.) = Kommunizierende Flußläufe mit überfluteten Räumen bei Hochwasser. (d.) = Organe der (menschlichen) Brust- und Bauchräume in ihrer Beziehung zueinander. (e.) = Getriebe für die Bewegung eines Flügelmodells. (f.) = Experiment zur Feststellung des Flügelauftriebs bei vorgegebener Größe und Form des Flügels, bezogen auf das Gewicht eines Mannes. (g.) = Wirkung der Sonnenstrahlen auf winterlichen Baum.

a

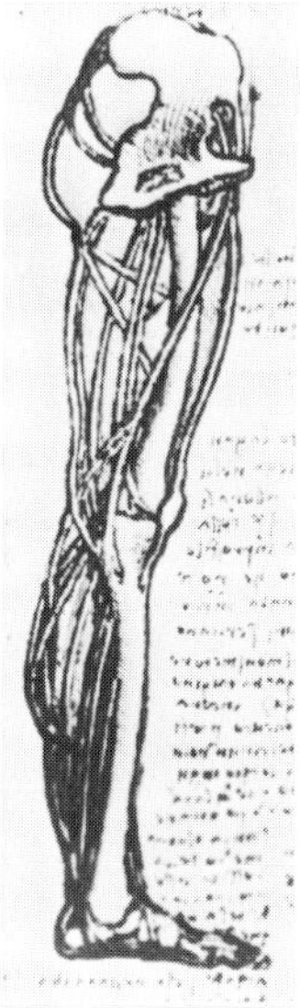

b

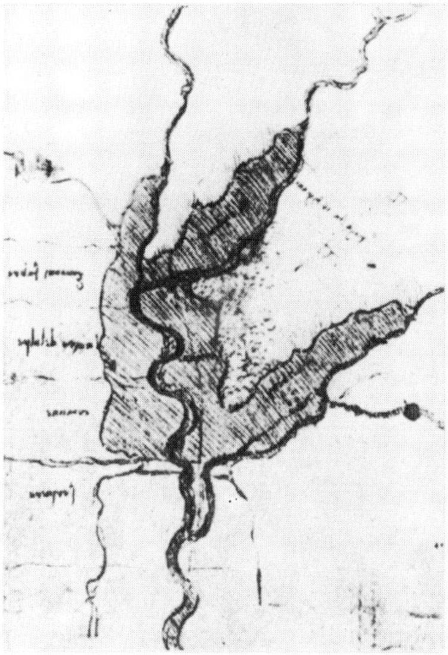

c

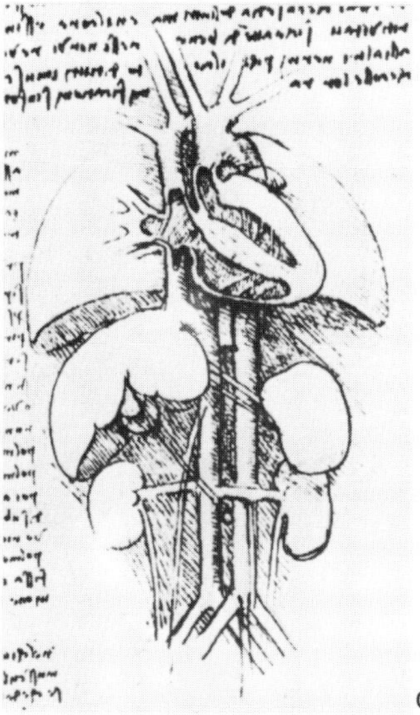

d

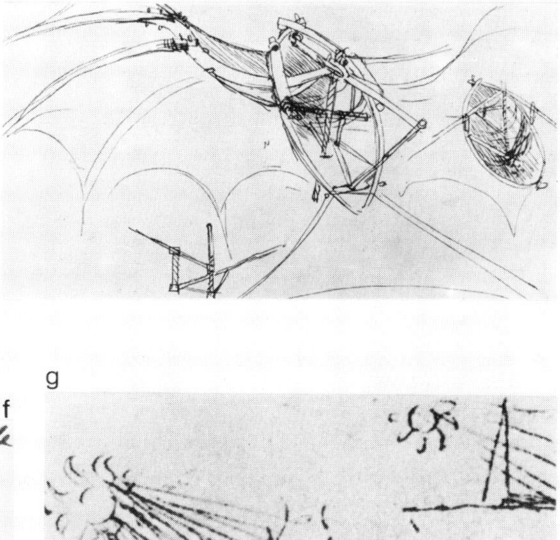

e

f

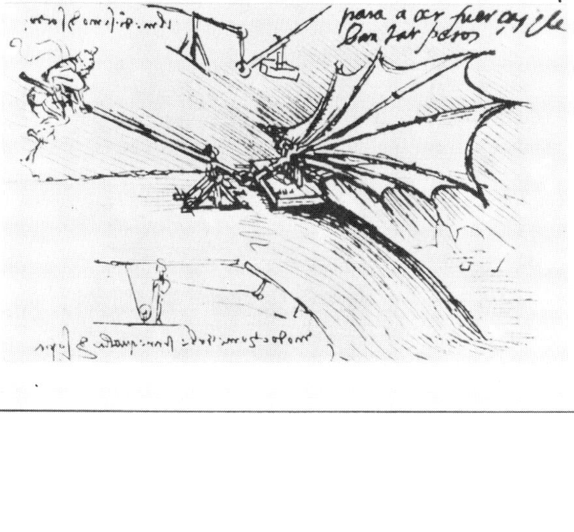

g

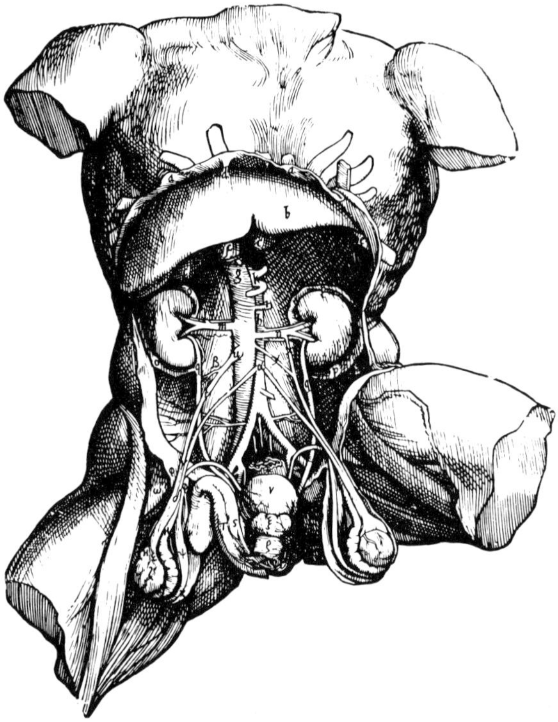

Abb. 9: Wissenschaftliche Graphik in der Renaissance. ANDREAS VESALIUS (1514–1564). Aus: »De humani corporis fabrica« (bei JOHANNES OPERINUS in Basel verlegt). VESALIUS definiert als Erster die Organsysteme.

Abb. 10: Wissenschaftliche Graphik in der Renaissance. KONRAD GESSNER (1516–1565), Schweizer Naturforscher und Polyhistor aus Zürich. »Dromedary«, Holzschnitt aus »Historia animalium« (1551–1558); erste große Fauna Europas mit ca. 1000 Abbildungen.

2. Physiologie

Diese Physiologie, von der nun als der dritten Grundwissenschaft zu reden wäre, hat ihren Ursprung in der Renaissance und in der Aufklärung. Sie ist als ihre eigene Aufgabe den Weg vom Statischen zum Dynamischen gegangen. Nicht die (statische) Ideenlehre PLATONS und nicht die euklidische Geometrie, sondern die moderne Betrachtung durch DESCARTES (1596–1650, Abb. 186), SPINOZA (1632–1677), LEIBNIZ (1646–1716, Abb. 188) vertreten, bestimmen die neue Anschauung vom Lebendigen (Abb. 8 a–g).

a) Begriffsbestimmung

Aus einer statischen Morphologie, die Naturzustände darstellt, wird eine dynamische Betrachtungsweise, welche funktionelle Zusammenhänge deutet, Veränderungen in der Zeit bemerkt und Naturvorgänge logisch erfaßt und welche Mechanismen erkennt (Abb. 11 und VÖGE 1914).

Mit anderen Worten: Neben den Raum tritt die Zeit. – Noch mehr: Raum, Zeit, Bewegung, Quantität und Kausalität sind die Geltungsbereiche, welche die Menschen in der Renaissance sehen und welche die umstürzenden Gedanken und die großen Taten (z. B. Entdeckung der Kontinente) erst ermöglichen. Neben die Form aber tritt als wichtigste Errungenschaft der beschreibbare, in Symbolen abbildbare und nun auch kausal zu fassende Vorgang. Das jederzeit nachprüfbare Experiment (als Methode) hält in den Naturwissenschaften seinen Einzug. Die Phänomene der Qualität treten zurück oder werden ganz gelöscht und durch numerische Größen (z. B. NEWTON's Farbenlehre) ersetzt. Dies ist die Geburtsstunde der modernen, von Grund her mathematisch ausgerichteten Physik: JOHANNES KEPLER (1571–1630, Abb. 184), GALILEO GALILEI (1564–1642, Abb. 183), JOACHIM JUNGIUS (1587–1667) und ISAAC NEWTON (1642–1726, Abb. 187) sind zu nennen. FRIEDRICH II. von Hohenstaufen (1194–1250, Abb. 177) hatte schon in seinem ornithologischen, reichbebilderten Werk »De natura avium et de arte venandi cum avibus« 200 Jahre vor der Zeit ein erstes Beispiel des Deutens von Vorgängen gegeben. In der Anatomie waren es ANDREAS VESALIUS (1514–1564, Abb. 180 und Abb. 9), REALDO COLOMBO (1516–1559), BARTHOLOMÄUS EUSTACIUS (1520–1574), WILLIAM HARVEY (1578–1657, Abb.

Abb. 11: Renaissance: Entdeckung funktioneller Zusammenhänge auch in der plastischen Kunst: Bewegte Energie als Ausdruck des Lebens, realistisch; dramatische Kraft in Masse und Bewegung. Hier: Reiterdenkmal (Bronze) des COLLEONI in Venedig (1479–89), geschaffen von ANDREA DI CIONE, gen. DEL VEROCCHIO (1436–88), Lehrer des LEONARDO DA VINCI. — Aufn. E. HAUPT, Senckenberg-Museum.

185) und andere. In der Biologie waren es vor allem CONRAD GESSNER (1516–1565, Abb. 181 und Abb. 10), im 18. Jahrhundert C. VON LINNÉ (1707–1778, Abb. 189) und G. S. DE BUFFON (1707–1788, Abb. 190); durch Beschreibung und systematische Ordnung der Arten wurde die Vielzahl der Tier- und Pflanzenformen, wie sie in einer ersten Bestandsaufnahme der Dinge der Welt

auffielen (»Bestandsaufnahme« siehe W. Schäfer 1964), numerisch handhabbar.

Es gibt keinen Weg zurück. Alles in allem ist dies der Weg vom Endlichen und Anschaulichen zur unanschaulichen Unendlichkeit, von der Ruhe im Räumlichen der Antike zur Bewegung in der neu entdeckten Unendlichkeit; von der Qualität zur Quantität, von der ewigen Wiederkehr im Zeitlichen (Kreiszeit) zum zeitlichen Kontinuum (der absoluten Zeit Newton's), von der gegenständlichen, anschaubaren Welt zum zu schließenden Universum, vom Sein und der Wiederkehr der Phänomene zum Begriff der Entwicklung in einer Moderne (Meyer-Abich).

Durch die Descartessche Mathematisierung der Welt, durch seine strenge Unterscheidung in eine res cogitans (den Menschen) und in eine res extensa (das zu untersuchende Objekt), durch rationales Denken und analytische Quantifizierungsverfahren als einem einzig gültigen Wahrnehmungsmechanismus tritt Morphologie als Wissenschaft der klassischen Antike zurück, wiewohl sie seit je (schon seit Aristoteles) Gesichtspunkte des Zweckmäßigen und Funktionellen (Harvey) mitgetragen hatte. Sie verblaßt nach Inhalt und Idee für mehr als ein Jahrhundert. Mit Descartes erhält in der gesamten Biologie Physik und Chemie die Vorherrschaft.

Dies sollte ausgesprochen werden: Mit der Beschäftigung mit Fragen physiologischer, funktioneller, auch oft ökologischer Natur wird oft das verfügbare Maß der reinen Formenkenntnis in der Paläontologie, wie sie von Stratigraphen und von Faunenspezialisten verlangt wird und oft große Perfektion erreicht, geringer; dies deshalb, weil die Aufmerksamkeit für gewisse Zeit stärker auf die Merkmale von stattgehabten Vorgängen und Zahlenbeziehungen und weniger auf das Bedürfnis, Objekte zu bemerken, zu unterscheiden und zu benennen, gerichtet ist. Jede irgendwie gerichtete Aufmerksamkeit geht mit einem Verlust an Aufmerksamkeit für ein anderes, anders bezogenes Wissensgebiet einher. Deshalb ist bei aller Schulebildung Vielzahl in den lebendigen Fragestellungen nicht Verzettelung, sondern einziger Weg zu einem Ganzen, oder aber: Fragestellungen und bestimmte Betrachtungsweisen kommen wieder.

So auch jetzt: In der neuen Form der dynamischen Morphologie gewinnt diese Disziplin heute wieder an Boden. Neben Formbetrachtung und Formbeschreibung tritt im Rahmen der Morphologie eine Untersuchung der Funktion.

Das Wesen der »Funktion«, weil nur zu oft verschwommen gesehen, hat in ihrem Verhältnis

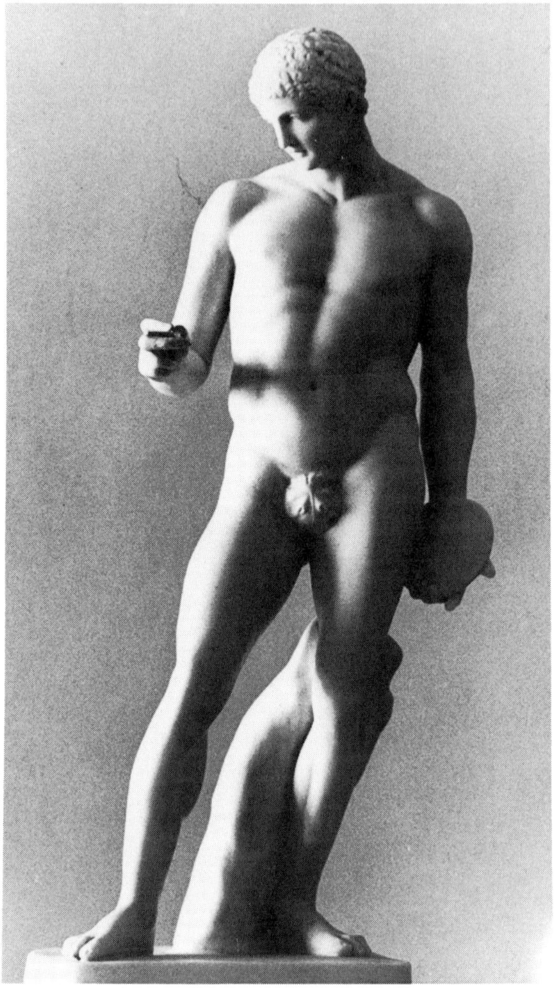

Abb. 12: Marmor-Skulptur, griechisch, 3. vorchristliches Jahrhundert; Kopie. Die Gestaltfindung des Künstlers beruht auf Anschauung und Ratio; auf der Kombination von Anschauung und Ratio gründet auch jede paläontologische Rekonstruktion. — Aufn. E. Haupt, Senckenberg-Museum.

zur Morphologie in neuester Zeit durch Mollenhauer (1970) eine lange vermißte Präzision erfahren. In modellhaften Zeichnungen haben Peters, Mollenhauer & Gutmann (1971) die Sachverhalte noch einmal verdeutlicht (Abb. 19). Sie sagen

Anatomie befasse sich mit der Beschreibung der topographischen Materialverteilung im Raum, freigehalten von theoretischen Überlegungen. Es sei zu fragen nach dem »Was« und

»Wo«, nämlich nach dem Aufbau und der Beschaffenheit des Organismus.

Das Funktionieren verstehe die beschriebenen anatomischen Befunde als Konstruktion oder als Apparat. Es sei zu fragen: »Wie funktioniert das?«

Das Fungieren heiße, eine Aufgabe, eine Rolle in einem Systemzusammenhang, etwa in einer Umwelt, erfüllen. Es sei zu fragen: »Wozu dient das?«

In der deutlichen Unterscheidung vom funktiomorphen Bezug der Bauteile untereinander einerseits und ihrem ökologischen Bezug zur Umwelt andererseits liegt die sichere Handhabung der vielgebrauchten Begriffe.

Diese begriffliche Klarstellung hätte schon einige Jahrzehnte früher erfolgen sollen. Denn bis in unsere Gegenwart hinein fiel die von Rezent-Biologen und von Paläontologen betriebene, vergleichende Anatomie – wo sie nicht Formenkun-

Abb. 13a–f: Bauprinzip des Systems »Pneu« nach OTTO (1977 b). Dazu gehören 3 Komponenten (Abb. a.): Die biegeunsteife, zugfeste Hülle; deren Fülle als inneres Medium (Gase, Luft, Wasser, Gallerte, Öle); das äußere Medium, welches Hülle und Fülle trägt (umgezeichnet nach FREI OTTO).
Die genannten 3 Komponenten bilden ein konstruktives System; es hat die Fähigkeit, innere und äußere Kräfte aufzunehmen. In der belebten Natur (BEREITER-HAHN 1977; GUTMANN 1974, 1977; HELMCKE 1977) sind die Hüllen versteifte, über die Oberfläche netzartig ausgedehnte Strukturen (Zellaggregate, bindegewebige Strukturen, Flüssigkeiten als Membranen); in der Architektur sind sie Netze, Häute, Verspannungen aller Art, Zelte mit Verspannung und Gas-gespannten Häuten. Man spricht in der Technik von »leichten Flächentragwerken«, in der Biologie vom »Hydroskelett«.
Die Hülle ist das formgebende Element, sie kann darin unterstützt werden durch Innenverspannungen (spätere Skelettelemente). Hülle, zusätzliche Hüllenkonstruktionen und Innenverspannungen geben dem Pneu die Formkonstanz; geben dem System Gestalt und Bewegung und sind ästhetisch in der Architektur ein neues Element. (b.) Ballon mit Netz als Hüllenkonstruktion;

a

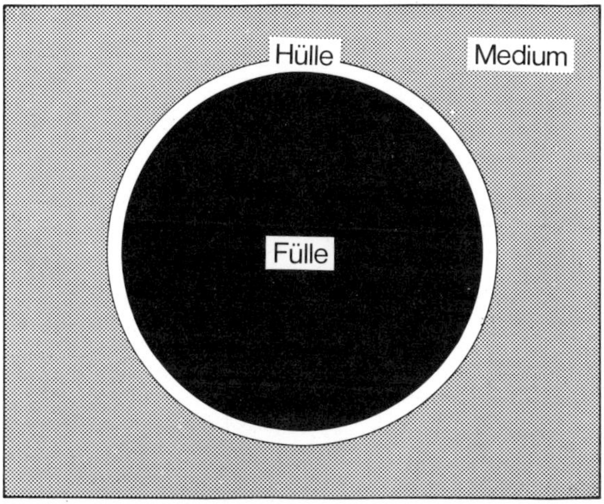

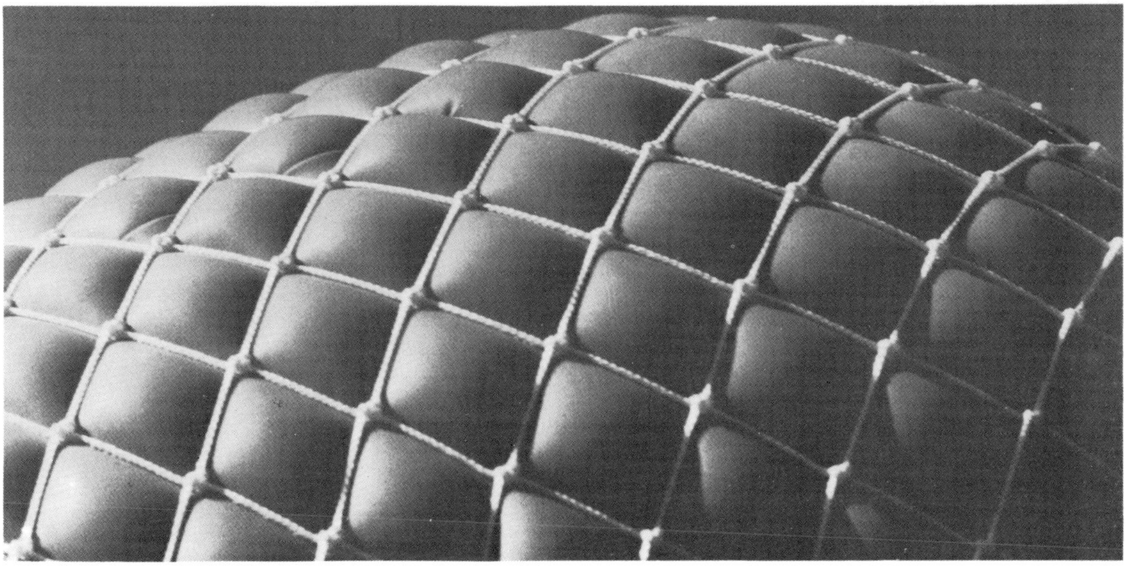

b

de als Ausdruck ihrer selbst war, sondern wo sie phylogenetische Absichten mit ihren Vergleichen verband – nur zu leicht in idealistische Reminiszenzen zurück. Solche Vorstellungen waren in der Romantik in der Idee der »Urform« und des »Typus« lebendig. Über dieses Weiterleben idealistischen Gedankengutes bis in unsere Tage – »verklärt durch eine Übersetzung in die Ausdrucksweise der Phylogenie«, aber interpretiert durch Ableitung von Formen aus einem gemeinsamen Bauplan – referiert STARCK (1966, 1977). Er zeigt, wie lange nach DARWIN, also über ein Jahrhundert, immer von neuem versucht wurde, die beobachtete Ähnlichkeit durch »Verwandtschaft« und die nachgewiesene Gleichartigkeit durch »Abstammung« im Kurzschluß zu erklären. Wir werden in den nächsten Abschnitten sehen, wie weit konsequent betriebene, aktualistische Verfahren in der Paläontologie einen Wandel einleiten können.

Was die Beziehung Organismus – Umwelt betrifft, so trifft sie alle Fragen des ± Angepaßtseins; also das Umwelt-Element in seinem Verhältnis zu einer bestimmten, in Bauteil-Gefügen bereitliegenden Funktion.

c

b) Geburtsstunde der Paläontologie

Und nun zur Paläontologie und zur Erklärung dafür, daß das Altertum und die Zeit danach trotz Existenz einer morphologischen Wissenschaft durch fast 2000 Jahre hindurch das Fossil als wissenschaftliches Objekt nicht entdecken und Paläontologie als Wissenschaft nicht sich entwickeln konnten:

Wer statisch denkt, denkt nicht kausal; wer nicht nach der Urheberschaft und nachweisbaren Zusammenhängen fragt, dem bleibt ein Fossil als Steingebilde stumm.

Es wird nicht zum beredten Zeugen einer realen Vergangenheit; es bleibt für ihn zufälliges »Naturspiel«: Ergebnis einer schaffenden vis plastica oder einer virtus formativa.

Wer aber als Biologe in »Mechanismen« denkt, d. h. wer in organischen Bezugsystemen denkt, wer entdeckt,

daß organische Gestalten funktionelle Gestalten sind,

und wer versteht, wie einzelne Teilstücke organischer Körper aufeinander und auf bestimmte Verrichtungen bezogen sind (und daher eine bestimmte, die Funktion in sich tragende Gestalt haben), noch mehr, wer entdeckt,

d

e

(c.) Ausschnitt aus Anhäufung von Seifenblasen; (d.) Tanzbrunnen auf dem Kölner Messegelände, Bundesgartenschau 1957 (aus ROLAND 1965); (e.) Pneus über unregelmäßigem Grundriß (nach ROLAND 1965). (a, b, c, d, e nach OTTO 1977 b); (f.) Flagellatenkolonie Volvox (nach SCHÄFER 1971). Hier: Formkontrolle durch zellige Membran (Somazellen) und durch auf Zug gebaute Gallertkeile im Inneren. Einige generative Zellen werden vom Zellverband (hier »Hülle«) getragen; sie sind nach innen verschoben und bedeuten Schwächung der Gesamt-Konstruktion.

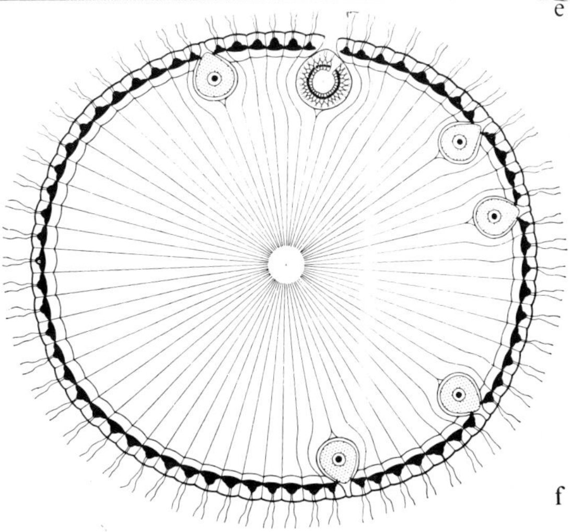

f

daß in der spezifischen Form eines anatomischen Teilstücks über das Ganze der Bezug zu Einzelheiten in seiner Umwelt stecken kann, wem geläufig ist,

daß also Organismen als belebte Gestalten in ihre Umwelt in einer ganz bestimmten Weise »eingenischt« sind, der erst kann ein Fossil als organischen Rest erkennen.

Dem erst öffnen sich die Augen für die wahre Natur dieser »Figurensteine«,

wie sie gelegentlich zu Tausenden im Gestein zu finden sind; für den ist, wie es noch für den Menschen der Antike galt, das Fossil kein Naturspiel mehr, an das sich Sagen knüpfen können, für den sind sie kein konkretionäres Zufallsgebilde; der erst entdeckt ihre wahre Natur als einen Rest organischer, konstruktiver, ehemals lebendiger Gestalt.

So ist es kein Zufall, daß LEONARDO DA VINCI (1452–1519, Abb. 178), dieser große Denker und Augenmensch der Renaissance, zu den ersten gehörte, der die Fossilien und den Fossilisationsprozeß richtig ansprach, und es wird uns verständlich, daß erst in der Renaissance und nicht in der Antike schon einem physiologischen Denken und damit in der Folge auch der Paläontologie die Geburtsstunde schlagen konnte.

Fasziniert von der Sicherheit des Urteils und der Einzelerkenntnisse geologischen Geschehens, lesen wir in den Tagebüchern und Aufzählungen von LEONARDO (Übersetzung TH. LUCKE, 1940) über den Fossilisationsvorgang: »Von den Gräten, die in versteinerten Fischen gefunden wurden: Da alle Tiere, die ihre Knochen unter der Haut haben, durch die Schlammassen der Überschwemmungen begraben wurden, als die Flüsse aus ihrem gewöhnlichen Bett traten, so sind sie in diesen Schlammassen fein säuberlich eingebettet worden. Und im Laufe der Zeit, da die Betten der Flüsse sich allmählich senkten, sind diese in solchen Schlamm eingebetteten und eingeschlossenen Tiere, als ihre Fleischteile und Eingeweide verwest waren und nur noch die aus ihrer natürlichen Anordnung gebrachten Knochen übrigblieben, auf den Grund der durch ihre Einbettung gebildeten Vertiefungen gesunken ... Und so wird dieser Brei, nachdem er getrocknet ist, denn zu Gestein, ohne einen Druck auszuüben und bewahrt die genaue Form der Tiere, die darin eingebettet sind, und die Knochen bleiben darin erhalten.«

»Von den Tieren, die ihre Knochen außen haben, wie Miesmuscheln, Schnecken, Austern, Kammuscheln und unzählige ähnliche Arten: Da die Fluten der Flüsse, die durch feinen Schlamm getrübt waren, diesen Schlamm auf den Tieren ablagerten, die an den Meeresküsten tief unter dem Wasser lebten, so wurden diese Tiere in solchem Schlamm eingebettet. Sie mußten also, unter einer schweren Schlammasse begraben, zugrunde gehen, zumal ihnen die Lebewesen fehlten, von denen sie sich bisher genährt hatten.

Im Lauf der Zeit, nachdem das Meer gesunken und das Salzwasser abgeflossen war, verwandelte sich dieser Schlamm allmählich in Stein. Und die Muschelschalen, in denen die Tiere schon verwest waren, wurden nun statt dessen mit Schlamm gefüllt. Während der Verwandlung des ganzen umliegenden Schlammes in Stein wurde also auch der Schlamm, der im Inneren der halb geöffneten Muschelschalen war und durch diese Öffnung mit dem übrigen Schlamm zusammenhing, in Stein verwandelt. So blieben alle diese Muschelschalen zwischen zwei versteinerten Substanzen erhalten, nämlich zwischen der, die sie umgab und der, die in ihnen enthalten war.

Sie sind noch an vielen Orten zu finden. Auch haben fast alle versteinerten Muscheln in den Felsen der Berge noch ihre natürlichen Schalen, und besonders diejenigen, die damals schon ziemlich alt waren, so daß sie, wegen ihrer Härte, erhalten geblieben sind. Aber die jüngeren, die nur teilweise verkalkt waren, wurden von der breiigen, später versteinernden Masse durchdrungen.«

Wie schwer dieser Gedankengang vom Naturspiel zum Fossil als einem Rest organischer Natur in seiner Realität war, zeigt die Geschichte des Züricher Arztes JAKOB SCHEUCHZER (1672–1733), der ein Salamander-Fossil für das Skelett eines in der Sintflut gestorbenen Menschen ansah. Dies zeigt auch der 1725 spielende, oft geschilderte Bericht über den Würzburger Professor J. B. BERINGER (1. Hälfte des 18. Jahrhunderts), der von Studenten im Ulk künstlich hergestellte »Fossilien« für Originale nahm und sie sogar in einem prächtigen Band (Lithographie Würceburgensis) veröffentlichte.

c) Beschreiben und Ordnen der Vielfalt als Voraussetzung der Erkenntnis funktionellen Geschehens

Schnell war die Phase der Unsicherheiten im Erkennen von Fossilien überwunden. In der ersten Hälfte des 18. Jahrhunderts wurde dieser Schritt allgemein getan. Die Vorstellung von der Existenz von »Naturspielen« wurde durch die »Sintflut-Theorie« ersetzt. Sie wurde angeregt durch die vielen, in den Gebirgen vorhandenen, wohlerhaltenen Muscheln, Schnecken und Korallen, die als Meerestiere – offensichtlich, wie man meinte – durch das Ereignis der Sintflut, die die Berge überstieg, dorthin gekommen waren. So berichtete ja die Bibel. Die schon genannten großen Biologen des 18. Jahrhunderts, VON LINNÉ, VON HALLER und DE BUFFON, taten zur Realisierung der Welt das ihre und festigten so die Grundlinien der Beschreibenden Morphologie und damit eng verknüpft der Systematik – Taxonomie. Ist DE BUFFON (1707–1788, Abb. 190) als Beschreibender Morphologe in die Biologiegeschichte eingegangen, so VON LINNÉ (1707–1778, Abb. 189) als Systematiker und so VON HALLER (1708–1777, Abb. 191) als Physiologe.

Die zweite Hälfte des 18. Jahrhunderts und das beginnende 19. Jahrhundert lassen nun auch die großen Paläontologen in ihrer Arbeit wirksam werden. Nachdem das Sehen und Wahrnehmen von Fossilien durch die physiologische Beobachtungsweise – bei vielen einzelnen wahrscheinlich ganz unbewußt – möglich geworden war, wurde die Entdeckung von Fossilien und die Beschreibung ihre Folge; physiologische Erkenntnis führte hier also zu einem morphologischen Tun.

In einer gewaltigen, zunächst morphologisch getragenen, beschreibenden Nachholarbeit brachten sie eine vorerst und später niemals wieder zum Stillstand gekommene Bestandsaufnahme der Fossilien vieler Erdgegenden und aller Erdzeiten zustande; dies umso mehr, als diese Bestandsaufnahme zugleich einer ersten, zwar sehr vagen, stratigraphischen (und damit mittelbar praxisbezogenen) Ordnung der Gesteine dienen konnte. Darüberhinaus legte diese Bestandsaufnahme die eigentliche und substantielle Basis

▶

Abb. 14: Grabung von Wirbeltierfossilien (Säugetiere) in den Sanden der pliozänen Urrheins in Rheinhessen. Forschungsinstitut Senckenberg, Frankfurt a. M. 1975. — Aufn. J. L. FRANZEN, Senckenberg-Museum.

Abb. 15: Grabungen in der Ölschiefergrube Messel bei Darmstadt (Mittel-Eozän). Freilegen und Herausschneiden eines fossilführenden Schichtpakets aus dem anstehenden Ölschiefergestein. – Aufn. J. L. FRANZEN, Senckenberg-Museum.

für diese Wissenschaft. Hier sei an die in dieser Zeit der zweiten Hälfte des 18. und des beginnenden 19. Jahrhunderts herausgebrachten großen Tafelwerke erinnert. Dies war übrigens ganz im Sinne einer umfassenden, weltweit durchgeführten Bestandsaufnahme der Naturdinge der Erde. Ich nenne die Autoren einiger Tafelwerke: JAKOB BEIER, G. BROCCHI, A. TH. BRONGNIART, G. H. BRONN, G. A. GOLDFUSS, I. HALL, L. G. DE KONINCK, S. NILSSON, D'ORBIGNY, G. O. PLISCH, F. A. QUENSTEDT, SCHEUCHZER, E. F. SCHLOTHEIM, J. V. I. DE C. SOWERBY, Graf C. VON STERNBERG, C. H. VON ZIETEN und viele andere.

Solche Tafelwerke mit der Fülle der dort durch Beschreibung und Abbildung niedergelegten Naturformen verlangten eine Ordnung und systematische Verknüpfung.

Die Leistung einer systematischen Ordnung, in ihren Ergebnissen weltweit gültig und alle Organismen der Erde – die fossilen und die rezenten – betreffend, hatte bereits im Jahrhundert davor der schwedische Systematiker CARL VON LINNÉ (LINNAEUS, 1707–1778) vollbracht.

Seine binäre Nomenklatur, der Begriff der Art (Spezies) und die von ihm erarbeitete Hierarchie der systematischen Kategorien, zählen teilweise bis heute zu den Grundlagen aller systematischen Ordnung. Die zunächst von LINNÉ vertretene Vorstellung von der Konstanz der Arten in ihrer von Gott geschaffenen, in Harmonie existieren-

Abb. 16: Grabung in der Ölschiefergrube Messel bei Darmstadt (Mittel-Eozän). Wegräumen der Verwitterungsdecke und Freilegen des Anstehenden. – Aufn. J. L. FRANZEN, Senckenberg-Museum.

den und so gegebenen Gestalt, die nach seinem Verständnis für rezente Organismen und für Fossilien galt, förderte die Riesenarbeit der Aufstellung eines (künstlichen) Systems zweifellos und hat ihm wohl erst die Durchhaltekraft für ein solches Werk gegeben. Die binäre Nomenklatur setzte sich zu Beginn des 19. Jahrhunderts für die Fossilien allgemeiner durch.

d) Paläontologie, eine historische Wissenschaft

Weitere Voraussetzung für eine großangelegte Bestandsaufnahme der bekannten Fossilien im neuen, dem 19. Jahrhundert, bestand durch die Vorbilder einer neuen, nach-kantischen Philosophie – in Dutzenden von Gehirnen fast gleichzeitig aufbrechend –

in der Wiederentdeckung des Phänomens des Historischen.

In diesem Jahrhundertbeginn waren es die Anregungen und die Leistungen des »Idealismus« (»Idee« als bewegende Kraft in der Geschichte), welche das neue historische Bewußtsein erst gestärkt und vielseitig verlebendigt hatten. Der Gedanke lief dem Phänomen einer allgemeinen Wissenschaftsentwicklung (WILHELM VON HUMBOLDT, 1767–1835) parallel. Als sog. »Historismus« begann denn auch die Phase einer empirischen Geschichtsforschung; es galt, das konkret

Abb. 17: Grabungen im Devon der Eifel: Gelände-Richtschnitt. Richtschnitte dienen der exakten stratigraphischen Erforschung eines bestimmten Abschnittes der Erdgeschichte mit Hilfe von Fossilien. Hierbei liefert die lückenlose Untersuchung von Gesteinsbank um Gesteinsbank die Daten. Richtschnitte werden vor allem für die Festlegung bestimmter stratigraphischer Grenzen (z. B. wie hier Unterdevon/Mitteldevon) gelegt. Hier: Der von Senckenberg angelegte und betriebene »Neue Wetteldorfer Richtschnitt«, südlich Schönecken in der Devon-Eifel aus dem Jahre 1971. — Aufn. S. RIETSCHEL, Forschungsinstitut Senckenberg.

Gewesene zu erforschen als Phase der minutiösen Sammlung von Fakten, überhaupt aller Faktenfeststellung des Besonderen: sei es die Durchforschung von Akten, sei es die gezielte archäologische und urgeschichtliche Ausgrabetätigkeit oder Entzifferung alter Sprachen oder sei es in den beschreibenden Naturwissenschaften der Impuls, Museen als wissenschaftliche Anstalten zu bauen und den Reichtum der natürlichen Welt an Formen dorthin einzutragen. Letzten Endes leitete sich von hierher aller Evolutionismus ab, sei es in der Geistesgeschichte, sei es in der Biologie (Darwinismus). Obwohl in der 2. Hälfte des 19. Jahrhunderts immer deutlicher die Realien der Ge-

Abb. 18: Fossilgrabungen in der Ägäis: Freilegen von Spaltenfüllungen auf der Suche nach Kleinsäuger-Resten. — Aufn. J. L. FRANZEN, Forschungsinstitut Senckenberg.

genwart den Forscher beschäftigten, verlor diese Epoche des sogenannten Positivismus des Jahrhundert-Endes das Ziel der Registrierung vergangener Ereignisse nicht aus dem Blickfeld.

Dieses also mit dem 19. Jahrhundert aufbrechende Bedürfnis, den Gang der Ereignisse empirisch-historisch zu sehen und sich danach zu fragen, wie es denn tatsächlich gewesen sei, galt besonders der menschlichen Welt: es galt aber auch den Phänomenen einer anorganischen und besonders einer organischen Natur. War die Versteinerung, »das Petrefakt«, durch den physiologischen Aspekt erst einmal als Lebensrest erkannt, so wurde sie nun zur historischen Urkun-

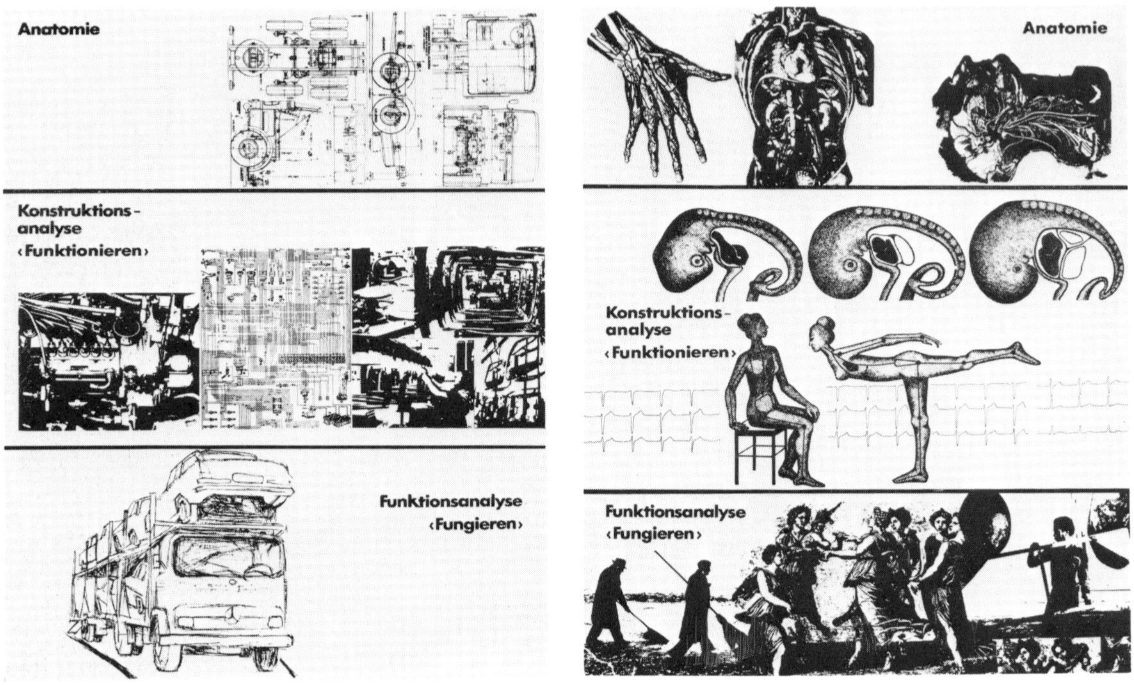

Abb. 19: Zur Verbildlichung MOLLENHAUERs Definitionen anatomischer Betrachtung: Links (von oben nach unten) = 3-facher Umgang mit dem technischen Objekt: Beschreiben der Form-Elemente des Apparates, Funktionen des Apparates, Fungieren des Apparates in einer Umwelt. Rechts = in Analogie der 3-fache Umgang mit dem Organismus: Beschreiben der Form-Elemente der Organe, Funktionen der Organe und des Ganzen; Fungieren des Organismus in einer Umwelt. — Aus: PETERS, MOLLENHAUER GUTMANN (1971). Gestaltung: RENATE KLEIN-RÖDDER.

de, die fähig war, ganz bestimmte Aussagen über sich selbst und über ihre engere und weitere sedimentäre Umgebung machen zu können (z. B. Abb. 87–97).

Übrigens wird dieser Gedanke von der Geschichtlichkeit der organischen und der anorganischen Natur (mit allen Folgen für unser Weltbild bis ins Kosmologische) damals und auch heute gerade von den beiden bekanntesten historischen Naturwissenschaften, der Paläontologie und der Geologie getragen. Dennoch ist der Gedanke von der Geschichtlichkeit der Welt – gestehen wir es – bis zum heutigen Tag nicht in die Vorstellungswelt eines Großteils der unsere Zeit geistig Führenden eingedrungen und gehört nicht zu ihrem selbstverständlichen geistigen Rüstzeug (s. S. 172 ff).

Paläontologie und ihre Zeitmaße waren nie lebendiger Besitz der Menschheit; sie sind es auch heute nicht.

Unter den Naturforschern der Wende des 18. zum 19. Jahrhundert sind vor allem drei Männer zu nennen, welche wichtige Voraussetzungen allen naturwissenschaftlich-historischen Forschens lieferten: Der Engländer WILLIAM SMITH (1769–1839, Abb. 196), GEORGE CUVIER (1769–1832, Abb. 195) aus der französischen Schweiz und der Franzose B. DE LAMARCK (1744–1829, Abb. 192).

SMITH gelangte – er hatte Vorläufer – durch die Entdeckung, daß Fossilien in den Gesteinsschichten verschieden und also schichtkennzeichnend seien, zu einer Gliederung dieser Gesteinsschichten. Er wurde damit zum eigentlichen

Begründer der Stratigraphie; eine für die Erd- und Lebensgeschichte schlechthin fundamentale Disziplin, die letzten Endes auch heute noch in ihren Ergebnissen Grundlage und Ausgang aller räumlichen und zeitlichen Gliederungen von Schichtgesteinen ist. Von hierher kommt die enge

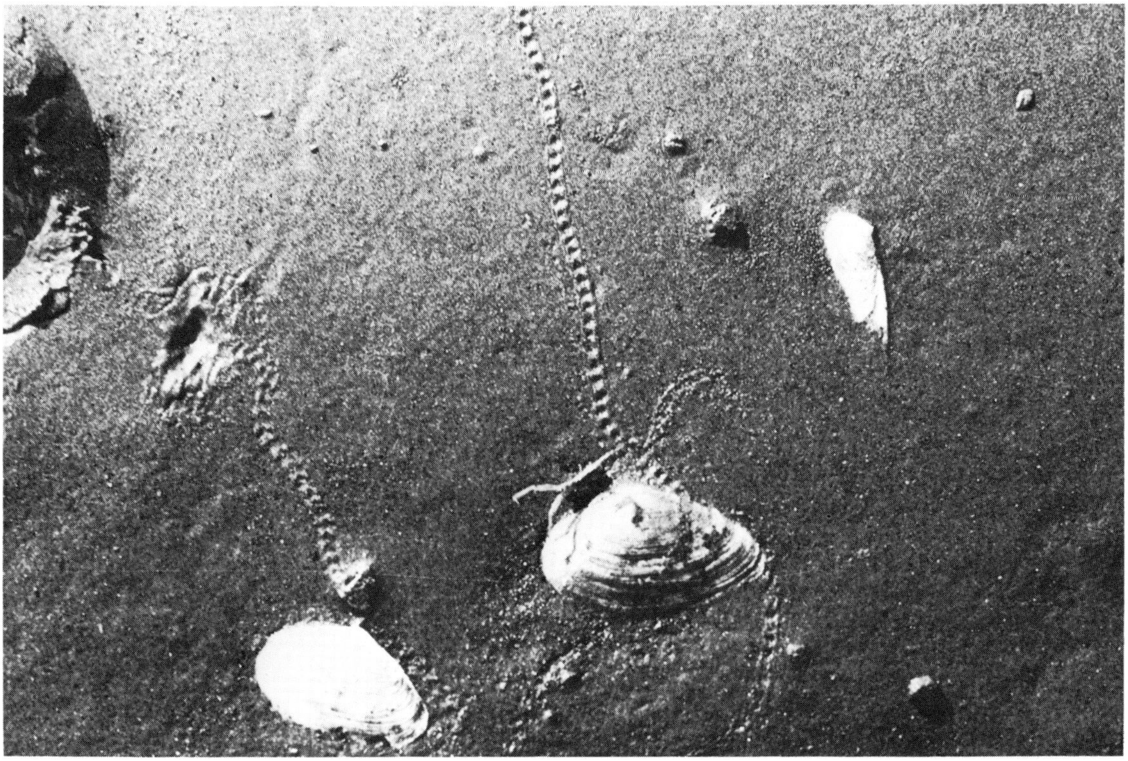

Abb. 20: Aktuopaläontologie, Fährten- und Spurenkunde: Schichtoberfläche, sandiges Watt, gezeichnet durch zwei quergegliederte Bewegungsfährten des Krebses Corophium grossipes. – Aufn. F. Wunderlich, Forschungsinstitut Senckenberg.

Beziehung zwischen Paläontologie und Geologie bis zum heutigen Tag.

Die erste stratigraphische Gliederung des englischen Mesozoikums – und dies heißt: im Fossilinhalt vertikale Verschiedenheit und horizontale Beständigkeit – geht auf Smith zurück und ebenso auch die erste stratigraphische Ordnung der Schichtenfolge von der Steinkohlenzeit bis zur Kreidezeit in England.

Damit war es möglich geworden, geologische Karten, basierend auf dem real in Sammlungen existierenden Fossilinhalt einer Schichtenfolge zu erstellen. Fossilien wurden damit zu unentbehrlichen Zeitmarken, und es konkretisierte sich eine bis zum heutigen Tag lebendige »Urkundenlehre« (Simon 1948).

Wie so oft gründet sich ein neuer Gedanke nicht auf der Leistung eines Einzelnen, hier auf Smith, was die stratigraphische (vertikale) Ordnung einer Schichtung betrifft. Seine wegweisende Kraft erstreckte sich zunächst vor allem auf England und Frankreich. Jedoch hatte bereits Leonardo da Vinci von aquatischer Schichtenbildung und ihrer zeitlichen Ordnung eine Vorstellung. Für Mitteleuropa sind mehrere Autoren zu nennen: In der Mitte des 17. Jahrhunderts gab der Däne Nicolaus Steno (1638–1687) eine Methode erdgeschichtlicher Ordnung und sprach von den Schichtenbildungen in stehendem Wasser; die Thüringer J. G. Lehmann (1723–1767) und G. Chr. Füchsel (1722–1773) bemerkten in der beobachteten Schichtung des Gebirges einen zeitlichen Ablauf. A. G. Werner (1749–1817, Abb. 193) gliederte bereits in unserem Sinne stratigraphisch und verwendete erstmals den Begriff »Formation«.

Stratigraphisches Forschen gehört – vielfältig verfeinert, aber unter bewährten Voraussetzun-

Abb. 21: Aktuopaläontologie, Fährten- und Spurenkunde: Schichtoberfläche eines sandigen Wattes. Rippelmarken. Genarbt durch Vogelfährten, zwei Standkolke von Silbermöven, Kothäufchen von Würmern. – Aufn. F. WUNDERLICH, Forschungsinstitut Senckenberg.

gen – auch noch in unserem Jahrhundert zur Grundlage erdgeschichtlicher Forschung, verbindet Paläontologie seit je mit geologischen Fragestellungen und ist für alle heute weltweit betriebenen lagerstättenkundlichen Untersuchungen ei-

gentliche Stütze. Das Prinzip einst erkannter Ordnungsweise blieb zwar bestehen; die Methode wurde aber in heutiger Zeit durch die Verwendung bisher nicht eingesetzter Fossilgruppen und ihrer Kombination vielfach verfeinert und zu einer interkontinental ausgerichteten Feinstratigraphie ausgebaut. Das Mikrofossil feierte Triumphe und differenzierte in bezug zur Praxis weltwirtschaftlichen Ausmaßes die angestrebte Skala und ihre horizontale Verknüpfung (Abb. 63 u. 70). Die an vielen Orten vorhandene lokale Gliederung erdgeschichtlichen Geschehens erfährt heute für weite Gebiete durch die Arbeit des Internationalen Korrelationsprogrammes der UNESCO erhellende Verknüpfung. In der großräumigen Anwendung und in Verbindung dieser Feinstratigraphie mit paläontologischen und fazieskundlichen Untersuchungen wird darüberhinaus paläontologisches Forschen Hilfsmittel zur Enträtselung geodynamischer Aspekte und kontrolliert sie.

Gaben also die obengenannten Forscher die in den Schichtgesteinen steckende und auf Fossilien gründende stratigraphische Ordnung als Voraussetzung aller (später im einzelnen erarbeiteten) zeitlichen und räumlichen Gliederungen der Erdrinde, so wendete Cuvier seine Aufmerksamkeit diesen so gekennzeichneten Fossilien selbst zu. Cuvier (Abb. 195)

– in seiner umfassenden Betrachtung der organischen Welt bedeutendsten, streng empirisch vorgehenden Erforscher des Phänomens »Fossil« und darin der Begründer einer neuen Epoche –

kam mit den Mitteln seiner Zeit zu folgenden Vorstellungen:

(1.) Die Einzelteile innerhalb des Ganzen eines belebten Körpers sind aufeinander abgestimmt. Er spricht von der „Korrelation« (= der funktionellen Bezogenheit) der Organe untereinander. Dieses Korrelationsgesetz, das er übrigens auch als Argument gegen den Evolutionsgedanken anführt, macht die Rekonstruktion jedes Fossils möglich, auch dann, wenn nur wenige Teile gegeben sind. Mit dem von Cuvier formulierten Gesetz der Korrelation der Organe wird Fossilienkunde, die bisher mehr Raritätenbeschreibung war, echte Wissenschaft. Noch mehr: dieser Nachweis der Korrelation macht das Raritätenkabinett als dem eigentlichen Bewahrer der bis dahin bekannten und neu entdeckten Fossilsubstanz zum naturwissenschaftlichen Museum als einer wissenschaftlichen Anstalt. Der Ruhm des »Jardin des Plantes« in Paris kommt von hierher.

(2.) Die Idee eines einheitlichen Bauplanes und der Korrelation der Einzelorgane legt eine neue Ordnung und Einteilung des Tierreiches nach »Bauplänen« nahe. Cuvier gliedert die bis dahin bekannten fossilen und rezenten Tierformen in vier »Typen« (Typentheorie): die Vertebraten (Wirbeltiere), die Articulaten (Gliedertiere), die Mollusken (Schalentiere) und die Radiaten (Stachelhäuter, Würmer, Coelenteraten).

(3.) Die nähere Betrachtung der Typen zeigt, daß ihre Einzelrepräsentanten um so fremdartiger (und den

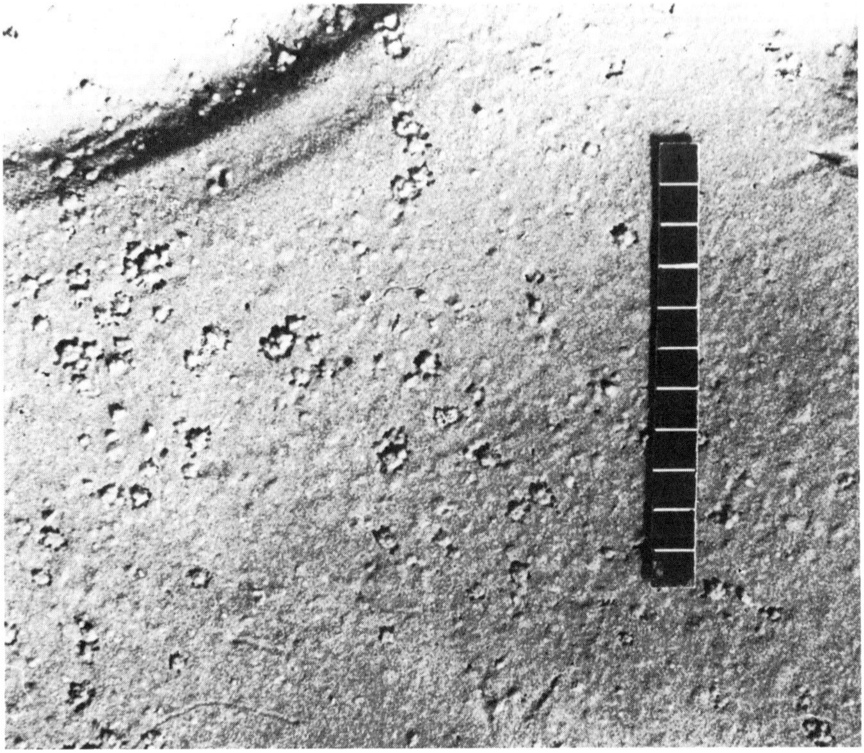

Abb. 22: Aktuopaläontologie, Fährten- und Spurenkunde: Freßsterne des im Sediment lebenden Schlickkrebses Corophium im abgetrockneten Wattenboden. — Aufn. F. WUNDERLICH, Forschungsinstitut Senckenberg.

Abb. 23: Aktuopaläontologie, Fährten- und Spurenkunde: Sternspur, erzeugt von einer Muschel (Scrobicularia), die unter dem Stern im Sediment sitzt. — Aufn. Original, Forschungsinstitut Senckenberg.

gegenwärtig lebenden Formen, obwohl dem gleichen Typus angehörend, um so unähnlicher) sind, je älter die Schichten, in denen sie gefunden wurden. Also können Fossilien (und dies konstatiert er ohne Kenntnis der SMITH'schen Ergebnisse) umgekehrt zur Altersbestimmung von Schichten benutzt werden.

(4.) Seine Forschung hatte insofern echte historische Zielsetzung, als für ihn Versteinerungen historische Do-

Abb. 24: Aktuopaläontologie, Fährten- und Spurenkunde: Spiralspur von einer Süßwasserschnecke (Limnaea) auf einer trockengefallenen Schlammfläche des Auengebiets des Oberrheins; die einzelnen Umgänge der Freßspur sind durch den vorigen Umgang »geführt«. — Aufn. Original, Forschungsinstitut Senckenberg.

kumente waren und nachweisbar also die Erde in ihren Zuständen nicht immer dieselbe war. Jedoch weist CUVIER und mit ihm vor allem G. L. LECLERC DE BUFFON (1707–1788), L. J. R. AGASSIZ (1807–1873, Abb. 204 und A. D'ORBIGNY (1802–1857, Abb. 202) eine das Tierreich als Ganzes betreffende Deszendenz zurück, waren bisher doch Zwischenglieder zwischen zwei in verschiedenen Zeiten nachgewiesenen Formen nicht auffindbar. Vielmehr seien die einzelnen Tierformen durch zahlreiche plötzliche Erdkatastrophen (»Kataklysmen«) voneinander getrennt; jede neue Formengruppe einer Epoche sei eine Neuschöpfung nach weltweiter vorausgegangener Vernichtung, also: nicht kontinuierliche Entwicklung, sondern mehrmaliger Schöpfungsakt bei jeweiliger Artenkonstanz. (Ähnlichkeit, nicht weil verwandtschaftlicher Zusammenhang, sondern Ähnlichkeit, weil gleiche Funktion).

Wo CUVIER genannt wird, dort ist gerechterweise auch BAPTISTE DE LAMARCK (1744–1829, Abb. 192) zu nennen, die tragische Figur, der unglückliche Gegenspieler: Wir wissen heute: was CUVIER uns nicht geben konnte, gab LAMARCK, und wir fahren fort: was LAMARCK nicht geben konnte, hatte CUVIER gegeben. Was aber gab dieser LAMARCK? Die Idee von einem nahtlos in seinen Gliedern zusammenhängenden Tierreich, das in seiner Kontinuität nicht durch mehrmalige Katastrophen und nachfolgende Neuschöpfungen unterbrochen war; die Vorstellung von einzelnen aufeinanderfolgenden, zur Kontinuität des Lebens geeigneten Zuständen auf der Erde; die Länge geologischer Zeiten in epischer Kontinuität und frei von Katastrophen (Kataklysmen); langsame paläogeographische Verschiebungen im Verhältnis von Wasser zu Land; langzeitliche Wechsel in den Lebensgewohnheiten der Organismen und ebenso langzeitlich sich verändernde Lebensverhältnisse. Die Vorstellung eines Transformismus, also der Veränderlichkeit der Arten und DARWIN oft zugesprochen, steckte bereits in aller Klarheit in der Lehre LAMARCKS (POPPER 1972) und fand bereits in ST. HILAIRE (1772–1844, Abb. 197) ihren Verteidiger.

Vergessen wir diese geistigen Leistungen – für uns heute selbstverständlicher und begründeter Besitz – nicht über seinem Irrtum, der seinen Namen trägt, dem »Lamarckismus«: der Vorstellung, daß Einflüsse der Umwelt auf das Tierleben und Gebrauch bzw. Nichtgebrauch von Organen

Abb. 25: Aktuopaläontologie, Fährten- und Spurenkunde: Lauffährte eines Graureihers (Ardea) auf einer trockengefallenen Schlammfläche des Oberrheins. Die beginnende Austrocknung des Schlammes hat die Reiherspur aufreißen lassen (»geführter« Trockenriß). — Aufn. Original, Forschungsinstitut Senckenberg.

als unmittelbare Anpassungsreaktionen vererblich und damit artbildend seien. Etwa 80 Jahre später wurde durch die moderne Genetik, letztlich auf MENDEL (1822–1884, Abb. 207) zurückgehend, dieser Irrtum bereinigt.

Was er aber gegeben hat, was von LAMARCK neben der Erinnerung an einen Lamarckismus geblieben ist, ist Umfassenderes,

es sind im Grunde die geistigen Voraussetzungen für die Geburt des in diesem 19. Jahrhundert sich entwickelnden Aktualismus (s. S. 74 ff), damit die Vorbereitung auf ein ökologisches Denken in der Paläontologie und einer Deszendenzlehre.

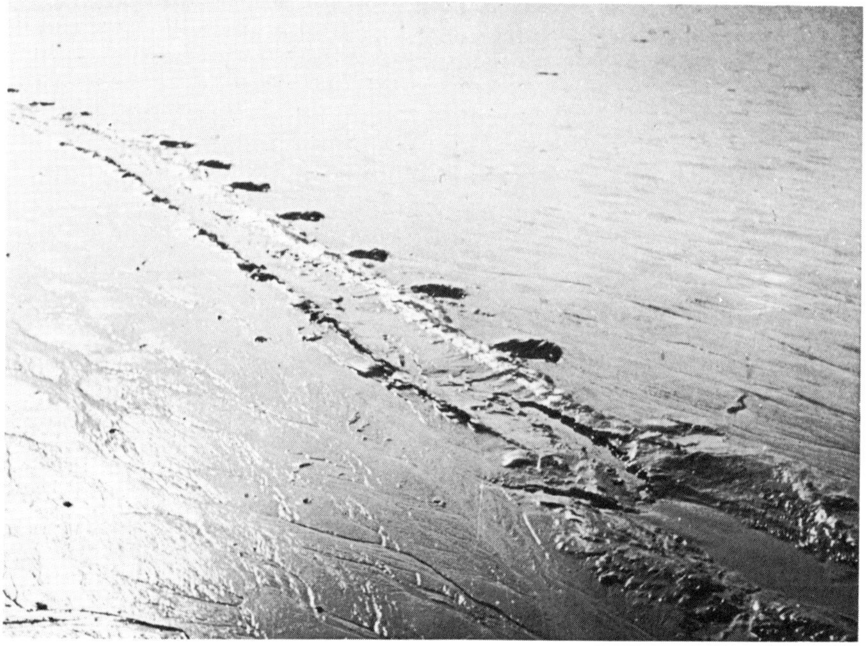

Abb. 26: Aktuopaläontologie, Fährten- und Spurenkunde: Liege- und daran anschließend Fluchtspur eines Seehundes auf einem Watt der südlichen Nordsee. — Aufn. Original, Forschungsinstitut Senckenberg.

3. Phylogenie

Es war nach dem Geschehenen und dem vorwiegend im 18. Jahrhundert Eingeleiteten nur zu erwarten:

Mit dem 19. Jahrhundert entwickelte sich die nächste paläontologische Grundwissenschaft, die Phylogenie. Aus der Romantik kommend, in der Philosophie KANTS (1724–1804), SCHELLINGS (1775–1854) und HEGELS (1770– 1831) ruhend, angestoßen durch GOETHE (1749–1832, Abb. 194), OKEN (1779–1851, Abb. 199) und C. G. CARUS (1789–1869, Abb. 200) und viele andere Naturforscher, im Grunde lange vorbereitet durch CUVIER (1769–1832), GEOFFROY ST. HILAIRE (1772–1844) und B. DE LAMARCK (1744–1829), aber im eigentlichen begründet und gefestigt durch CH. DARWIN (1809–1882, Abb. 205), A. R. WALLACE (1823–1913, Abb. 208), TH. H. HUXLEY (1825–1895, Abb. 209) und E. HAECKEL (1834–1919, Abb. 211), bestimmt diese Phylogenie als Stammesgeschichte die morphologische Biologie der 2. Hälfte des 19. Jahrhunderts.

Abb. 27: Aktuopaläontologie, Fährten- und Spurenkunde: Wattenmuschel (Mya); freigespült, so daß ihre Stellung im Leben und ihr Abstand von der Sedimentoberfläche zu sehen ist. Wattenmeer der südl. Nordsee. — Aufn. Original, Forschungsinstitut Senckenberg.

a) Begriffsbestimmung

Gehörte Physiologie zur Gruppe der exakten, mathematisierbaren Naturwissenschaften, so ist Phylogenie (Stammesgeschichte) der absolute Gegensatz:

»Sie bleibt dort echte Naturwissenschaft, wo von Allgemeingültigem und von Gesetzgebendem die Rede ist. Sie ist dort echte, der Geistesgeschichte verwandte Historie, wo von Einmaligem, von Besonderem, von Nichtwiederkehrendem und von Nichtumkehrbarem die Rede ist (MEYER-ABICH).

Paläontologie ist also nach Idee und Fragestellung echte historische Wissenschaft, sie ist aber nach der Methode ihrer Forschung reine naturwissenschaftliche Disziplin.« Ihre Objekte mit Urkundencharakter sind einesteils die Fossilien,

Abb. 28: Aktuopaläontologie, Fährten- und Spurenkunde: Senkrechter Anschnitt einer geschichteten Wand einer Meeresablagerung mit darin sitzenden Muscheln mit ihren senkrechten Bewegungsspuren. — Aufn. F. WUNDERLICH, Forschungsinstitut Senckenberg.

die – wie oben gesagt – in dieser Eigenschaft Objekte echter naturwissenschaftlicher Forschung bleiben. Gegenstand phylogenetischer Forschung ist anderenteils aber auch der rezente Organismus, der in seinen morphologisch-funktionellen Bezügen Modellcharakter annimmt, soweit sich sein Gefüge in physiologische und naturgesetzlich bestimmte Beziehungen auflösen läßt (Aktualismus). Dabei erscheint morphologischer Aufbau als gestalthafter Ausdruck des biologischen Apparates, ohne dabei für den Betrachter die Formqualitäten zu verlieren.

Darin, in dem von Fall zu Fall bestimmten Bezug von Bewegung, Ort und historischer Zeit, die mit Ereignissen ausgefüllt ist, unterscheidet sich die Wissenschaft der Neuzeit geistesgeschichtlich von Wissenschaft in der Antike. Durch ihre logische Struktur wird Paläontologie aufs Beispielhafteste zu der historisch denkenden – und wie wir heute wissen – auf Deszendenz (Abstammung) gegründeten Naturwissenschaft; erhalten

Abb. 29: Aktuopaläontologie, Fährten- und Spurenkunde: Geschichtetes Sediment, darinnen die schleimverkitteten Wohnröhren eines Meereswurmes (Nereis). — Aufn. F. WUNDERLICH, Forschungsinstitut Senckenberg.

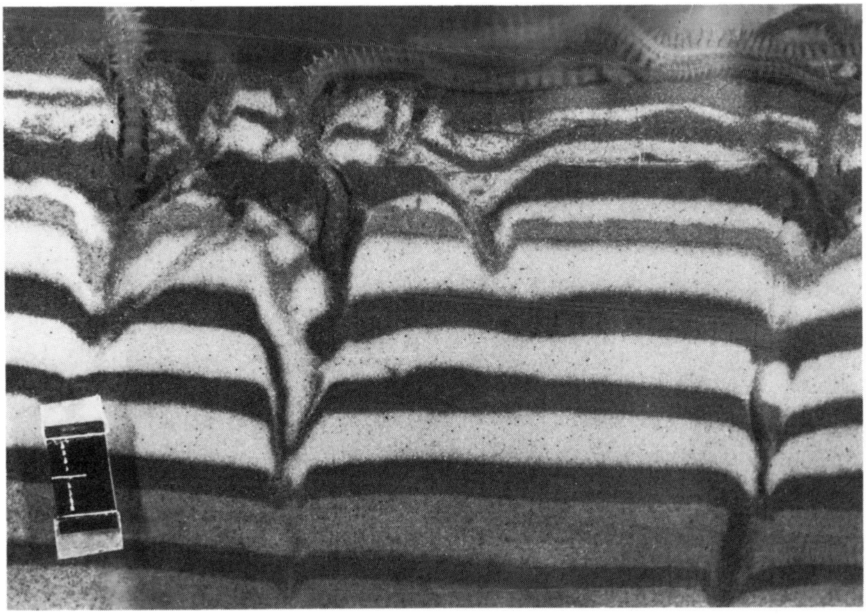

Abb. 30: Aktuopaläontologie, Fährten- und Spurenkunde: Gehärtete Stechkastenprobe. Geschichtete Wattensedimente, im unteren Drittel Sandkorn-verkittete Wurmbauten; Überreste einer Siedlung, die bei neuer Überdeckung mit sandigen Sedimenten abgestorben ist. — Aufn. F. WUNDERLICH, Forschungsinstitut Senckenberg.

doch die Fossilien bei allem Wert, den sie als Dokumente in ihrer Anwendung (als Leit- und Fazies-Fossilien) haben, im erklärten Ablauf der rekonstruierten Stammesgeschichte ihren Stellenwert.

Allerdings ist Paläontologie nur eine von mehreren historischen Disziplinen. Kennen die Naturwissenschaften doch auch eine Geschichte der chemischen Elemente, eine Geschichte der Erde und eine Geschichte des Universums. Alle diese Historien schließen sich mit der Historie des Menschen zu einer umfassenden Kosmologie zusammen. Eine solche Gesamtschau erhält in Hinblick auf das Weltbild des modernen Menschen

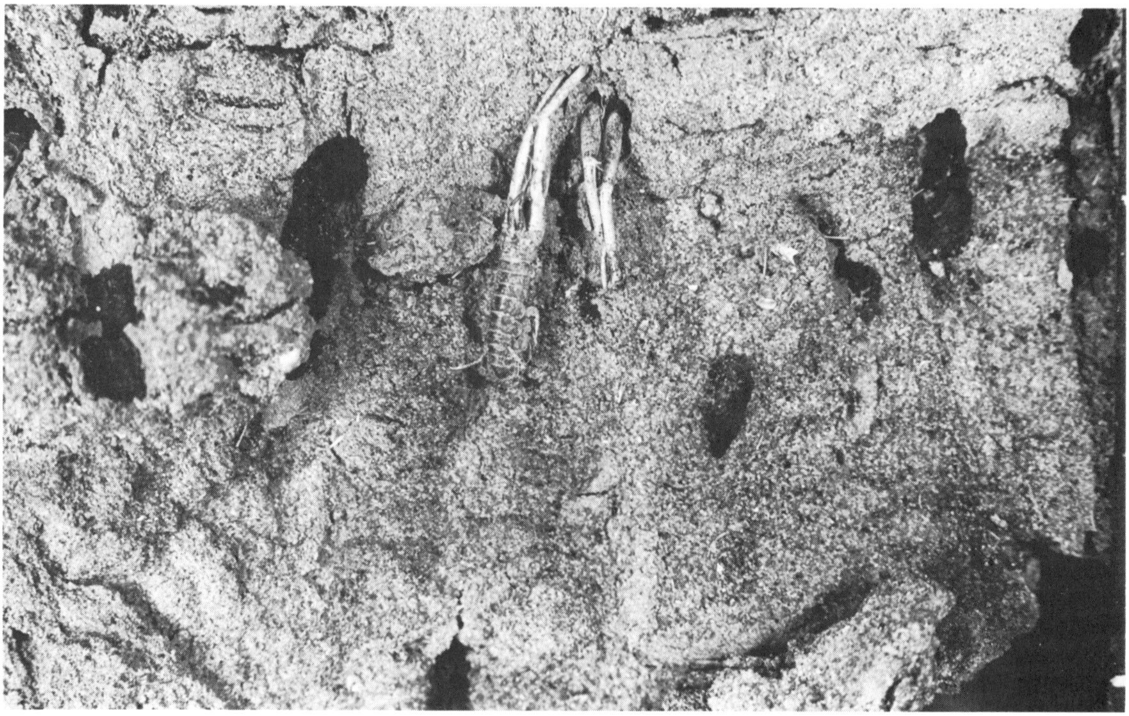

Abb. 31: Aktuopaläontologie, Fährten- und Spurenkunde: Krebse (Corophium), im sandigen Schlick ihre Wohnröhren grabend. — Aufn. F. WUNDERLICH, Forschungsinstitut Senckenberg.

und in Hinblick auf die unmittelbare Gestaltung der Gegenwart der Erde mit allen Folgen für ein Leben dortselbst zunehmend größere Bedeutung.

Um aber phylogenetische Forschung und überhaupt Historie wachsen zu lassen, mußte der Faktor Zeit und seine jeweilige Begriffsbestimmung einen neuerlichen Wandel durchmachen. Kannte – um zu wiederholen – die antike Zeit lediglich den Kreisprozeß, also die nicht endende Wiederkehr des Gleichen, und eliminierte diese Kreiszeit damit jegliches, immer auf Progression – also Fortschreiten – gerichtete geschichtliche Denken, so gilt dies, worauf MEYER-ABICH hinweist, auch noch für den NEWTON'schen Zeitbegriff; er ließ wegen seiner Gründung auf physikalische, also unhistorische Naturgesetze denn auch keine phylogenetischen Gedankengänge wachsen und blieb in unserem Sinne ungeschichtlich. Ein solches Denkkonzept wurde denn auch von KANT in seiner »Kritik der reinen Vernunft« als Gegenstand seiner Erkenntnissicht voll übernommen. Darauf hat vor allem POPPER (1972) mehrfach verwiesen. Ist dieser NEWTON'sche, zwar nun progressive Zeitbegriff stets doch nur »Ablauf in einer Gegenwart«, ist »Zeit« ein bloßer Faktor in einer Formel und ist physikalische Größe, ist dauernd neu und ist von Ereignissen, die nachwirken und Zukünftiges mitgestalten, unbeladen.

Jedoch Zeit, die Geschichte macht (und Stammbäume wachsen läßt), ist auf Ereignisfolgen, die einen Anfang und ein Ende (Aussterben!) haben, bezogen;

letztlich bezogen auf Irreversibilität, die in der Physik nur eine Nebenrolle spielt. Erst mit der Romantik (GOETHE) wächst ein solches Denken in Ereignisabfolgen in unwiederholbarem Zeitablauf. Ereignisabfolgen sind in den einzelnen Stadien nicht umkehrbar, haben eine Lesrichtung, sind immer etwas Individuelles.

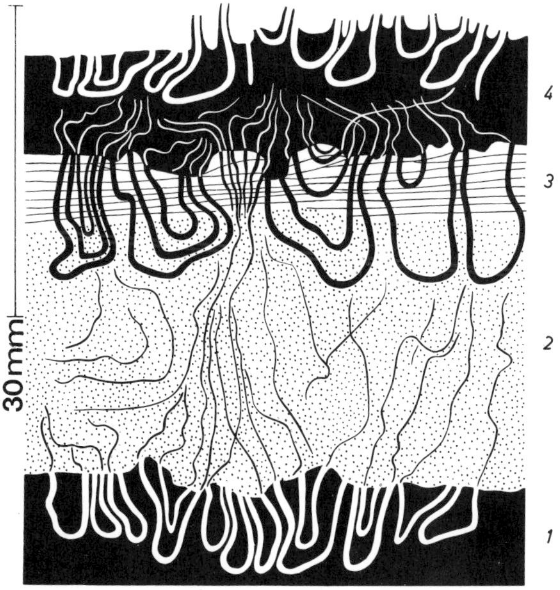

Abb. 32: Aktuopaläontologie, Fährten- und Spurenkunde: Geschichtetes Sediment eines Meeresbodens, darin verlassene Bauten von Vielborstenwürmern (Polydora). Sie liegen in Stockwerken (1–4) übereinander und zeigen damit das Wandern einer ganzen Wurmsiedlung von unten nach oben und so das geschichtete Sediment auf Dauer zeichnend. Immer dann, wenn die Siedlung, die aus Gründen der Atmung mit ihren Gangmündungen stets Anschluß an das freie Wasser haben muß, von neuem Sediment-überdeckt wurde, verließen die Tiere ihre Wohnbauten, wanderten nach oben und legten an der Sedimentoberfläche auf Zeit neue Gänge an. – Übernommen aus Schäfer 1962.

In seinen Anfängen läßt das 19., das historische Jahrhundert, einen Lamarck, der Stammesgeschichte in der Historie des Lebens fordert, wachsen, in seinem Zenit aber einen Darwin mit seinen Helfern (Huxley, Gray, Haeckel, Weismann 1834–1914, Abb. 212).

Zunächst jedoch und in ihrer einfachsten Form sagt die auf Deszendenz gegründete Geschichte der Organismen nichts mehr und nichts weniger: Die Organismen auf der Erde, qualitativ voneinander verschieden und an verschiedene und wechselnde Orte gebunden, haben sich – von Urformen ausgehend – auseinanderentwickelt, sind also miteinander verwandt; auch der Mensch gehört in diese Organismenfolge. Starck (1978) spricht in diesem Zusammenhang von einem ablaufenden »zweiphasigen Geschehen«, in dem Evolution sich einerseits darstellt in der Entstehung genetischer Variabilität und andererseits in einer Selektion des Gebotenen. Diese Vorstellung der zwei aufeinander bezogenen Schritte habe in der Folgezeit und bis heute allen Falsifizierungsversuchen widerstanden. Darwin liefert also nicht nur erneut den Gedanken einer Abstammung, er formuliert vor allem die Antwort auf das »Wie«.

Aufs Ganze gesehen erkennen wir heute: Darwins »origin of species by means of natural selection or the preservation of favoured races in the struggle of life« vom Jahre 1859 hatte nicht nur für die biologischen Naturwissenschaften ihre Bedeutung, indem sie die kausal-analytische Methode stärkte; das Werk, in kürzester Zeit vergriffen, wandelte die Welt. »Entwicklung« und »Fortschritt« (s. S. 159) wurden Leitideen auch für eine aufblühende Weltwirtschaft, für gesellschaftlichen Fortschritt, waren Triebkräfte zielbewußten Handelns und erhielten Modellcharakter für jede Form kontinuierlicher Zeit. Das Zauberwort »Entwicklung« durcheilte die Welt. Die ewige Wiederkehr der Dinge, wie sie als Kreisprozeß in der Antike existierte, wurde durch eine Bewegung in der linearen Kontinuität ersetzt. Vergangenheit, Gegenwart und Zukunft wurden zu einem Ganzen; Raum, Zeit und Quantität bestimmen seitdem unser Geschichtsbild und unsere moderne Wirklichkeit (vgl. auch R. W. Meyer 1969).

Im fossilen Bereich gab diese Erkenntnis der Deszendenz auch die Einsicht, häufig auftretende und in reicher Formenvielfalt vorhandene Fossilien für stratigraphische Zwecke einzusetzen. Mehrere Tiergruppen erhielten in diesem Bestreben schon früh für eine Biostratigraphie und vor allem für eine großräumige Gliederung der sedimentären Ablagerungen der Erde erhöhte Bedeutung und behielten sie durch das ganze 19. Jahrhundert bis in unsere Zeit (z. B. Schwämme, Trilobiten, Brachiopoden, Goniatiten, Tentaculaten, rugose Korallen mit den Mikrofossilien der Conodonten, Ostracoden und Kalkalgen für das Erdaltertum; Ammoniten, Belemniten, Stachelhäuter und Muscheln mit den Mikrofossilien der Ostracoden für das Erdmittelalter; Wirbeltiere, vor allem Säugetiere, Zähne, für die Erdneuzeit). Phylogenie war hier und von vornherein nicht Selbstzweck biologischer Erkenntnis, sondern war schon damals geologisch bezogen und dient

Abb. 33: Aktuopaläontologie, Fährten- und Spurenkunde: Schlammiges Flußbett (Altwasser im Oberrheingebiet), Wildschweinfährten überdecken die trokkenliegende Schlammfläche. — Aufn. Original, Forschungsinstitut Senckenberg.

auch heute einer Feinstratigraphie auf das konkret Räumliche der sedimentären Ablagerungsstöße. So erhalten z. B. Untersuchungen zur mikroskopischen und submikroskopischen Feinstruktur des Ammonitengehäuses (wie sie heute

von der Arbeitsgruppe »Biomineralisation« in Bonn betrieben werden) auf dem Weg über das Morphologische und Phylogenetische auch Bedeutung für eine vielfach verfeinerte stratigraphische Ordnung.

So wurden die Fossilien (in ihrer stratigraphischen und zugleich zeitlich geordneten realen Folge) zur frühesten und zur wichtigsten Unterlage stammesgeschichtlicher und artlicher Rekonstruktion. Zwar konnten sie nicht die Begründung für ihr augenblickliches Sosein geben, und sie konnten nichts über den Weg ihrer Veränderung in der Zeit aussagen, aber sie wurden in ihrer Realität und in ihrem relativen Bezug zueinander nach wie vor die weithin sichtbaren Kennmale ihrer Existenz, und sie wurden die Urkunden für ein Phänomen, nämlich für die Veränderlichkeit der Pflanzen- und Tierarten im Laufe einer Erdgeschichte, von der wir ohne eine fossile Erhaltung pflanzlicher und tierischer Organismen nichts wüßten.

Zwar sind Fossilien als Erscheinung schon lange, vereinzelt schon im Altertum, bekannt, aber erst durch ihre Deutung als Merkmalsträger der Vorstellung einer Stammesgeschichte sind sie die Urkunden für die Geschichte der Biosphäre; sie sind damit zu historischen Gestalten geworden. Paläontologische Phylogenie war immer und zwangsläufig – weil nur an toten Resten zu arbeiten war – eine morphologische (an Formen gebundene) Phylogenie. Mit der Hereinnahme aktualistischer (siehe S. 74ff) Elemente in die Paläontologie kann sie auch zusätzlich physiologische Phylogenie (eine das Lebensgeschehen betreffende Phylogenie) werden. Sie umfaßt erst als solche die zu fordernde reine Phylogenie (Meyer-Abich sagt: »autonome Phylogenie«), wenn sie eine morphologische und eine physiologische Phylogenie in sich vereinigt.

b) Stammesgeschichte vom Rezenten her

Wir haben gehört, die einfache Stammbaumerkenntnis und erst recht ihre Verwendung für stratigraphische Absichten und anhand von Fossilien durchgeführt – bis zum heutigen Tag meist nach Ähnlichkeiten vervollständigt und immer wieder revidiert und neu geordnet –

ist nicht das Ganze einer Phylogenie, sondern ist nur der Anfang aller phylogenetischen Betrachtung, meist erst äußere Ordnung.

Als einfache Stammbaumerkenntnis geht diese in zunächst unsicheren Ansätzen der Scala rerum und einer Fortschrittsreise in der Natur (besonders Oken, 1779–1851, Abb. 199; Kielmeyer, 1765–1844) bis in das 18. Jahrhundert zurück und stützt sich seit dieser Zeit auf immer neue und

Abb. 34: Aktuopaläontologie, Fährten- und Spurenkunde: Trockenrißscherbe, trockenliegenden Altrheinschlammen entstammend, mit Wieselfährte. — Aufn. Original, Forschungsinstitut Senckenberg.

neuentdeckte Urkunden, die Fossilien. Erst durch die Idee eines Transformismus und als Stammesgeschichte – so besonders seit HAECKEL – sind die aufgefundenen Fossilien zu echten, geschichtlich zu verstehenden Gestalten, also zu einmalig so konstruierten, so funktionierenden und so in einer Umwelt handelnden Gliedern im Sinne und im Bilde einer verzweigten Stammbaumfigur aufgestiegen. Damit sind sie zu einem echt historischen Problem geworden.

Dies ist die eine und zunächst naheliegende Seite, nämlich das phylogenetische Problem – nachdem es einmal erkannt ist – von den Urkunden, den Fossilien her abzuhandeln. Durch lange Jahrzehnte hat die wissenschaftliche Paläontologie nur diese eine Seite gekannt und gepflegt, und wie konnte eine Wissenschaft von den Fossilien zunächst auch anders vorgehen. Zwar gibt die Reihe der fossilen Urkunden gewiß eine erste, zeitlich geordnete Folge, es fehlt indessen – wie wir oben sagten – die Begründung für das entdeckte Sosein und die Absicherung der erklärten Sequenzen.

Diese Begründung einer Folge von nachgewiesenen Gestalten in bestimmten Lebensräumen aber ist in ihrem biologischen Aspekt immer eine biophysikalische. Solche geforderte Biomechanik ist aber nur vom Rezenten her, von den biomechanischen Gefügebeziehungen der heutigen Organismen ausgehend, abzuhandeln.

Biomechanik analysiert nicht nur den Einzelfall, sie synthetisiert die zeitlich geordnete Folge von Fällen (Konstruktionen) und macht darüber hinaus unbekannte, aber zu fordernde Konstruktionsglieder erst bemerkbar und rekonstruierbar. Wenn also allein aus dem beobachteten (gemessenen) Biomechanischen der exakte Nachweis einer bestimmten Funktion zu erbringen ist, so ist es nur das Rezente, welches handelnde Ganzheiten, und das sind Gesamtkonstruktionen, vor sich hat.

Abb. 35: Aktuopaläontologie, Todes- und Einbettungslehre: Wer den Zerfall wasserlebender Wirbeltiere und ihre Einbettung in ein Sediment, ihr Sterben und ihre Trift als Leiche sowie den Verbleib organischer Substanz in einem werdenden Gestein als Vorgang studieren will, der hat in der Gegenwart nicht Ichthyosaurier, sondern Wale und Delphine, Robben und Seekühe als Beobachtungsobjekte und entsprechende Lebensformtypen zur Verfügung. Hier: Delphin, auf den Watten der Außenjade gestrandet. – Aufn. F. WUNDERLICH, Forschungsinstitut Senckenberg.

Es wird hier außerdem deutlich: Nicht bestimmte Formen (oder Gestaltenteile) evoluieren, die Evolution betrifft stets ganze Funktionssysteme. Morphologie und physiologische Phylogenie erst – so sagten wir oben – führen zu einem Ganzen. Nicht also durch den einfachen Formvergleich und durch die Suche nach »Ähnlichkeiten« sind Aussagen über ein Evolutionsgeschehen zu gewinnen; der Weg führt vielmehr über diese Funktionssysteme. Es kommt hinzu: Eine solche Auswahl nach Ähnlichkeiten, gewonnen durch induktivistische Vergleichsverfahren von Formen und Gestalten, kann – und dies wäre der Tod jeder Stammesgeschichte – nicht beliebig gereiht werden. Dies zeigt uns wiederum nur das Medium des Physiologischen. Die Phylogenie spricht daher von einer notwendig einzuhaltenden »Lesrichtung«, die durch Nachweis einer stammesgeschichtlichen Folge funktionierender Teile eindeutig festgelegt werden muß. Verläßlichere Lesrichtungskriterien, die auf ein bewiesenes, so geschehenes Nacheinander von Gestalten hinzielen, sind wiederum allein durch das Studium von ganzen Funktionssystemen zu gewinnen und nicht aus dem stratigraphischen Hinweis allein. Eine solche Betrachtungsweise aber beginnt sich heute erst durchzusetzen.

Die gegenwärtige Evolutionslehre besteht darin – und so drücken es GUTMANN & PETERS (1973) im Gegensatz zur HAECKELschen (und der

Abb. 36: Aktuopaläontologie, Todes- und Einbettungslehre: Holland unterhält einen Dienst, der die an den Küsten gestrandeten Wale und Delphine über Jahre registriert. DEINSE gibt folgende jahresdurchschnittliche Strandungen von Phocaena für holländische Küsten:

Januar	0 Exemplare
Februar	3 Exemplare
März	2 Exemplare
April	6 Exemplare
Mai	8 Exemplare
Juni	12 Exemplare
Juli	8 Exemplare
August	18 Exemplare
September	4 Exemplare
Oktober	3 Exemplare
November	2 Exemplare
Dezember	4 Exemplare

Hier: Gestrandeter Tümmler (Phocaena phocaena) am Strand von Wangerooge-Ost. — Aufn. Original, Forschungsinstitut Senckenberg.

meisten frühen Darwinisten) aus –, daß Evolution als ein Prozeß der Optimierung und der Ökonomisierung energiezehrender »Maschinen« zu sehen sei, die unter Konkurrenz beim Vorliegen von Mutationen evoluieren müssen (Evolutionszwang). Die Eliminierung funktionell nicht mehr notwendiger Strukturen sei ebenso Teil der Anpassung, wie die Verbesserung benötigter Organe.

Dies alles macht deutlich, daß das vielstrapazierte Wort »Morphologie« eine neue, mit den naturgesetzlichen Zwängen vereinbarte Definition erfordert. Sie war

beschreibende Morphologie, sie war
idealistische Morphologie, sie war
statisch-vergleichende, homologisierende Morphologie,
sie sollte heute
auf einer Konstruktionslehre aufbauende Evolutionsmorphologie sein.

Abb. 37: Aktuopaläontologie, Todes- und Einbettungslehre: Vorgang des Todes und Ort der Einbettung liegen oft weit auseinander. Hier: In der südlichen Nordsee treibende Delphin-Leiche. — Aufn. Original, Forschungsinstitut Senckenberg.

So kann – wie auch Starck (1977) betont – Morphologie heute nicht nur ein zeitgemäßes, sondern auch ein für das Verständnis von Organismen wichtiges Fach, ein auch gegenüber der auflösenden Physiologie mit ihrer Partialbetrachtung wichtiger Forschungsaspekt bleiben. Morphologie ist auf solche Weise mehr als der von der Physiologie nicht aufgelöste unbedeutsame »Rest«; Morphologie ist Ausdruck des Systemzusammenhanges und so auch Gegenstand visuellen Erkennens. Eine solche Morphologie aber strahlt auch in die Paläontologie hinein, in eine Wissenschaft, die es zwar vordergründig nur mit aufgefundenen Teilen (Hartteilen, als den realen Urkunden) zu tun hat, aber als Lebenswissenschaft stets das Ganze anstrebt. Eine solche Morphologie kann auch für das Fossil den logischen Bezug sichtbar machen.

Schon hier sei gesagt: Paläontologie sollte daher, wenn sie auch in Zukunft Stammesgeschichte als eines ihrer Zentralanliegen betrachten will (und dies ist nötig), die aktualistische Betrachtungsweise – welche für den Paläontologen der Zugang zur funktionsmorphologischen Untersuchung des rezenten Falles in Hinblick auf den vergangenen ist – fest in ihr Programm nehmen. Außerdem: Wenn Baustein aller stammesgeschichtlichen Rekonstruktion – wie wir feststell-

Abb. 38: Aktuopaläontologie, Todes- und Einbettungslehre: Seehund-Leiche (Phoca vitulina) auf dem Hohen Sand von Mellum. Zerfall fortgeschritten. Hinterextremitäten bis auf Femur abgefallen, Bauchraum geöffnet, Wirbelkörper und Rippen hervortretend, Unterkiefer gespalten. — Aufn. G. RICHTER, Forschungsinstitut Senckenberg.

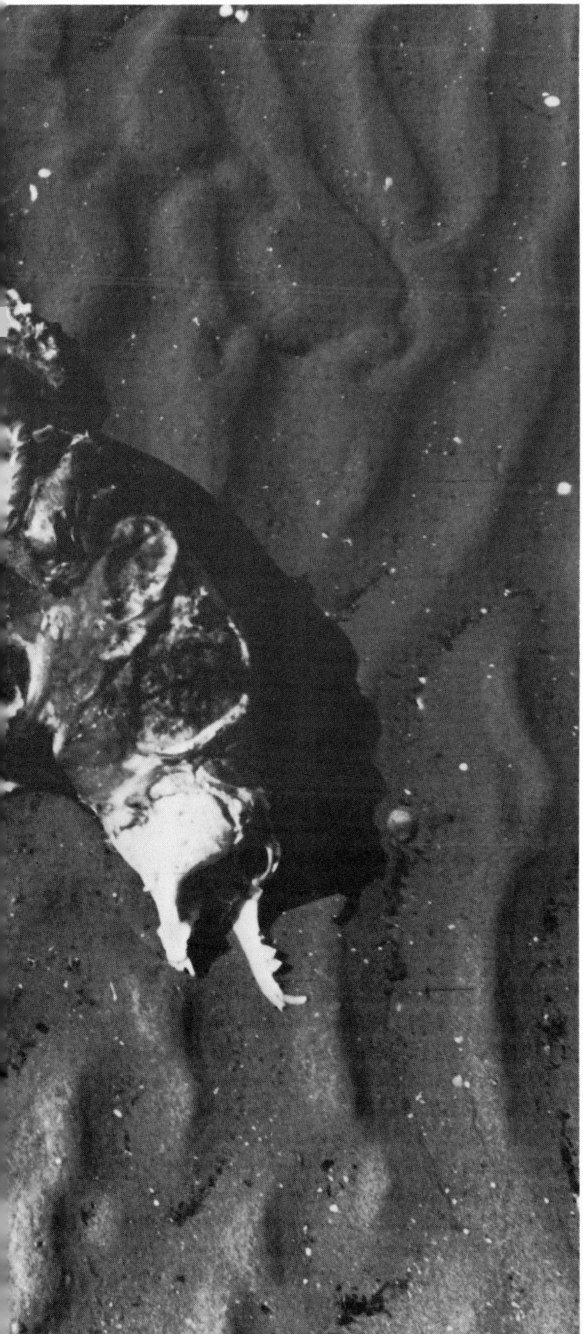

ten – das Tier in seiner belebten Ganzheit ist, so muß in jedem Fall Rekonstruktion (s. S. 198 ff) des einzelnen Fossils der Stammbaum-Rekonstruktion vorausgehen. Dies war bisher nicht der Fall. Versuche der Rekonstruktion des Tieres als belebtes Wesen war bisher mehr schmückende Zutat als notwendige Voraussetzung für eine Stammesgeschichte.

c) Natur und Kultur

Die Konsequenzen sind groß. Denn allein im Evolutiven und im tieferen Verständnis des Phylogenetischen nähern sich einander: einerseits Naturgeschichte (das ist die Geschichte des Lebendigen einschließlich der Paläoanthropologie und das ist Geschichte der Erde und Geschichte des Kosmos) und andererseits Kulturgeschichte (das ist Ur- und Vorgeschichte, Völkerkunde und Geschichte der Kulturvölker); sie schließen sich – so sehen wir es heute –

über die Paläoanthropologie zu einer Universalgeschichte (Kosmologie) zusammen.

Darüber hinaus verbinden sich – vielfach bezogen – Vergangenheit und Gegenwart bis in die Zukunft hinein zu einem erforschbaren Geschehensablauf unter bestimmten, vom Forschungsstandpunkt abhängigen, naturwissenschaftlich und geistesgeschichtlich faßbaren Tendenzen. »Evolution« als breit gefaßtes (als tragendes und koordinierendes) Konzept beherrscht nunmehr jegliches anthropologische, biologische und erdgeschichtliche Denken.

Paläontologie war ursprünglich und lange Zeit allein Wissenschaft vom Gestorbenen, vom Toten, von der fossilen Hinterlassenschaft;

Paläontologie bedeutete, oft ganz ohne Anknüpfung an gegenwärtiges organisches Geschehen, Verwaltung der Restbestände des Lebens vergangener Zeitepochen. Wenn es hoch kam, handelte Paläontologie von den Arten des Sterbens und vom Aussterben, vom Abbau der organischen Substanz bis zum Anorganischen hin und so einen energetischen Kreislauf beendend.

Damit aber erscheint die Bedeutung der Paläontologie nicht erschöpft. Sie ist wichtige Teilnehmerin an dem Unternehmen, die Geschichte der Erde und der Biosphäre zu rekonstruieren. So sehr sie – wie zu zeigen ist – dabei von rein naturgesetzlichen Bedingungen des Vergangenen und des Gegenwärtigen ausgeht, so wichtig ist sie jedoch auch darin, die Vorbedingungen und gesetzten Limitationen des Zukünftigen zu erfassen.

Erst seit Haeckel (Abb. 211) wird der ganze Strom der Geschichte des Lebens in Stammbaumform nun auch bildlich gefaßt. Die frühen Stadien des Lebens stellen auch heute rein bio-

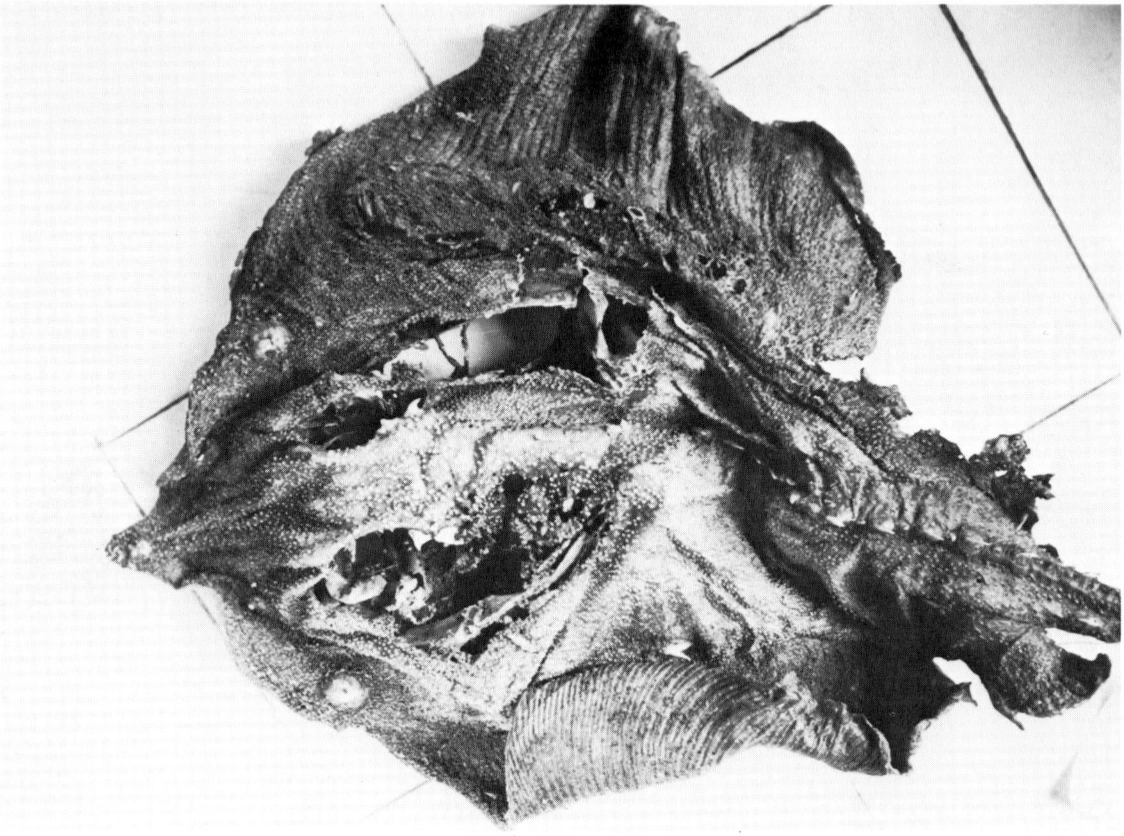

Abb. 39: Aktuopaläontologie, Todes- und Einbettungslehre: Rochen (Raja) aus einem Spülsaum, hart wie ein Brett, Hautzähne hervortretend; die totale Mumifizierung ist gute Voraussetzung zur fossilen Erhaltung. – Aufn. Original, Forschungsinstitut Senckenberg.

chemische Wandlungen dar und gehören in das Feld einer Rekonstruktion des naturgesetzlich bestimmten Geschehens. Die folgenden biologischen und psycho-sozialen Phasen der Evolution waren meist unter Auslassung der Menschheitsentstehung und frühen Menschheitsentwicklung von der »eigentlichen« Historie getrennt. Gerade in dieser Trennung kennzeichnete sich durch viele Jahrzehnte der kaum überbrückbare Graben zwischen Geistes- und Naturwissenschaften. Der Grundgedanke der totalen Kontinuität, zu dem sich auch DARWIN nur mit Zurückhaltung bekannte, wurde von TH. H. HUXLEY (Abb. 209) und von HAECKEL zuerst deutlich ausgesprochen.

Paläontologie schien also ganz im Vergangenen zu verweilen und ausschließlich ein Studium des Gestrigen zu sein. Inzwischen liegen Versuche vor, ausgehend von aktuopaläontologischen, auf die Gegenwart bezogenen Fragen, heute auch dem irdischen Leben in seinem Ganzen Aufmerksamkeit zu zeigen. Allerdings können wir dabei die weitere Entwicklung in die Zukunft hinein nie ohne die konstruktiven Bedingungen und Begrenzungen verstehen, die wir bisher für die einzelnen Phasen der vergangenen Entwicklung schon erkannt haben. Denn dieser weitere Entwicklungsablauf ist in Hinblick auf die Gesamtheit der Umweltbedingungen durch die bisherige Geschichte der Biosphäre und ihren gegenwärtigen Zustand mit- und vorbestimmt.

Was dies in seinen vielfachen Auswirkungen für die Menschheitsentwicklung auf der einmal gegebenen Erde bedeutet, wurde in neuester Zeit vom CLUB OF ROME (MEADOWS 1972, MESAROVIC und PESTEL) klargelegt und mit allen stattgehabten Selbstverschuldungen des Menschen verdeutlicht. In diesem Zusammenhang ist es auch zu verstehen (und zu begrüßen), daß im vergangenen Jahr in der Zeitschrift der Geologischen Vereinigung, der »Geologischen Rundschau«, 20 Aufsätze Raum fanden, die den Wandel der Erdoberfläche unter den gegenwärtigen zivilisatorischen Bedingungen »als Forderung an die Wissenschaft« an Beispielen darstellen. Hier wurde der Mensch als irdisches Wesen in seiner Überzahl, in seiner Technik und deren Energien mit Recht zu einem Forschungsobjekt des Erdwissenschaftlers (VON ENGELHARDT 1977). Aus dem in jedem der erwähnten 20 Aufsätze sich verdeutlichenden Kräfteverhältnis von agierendem Erdenbewohner Homo sapiens und erleidendem Lebensraum wird ein bedrohliches Mißverhältnis deutlich (vgl. auch »ökologisches Bewußtsein« bei SCHÄFER 1971).

Zurück zur Stammesgeschichte: Es bleibt – und damit wäre in unserem Zusammenhang fortzufahren – die Frage, was die immer von neuem beobachtete stammesgeschichtliche Entwicklung ihrem Wesen nach eigentlich ist.

Ist »Entwicklung« ein bloßer Wandel in der Zeit, ein Anderswerden?

Ob dabei komplizierter oder einfacher werdend, allemal ist es die gerade beste, weil die im Augenblick in Konkurrenz ausgewählte Daseinsform (DARWIN) in einem bestimmten Biotop (und nur dadurch überhaupt auf Dauer lebensfähig); ein Lebensformtypus, konform den Wandlungen der sich ändernden Lebensräume, oder

ist in der stammesgeschichtlichen Entwicklung ein qualitatives Besserwerden in Kontinuität zu beobachten,

eine geradlinige Fortentwicklung (Orthogenese), und zwar in Hinblick auf eine Vervollkommnung, eine Höherentwicklung: das heißt, je später, desto höher (= besser); und das heißt: in der Zukunft besser als in der Gegenwart.

Heute wissen wir, die Entwicklung biologischer Systeme und auch der ökologischen Zusammenhänge ist allein auf naturgesetzliche Zwänge und Limitationen zurückzuführen. Dabei laufen die Wandlungen teilweise in Richtung auf Komplizierungen (weil komplexere und effizientere Organe größere Überlebens-Chancen bieten). Oder es kommt zu Rückbildungen und Vereinfachungen von Teilsystemen. Auch diese – immer im Augenblick notwendigen Rückbildungen – verstehen wir naturwissenschaftlich als Material- und Energieersparnisse an solchen Organen, die keine bedeutende Funktion mehr haben.

Wandlung biologischer Systeme wird immer nur durch die naturgesetzlichen Bedingungen und durch den Evolutionszwang gerichtet, der zur Optimierung und Ökonomisierung im Sinne von Energie- und Materialaufwand wirkt. Nur zu oft waren Fragen von »Vervollkommnung« und »Fortschritt« in der Vergangenheit Gegenstand von Ideologien. So ist es wichtig darauf hinzuweisen, daß diese vielfach unter geschichtlichem Aspekt stehenden Denkmuster des Biologismus aus dem 19. Jahrhundert für die Beschreibung und Begründung der Evolution der Organismen und der Biosphäre eliminiert werden sollten; denn Evolution ist ein rein naturgesetzlich bestimmtes Geschehen.

Das heißt: Evolution in diesem physikalischen Sinne bedeutet, daß Organismen als energie- und materialzehrende Systeme verstanden werden. Indem sie eine Überzahl von Nachkommen produzieren, treten sie wegen des Mangels an energetischen stofflichen Voraussetzungen für das Überleben einer beliebig großen Zahl in Konkurrenz miteinander. Angesichts der Tatsache, daß durch Mutationen Veränderungen der biologischen Maschinerie erzeugt werden, haben die verschiedenen Organismen – auch vor allen Dingen diejenigen, die zu einer Art gehören – eine unterschiedliche Chance zu überleben. Mit dem mutativen Wandel ist automatisch ein Angebot von verschiedenen biologischen Apparaten und damit eine unterschiedliche Wahrscheinlichkeit gegeben, daß die Organismen überleben und sich fortpflanzen können. Diejenigen mit der unter den jeweiligen Gegebenheiten günstigsten biologischen Maschinerie werden eine erhöhte Chance der Fortpflanzung erringen. Auf der Grundlage dieses physikalischen Evolutionskonzeptes, das nicht nur von dem Analogiedenken von WALLACE und DARWIN ausgeht (und in welchem vom Überleben im »struggle for life« und der »Auslese« wie durch einen Züchter geredet wird), tritt die biologische Maschinerie mit ihrem Energie- und Materialverbrauch als entscheidendes System ins Blickfeld. Mutationen, die entweder den biologischen Apparat behindern oder stören oder bereits während der Embryonalentwicklung versagen, beziehungsweise die Leistung im Lebensraum und in der Konkurrenz mit Artgenossen negativ beeinflussen, werden zwangsläufig zurück-

Abb. 40: Aktuopaläontologie, Todes- und Einbettungslehre: Vogel-Leiche am Strand. – Aufn. Original, Forschungsinstitut Senckenberg.

bleiben müssen. Diese physikalische Evolutionstheorie beginnt – nach Andeutungen im 19. Jahrhundert (WEISMANN) – sich durchzusetzen; der Übergang geschieht allmählich und geht im allgemeinen von der modernen Paläobiochemie aus, die nicht mit Organismen, sondern mit biochemischen Beziehungsgefügen arbeitet (EIGEN 1970, 1971; H. KUHN 1976 u. a.). Dieses physikalistische Evolutionsdenken, das seine Vorläufer in älteren Arbeiten von LOTKA (1956), BOCK & WAHLERT (1965), CIZEK & HODANOVA (1971) hat, wird neuerdings von einer größeren Anzahl von Autoren (BRODA 1978; GUTMANN 1974; BONIK, GUTMANN & PETERS 1977; MOLLENHAUER 1976; PETERS 1973; REIF 1975; RIEDL 1975) auf die gesamte Biologie ausgedehnt.

Zwei Aspekte, so scheint mir, bringen in diesen Zusammenhang der Evolution als eines rein naturgesetzlich bestimmten Geschehens immer von neuem – und gerade auch beim interessierten Publikum – Verwirrung:

(1.) Auch die erste Version des bloßen Anderswerdens durch die Jahrmillionen zeigt in vielen Beispielen ein tatsächliches Überlegenwerden, sprich Besserwerden. Dieses liegt nicht in der Tendenz, sondern in der Mechanik, wie sie der Darwinismus bietet: Erobern in der Zeit ablaufende Auswahlmechanismen immer neue, angepaßte organische Konstruktionen die gegebenen Lebensräume, so werden in langen Zeiten oftmals neue Mechanismen mit tatsächlich leistungsmäßig besserer Anpassung hervortreten, als dies in kürzerer Zeit geschehen kann.

(2.) Stammesgeschichtlicher Vorgang meint im Tierreich immer Vorgang im Speziesbereich: Von Spezies zu Spezies ändert sich etwas; dies gilt auch für den Übergang Tier – Mensch. Änderung im rein humanen Bereich jedoch meint immer Änderung von Individuum zu Individuum.

Abb. 41: Aktuopaläontologie, Todes- und Einbettungslehre: Möven-Leiche (Larus argentatus) im Sandwehen auf dem feuchten Strand von Mellum. — Aufn. Original, Forschungsinstitut Senckenberg.

Dies bedeutet:

»Geschichte« im Organismenreich (Pflanze und Tier) ist immer Spezies-Geschichte im Wechsel der geologischen Formationen; »Geschichte« im humanen Bereich ist immer Individuen- und Sozialgeschichte (vgl. S. 172 ff.).

Denn in der reinen Geistesgeschichte interessiert allein das Individuum in seiner Auseinandersetzung mit der Umwelt und den Mitindividuen innerhalb der gleichen Art.

Mit Recht sollte sich also gerade die Paläontologie gleichzeitig mit den Elementen aus Vergangenheit, Gegenwart und Zukunft beschäftigen. In der Tat finden wir heute – in einer Zeit, in der durch die Massenvermehrung der Menschheit Zweifel an der Erhaltung unserer Welt berechtigt sind – viele Ansätze über die Zeiten- und Gestaltenfolge unserer Welt nachzudenken und über das Problem des Fortschritts in der menschlichen Sozietät nachzufragen (R. W. MEYER 1969). Es geschieht – hoffend, bangend oder resignierend – immer noch, und trotz der Fortschritte in der Erkenntnis phylogenetisch prinzipieller Zusammenhänge, auf die beiden oben beschriebenen Weisen des »Anderswerdens« oder des »Besserwerdens«.

Wie auch immer, wir beginnen durch die Leistung zahlreicher Autoren über ein geklärtes Bild geschichtlicher Stationen und Wertigkeiten zu verfügen. Es ist erkenntnistheoretisch der wichtigste Beitrag, den in unserer Zeit die biologischen Naturwissenschaften zu liefern vermögen. Er ist zu wesentlichen Teilen auf den Grundlagen paläontologischer Forschung aufgebaut. Ich nenne unter vielen nur einige Autoren aus Philosophie, Zoologie und Paläontologie/Geologie:

Abb. 42: Aktuopaläontologie, Todes- und Einbettungslehre: Die im Sediment lebende Muschel Mya arenaria ragt bei Sedimenterosion noch in Lebendstellung aus dem Sediment, stirbt dort; die Klappen werden vertriftet. — Aufn. F. WUNDERLICH, Forschungsinstitut Senckenberg.

KARL JASPERS 1956, Abb. 221; JULIEN HUXLEY 1965; HEINRICH K. ERBEN 1975; BERNHARD RENSCH 1977 und KARL BEURLEN 1977.

Außer den hier aufgeführten sollte TEILHARD DE CHARDIN (1961, Abb. 219) besonders genannt werden. Er spricht vom »Pfeil des Humanen« (PORTMANN 1960) und bekennt sich damit für den Menschen zu der Vorstellung vom »Weg zum Besseren«, in den sich die stammesgeschichtliche Entwicklung fortsetzt und verlängert. Die Tatsache, daß wir heute Stammesgeschichte als rein »mechanisches«, begründbares Gefüge verstehen und rekonstruieren, wobei die Paläontologie wichtigste Beiträge für die Rekonstruktionen erbringt, lenkt uns nicht davon ab, zu sehen, daß es ein Weiterschreiten der Evolution ins Feld des Humanen hinein gibt. In den Konsequenzen auf den zukünftigen Weg einer evoluierenden Menschheit ist TEILHARD DE CHARDIN – vielfach umstritten, aber doch immer wieder diskutiert – am weitesten gegangen. Er spricht vom zukünftigen »Ultra-Menschsein«. Der Begriff soll – wie er sagt – die Vorstellung zum Ausdruck bringen, daß das Menschliche über sich hinauswächst zu einer besser organisierten, sozusagen »erwachseneren Form« als der uns bisher bekannten. Er sieht für unsere heutige Zeit, die er eine »Zeit des Umschwungs« nennt, in einer überall einsetzenden Intensivierung der Forschung (als Teilstück eines »wirtschaftlich-technisch-wissenschaftlich-sozialen Gesamtkomplexes«) den Beginn einer neuen Menschheit. Allerdings ist für ihn die Erde

Abb. 43: Aktuopaläontologie, Todes- und Einbettungslehre: Aus dem Sediment, dem Lebensort dieser Muschel (Mya arenaria) ausgespült, ordnen sich die einzelnen Klappen durch die strömende Flut zu Anlagerungsmustern und zu senkrecht geschachtelten Gruppen. Schillbildung ist hier sedimentäres Ereignis, gesteuert durch grundberührenden Seegang über einer Wattfläche. — Aufn. Original, Forschungsinstitut Senckenberg.

in ihren Räumen auch in Zukunft noch frei verfügbarer Lebensraum für die wachsende Menschheit und für die immer noch in biologischer Entwicklung stehende organische Welt. Das uns heute so bedrückende Phänomen der Übervölkerung und Technisierung mit allen Folgen auf den Lebensraum und die Lebensentwicklung von Mensch, Tier und Pflanze diskutiert er in Hinblick auf eine endgültige Limitierung noch nicht. Er spricht allerdings von einem »kritischen Kurvenabschnitt«, einem psychisch-sozialen Druck, dem die Menschheit ausgesetzt ist und den sie zurzeit durchläuft in Hinwendung zu einer »höheren Form des Zusammenschlusses«, zu einer »Gruppe schöpferischer Zusammenschlüsse (Eu-Komplexe)«.

Die »kritischen Situationen«, in welche die menschlichen Sozietäten (und auch schon tierische Sozietäten) bei Übervölkerung im gegebenen Lebensraum zu geraten pflegen, und die von einer solchen Sozietät durch Organisation und (oder) durch technische Leistung immer wieder überwunden werden können, ehe bei weiterer Vermehrung der Sozietätsglieder schließlich doch eine Katastrophe der ganzen Sozietät durch Zusammenbruch ein Ende setzt (s. S. 104ff und Schäfer 1971), sind etwas anderes. Solche Seinsstufen zwischen je zwei kritischen Situationen folgen sich innerhalb der gleichen Sozietät unabhängig vom Grad der Entwicklung durch äußere Sachzwänge und sind ein immer gegenwärtiges Problem in der tierischen und in der menschli-

Abb. 44: Aktuopaläontologie, Todes- und Einbettungslehre: Muschelklappen im Strandsand, durch vorhergehende Strömung von links eingeregelt. Die Einsteuerung dieser doppelklappigen, toten Miesmuscheln ist hydrodynamisches Ereignis; in diesem Fall kommen die doppelklappigen Muscheln durch ihre Form der orientierenden Energie besonders entgegen. Studium der Lage und Einordnung eines Fossils nennt man seit WEIGELT »Biostratonomie«. — Aufn. F. WUNDERLICH, Forschungsinstitut Senckenberg.

chen Sozietät. Hier handelt es sich nicht um eine Höherentwicklung des einzelnen oder einer Sozietät in bisher noch nicht existierende Stufen des Seins wie im Falle TEILHARD DE CHARDINS, sondern um im Verhalten eingeplante biologische Prozesse innerhalb einer sich auslebenden und nach der Zahl sich ausweitenden Sozietät (Abb. 80–85).

In den 70er Jahren konkretisierte sich folgendes Bild von den umfassend gegebenen Abläufen des Lebens: Danach werden im ganzen drei Phasen der Entwicklung unterschieden, eine präbiologische (kosmische) Phase, eine biologische (organische) und eine postbiologische (humane). JULIEN HUXLEY unterteilt die biologische und die postbiologische Phase in je drei Unterprozesse. Hier interessiert vor allem die postbiologische, die eigentlich menschliche. HUXLEY unterscheidet (1.) eine Kladogenese, die durch eine Aufspaltung und Differenzierung der Kulturen gekennzeichnet ist; (2.) eine Anagenese als Phase der Entwicklung der technischen Methoden und der Differenzierung in Wirtschaft, Politik, in Wissenschaft, Kunst und Religion sowie in internationale Organisation. Im (3.) Unterprozeß, der Stasigenese, ist der Fortschritt gedämpft, die Verbreitung der Ideen führt zu einer Vereinheitlichung der Welt.

In diesen letzten 3 Phasen, die in ihren Auswirkungen z. T. noch Zukunft sind, erscheint das menschliche Schicksal in einem völlig neuen Gewand. Der selektive Mechanismus ist nicht mehr

Abb. 45: Aktuopaläontologie, Todes- und Einbettungslehre: Schillberge (Cardium und Mytilus) auf den Watten des »Hohe Weg«/Jade bei Ebbe. Strömungsverhältnisse am Ort (Kreisströme) halten die Schille zusammen. Frachtung am Meeresgrund überstehen die Schalen nicht lange, sie zerbrechen, die Teile werden geschliffen und wandeln sich in Muschelgrus. Der Großteil wandernder Muscheln ist vom Siedlungsort 3–5 sm entfernt kaum noch nachweisbar. — Aufn. F. WUNDERLICH, Forschungsinstitut Senckenberg.

nur biologisch, er ist vielmehr hauptsächlich psychisch oder geistig; das menschliche Bewußtsein bestimmt die evolutive Richtung. Nicht die menschlichen Gene lenken das Geschehen, sondern eine psychosoziale Auslese. Es ist jetzt das Bewußtsein des Zieles vorhanden. BEURLEN (1977) drückt den gleichen Gedanken so aus: Die exzessive Zerebralisation hat den Menschen aus dem für tierische Organismen gegebenen Zwangsablauf herausgeführt. Diese Zerebralisation gebe dem Menschen vielmehr für sein Tun und Denken Entscheidungsfreiheit; somit sei in dieser damit gegebenen einzigartigen Sonderstellung des Menschen jede Möglichkeit einer Voraussage über seine zukünftige Entwicklung genommen. Das menschliche Bewußtsein, so sagt HUXLEY, bestimme gegenwärtig und erst recht zukünftig die evolutive Richtung, angetrieben durch die obengenannte psychosoziale Auslese. Weiterentwicklung des Menschen erfolge durch kulturelle Tradition, nicht durch gewisse Organisationsformen im Körperlichen.

Auch RENSCH (1977) sagt, wie alle Lebewesen, so hat sich auch der Mensch zwar durch Kombination von Genen, durch Mutation und natürliche Auslese aus tierischen Vorfahren herausgebildet, eine Entwicklung innerhalb des Menschengeschlechts aber erfolge in der Gegenwart vielmehr durch die Summierung von Erfahrung, durch Lernen, durch Tradition und spontane Ideen. Bereits erfolgte, nicht genetisch verankerte Entwicklungsschritte könnten (und können)

Abb. 46: Aktuopaläontologie, Todes- und Einbettungslehre: Winderodierte Sandfläche. Die im Sand liegenden Muschelklappen werden freigeblasen und sitzen nun auf Sandstühlchen. Bei weiterem Sandblasen kippen die Muscheln aus ihrer Lage und werden rollend und fallend verfrachtet. – Aufn. Original, Forschungsinstitut Senckenberg.

daher auch wieder verloren gehen. Wir erkennen, nicht mit Hilfe naturwissenschaftlicher, vielmehr mit geisteswissenschaftlichen Methoden ist die menschliche Gesellschaft erforschbar, wiewohl auch in dieser kulturgeschichtlichen Phase die Freiheit nicht unbeschränkt ist. RENSCH weist in diesem Zusammenhang darauf hin, daß viele Evolutionsregeln auch für die letzte, die kulturgeschichtliche Phase gelten. Er bringt für letztere eine Reihe von Beispielen: sie zeigen zu den selektiven Mechanismen der natürlichen Evolutionsgesetze Parallelen.

Die biologische Evolution ist dabei aber nicht völlig ausgeschaltet, sondern kann sogar in ihrem Weiterlaufen große Probleme aufwerfen. Mutationen bescheren der menschlichen Sozietät z. B. dauernd defekte Individuen, deren Schäden zum Teil durch die moderne Medizin ausgeglichen werden können. Genetische Schäden führen zum Sterben von Embryonen oder zur Ausbildung nicht lebensfähiger oder nur durch menschliche Hilfe lebensfähiger menschlicher Organismen. Selektion läuft also im Hintergrund in rein biologischer Weise weiter ab. Gleichzeitig ergeben sich daraus insofern weitere Fragen, als nachteilig zu beurteilende Gene sich in der menschlichen Population ausbreiten und die biologische Substanz schwächen.

Zusammengefaßt: Biologische und kulturelle Evolution scheinen also nach unseren bisherigen kurzen Erfahrungen –

wir überschauen kaum 6000 Jahre Kulturgeschichte und eine Million Jahre Menschheitsgeschichte –

nahtlos und mit vielen gegenseitigen Beeinflussungen und Abhängigkeiten ineinander überzugehen. Dabei ist biologische Evolution durch die junge kulturelle Evolution nicht ersetzt, vielmehr läuft biologische Evolution immer noch unterschwellig mit allen darin steckenden Komplikationen und Gefahren des Schiffbruchs mit. Um so achtsamer und bewußter sollte mit unseren materiellen und geistigen Resourcen in Zukunft umgegangen werden. Damit wird deutlich: Allein die in ihrer Kontinuität stets gefährdete kulturelle und ins Bewußte gerückte Evolution bestimmt die irdische Zukunft. Auf dem Hintergrund der stammesgeschichtlichen Entwicklung und im Verständnis des Übergangs zur kulturellen Evolution wird der Mensch sich selbst zum Problem. Der evolutive Lösungsansatz läßt sich selbst als Ergebnis einer langen Historie verstehen. Damit aber ist die Frage nach der Erkenntnisfähigkeit und den Erkenntnismöglichkeiten aufgeworfen, die solche Aussagen über die Vorbedingungen in der Naturgeschichte und in der Humangeschichte möglich machen.

Abb. 47: Aktuopaläontologie, Todes- und Einbettungslehre: Stechkastenprobe aus dem geschichteten Wattenboden. In der unteren Mitte Muschelklappen eingebettet, gewölbt oben. Im untersten Viertel Schlicke von Bodenbewohnern durchwühlt und entschichtet. – Aufn. F. WUNDERLICH, Forschungsinstitut Senckenberg.

Über die prinzipielle Erkennbarkeit der Welt, die ja unsere Frage nach dem zukünftigen Entwicklungsgang der Menschheit betrifft, hat JASPERS (1956, Abb. 221) abgehandelt. Er sagt, und dies soll die Grenzen unserer forschenden Möglichkeiten dartun:

»Im Forschen machen wir die Voraussetzung von der Erkennbarkeit der Welt. Denn ohne diese Voraussetzung wäre jede Forschung sinnlos. Aber diese Voraussetzung kann zweierlei bedeuten:

erstens die der Erkennbarkeit von Gegenständen in der Welt, zweitens die der Erkennbarkeit der Welt im ganzen.

Nur die erste Voraussetzung trifft zu, und man kann nicht wissen, wie weit man mit dem Erkennen in der Welt noch kommen wird. Die zweite Voraussetzung dagegen trifft nicht zu. Daß sie

Abb. 48: Aktuopaläontologie, Todes- und Einbettungslehre: Im geschichteten Strandwall in Lagen eingebettete Muscheln (Cyprina islandica). Nord-Norwegen. — Aufn. Original, Forschungsinstitut Senckenberg.

falsch ist, zeigt sich an radikalen Schwierigkeiten, welche zwar der inhaltreichen Forschung keine Schranken setzt, wohl aber die Grenzen des Wissens zeigen, nämlich die Grenze, daß die Welt im ganzen als eine einzige geschlossene sich dem Erkennen nicht nur entzieht, sondern daß es die Welt im Sinne widerspruchsloser Denkbarkeit und Erfahrbarkeit für uns überhaupt nicht gibt. Diese Grenzen werden deutlich, wenn man die falsche Voraussetzung von der Erkennbarkeit des Weltganzen am Tatbestand der Forschung scheitern sieht. Die Einsicht in den Irrtum ist gar nicht leicht. Der Irrtum ist in der modernen Wissenschaft als vermeintlicher Philosophie angelegt und seit DESCARTES vollzogen.«

4. Ökologie

Biologische Grundwissenschaften sterben, wenn die neue herankommt, nicht, sie werden – wie es MEYER-ABICH ausdrückt – in die nächste transponiert und erhalten selber neue Akzente. So auch jetzt: Morphologie–Taxonomie, Physiologie und Phylogenie integrieren sich mit dem neuen, dem 20. Jahrhundert in einer neuen, fünften biologischen Grundwissenschaft: Es ist die ökologische. Sie ist die letzte und bisher umfassendste. Obwohl begrifflich bereits von E. HAECKEL (1886, Abb. 211) als Bezeichnung für die Lehre von der Lebensweise der Tiere und ihre Beziehung zur Umwelt eingeführt, hat die ökologische Wissenschaft erst in der Gegenwart ihren eigentlichen Stellenwert erworben. Sie hat erst in aller-

Abb. 49: Aktuopaläontologie, Todes- und Einbettungslehre: Verbackener Muschel- und Schneckenschill vom rezent gehobenen Korallenriff Sarso, Farasan-Archipel im Roten Meer. — Aufn. Original, Forschungsinstitut Senckenberg.

letzter Zeit auch den Weg in die paläontologische Wissenschaft unter der Bezeichnung »Palökologie« gefunden. Ökologie als umgreifende Disziplin wirkt als Palökologie mit der Fülle ihrer analytisch gliedernden und synthetisch ordnenden Elemente in das ganze System paläontologischen Forschens, rückt Paläontologie enger in den Kreis biologischer Disziplinen und mobilisiert sie.

a) Begriffsbestimmung

Neben die Frage nach Form und Taxum, neben die Frage des Funktionierens der Form, neben die Frage nach dem stammesgeschichtlichen Werden tritt nun der Bezug des Organismus zu einem Lebensraum. Schlagwort wird: die Umwelt.

Dieser Lebensraum ist ein topographisch umschreibbarer Ort mit eigenen Bedingungen, der Biotop, und er ist der Ort, an welchem Leben als Gestalt, als Qualität und als Gestaltengemeinschaft lebendiger Einheiten stattfindet.

Auf Einpassung- und Anpassungsmerkmale (morphologischer und physiologischer Art), also weniger auf Organisationsmerkmale schlechthin ist ökologische Forschung ausgerichtet. Sie ist die biologische Lehre von den Anpassungen der Organismen und ist als solche von vornherein auf phylogenetisches Geschehen bezogen: dies gilt für Einzelwesen, für die Organismengemeinschaft (Biozönose) und für Tiersozietäten.

Weil hiermit Organismen zu handelnden Größen in bezug auf einen Lebensraum und seine Gestaltung geworden sind, wird Statistik zur

Abb. 50: Aktuopaläontologie, Todes- und Einbettungslehre: Rückenpanzer vom Molukkenkrebs (Limulus) im Strandsand einer Insel, amerikanische Atlantikküste (Sapello). — Aufn. Original, Forschungsinstitut Senckenberg.

wichtigen Methode, indem die Beobachtung und Messung an einer großen Zahl von Einzelfällen objektive Ergebnisse liefern.

Paläontologie wird im Ökologischen biologisch erst transparent; andererseits bindet sich Paläontologie über den Gedanken des »Ökosystems« um so mehr an Geologie und Sedimentologie (Biotop).

Anders gesagt: Je »biologischer« Paläontologie durch Ökologie sich gibt, um so enger wird durch dieses ökologische Moment Paläontologie mit Geologie und Sedimentologie als den Wissenschaften, die sich – vom Biologischen her gesehen – mit »Umwelten« von Organismen befassen, verbunden. Um so deutlicher tritt der Begriff der »Biofazies« in den Blickpunkt, um so mehr verdeutlicht sich für das Beispiel des fossilen Organismus seine »Milieu«-Bezogenheit und um so sicherer wächst ein kausales Verständnis für alles evolutive Geschehen (als Beispiele Abb. 20–26 und Abb. 55–57).

Damit wandert in der Ökologie die Aufmerksamkeit vom Organismus weg und hin zu seiner Umwelt, d. h. zu dem Ort, an welchem die Anpassung sich bewährt.

Mit der Aufmerksamkeit für einen Ort, für einen ganz bestimmten, topographisch festgelegten Ort, handelt Ökologie außer von Organismen von den anorganischen Faktoren, welche einen Ort der Biosphäre charakterisieren. Der Zutritt zum Ökologischen kann deshalb in Praxis immer von zwei Seiten her, nämlich vom Anorganischen (Biotop, Fazies) und vom Organischen (Einzelorganismus, Organismengemeinschaft) her, erfolgen.

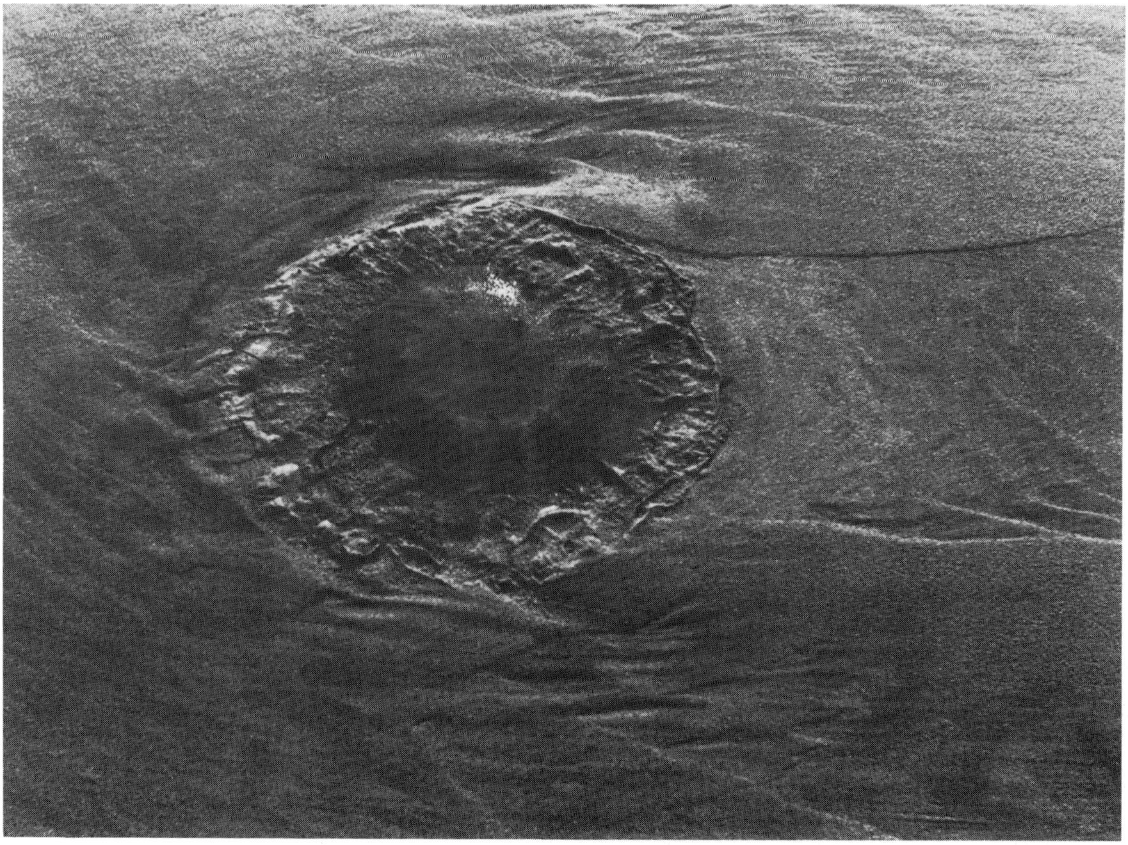

Abb. 51: Aktuopaläontologie, Todes- und Einbettungslehre: Im feuchten Sand gestrandete Qualle (Cyanea). Strandeweg von rechts. — Aufn. F. WUNDERLICH, Forschungsinstitut Senckenberg.

Im ersten Fall finden wir die Darstellung des Milieus als Ausgang der Betrachtung, heute nennen wir die Charakterisierung des Biotops mit allen einst dort wirkenden Energien. Im letzten Fall, d. h. vom Organischen her, ist Ökologie (mit MEYER-ABICH) dreierlei:

zunächst eine an die Vielzahl der Formen gebundene, die Situation von Organismen beschreibende Ökologie (Synökologie), die zur Biozönose hinführt,

dann eine kausale (physiologische) Ökologie, die das Individuelle, wir sagen das aut-ökologische Moment, in den Vordergrund stellt und

schließlich eine auf den Zeitablauf bezogene (historische) Ökologie.

Erst alle zusammen decken das ganze Feld des Ökologischen ab und betreffen die Biosphäre und die Geschehnisse dortselbst in ihrer Ganzheit. Ökologisches Geschehen wird für den Paläontologen also sehr wohl sichtbar. Beinhaltet doch die Biofazies als Raum unter einheitlichen Bedingungen das einstmalige, an Organismen und an anorganische Energien gebundene Geschehen in einem bestimmten Raum (die Außenwelt des Organismus). Der Paläontologe steht bei der biofaziellen Betrachtung seiner Fossilien also immer vor der Identifikation von Anpassungsmerkmalen und von Organisationsmerkmalen.

Hier sollte der Ort sein, auch den UEXKÜLL'schen (1956) Umweltbegriff zu nennen, der weniger aus dem Ökologischen als aus dem physiologischen Geschehen sich herleitet und wohl als ein Element der kausalen Ökologie zu betrachten ist. Er setzt auf ein planhaftes Gesche-

Abb. 52: Aktuopaläontologie, Todes- und Einbettungslehre: Schillberge auf »Hohe Weg« (Cardium). — Aufn. F. WUNDERLICH, Forschungsinstitut Senckenberg.

hen im Organismus, und er setzt bei aller nachzuweisenden DARWINschen Mechanik im einzelnen auf im Organismus wirkende Ordnungsweisen, auf Selbstregulation und planhafte Selbstgestaltung tierischer Konstruktion und tierischen Verhaltens. J. VON UEXKÜLLS Verdienst ist es, dieses Gefüge, in das Subjekt und Umwelt verwoben sind, als erster sichtbar und verstehbar gemacht zu haben. Dieses Gefüge, durch VON UEXKÜLL an vielen Beispielen aufgezeigt, kettet den Organismus durch einen »Funktionskreis« (der einerseits in der Leistung der Sinnesorgane, andererseits in der Leistung der Bewegungsorgane sich ausdrückt), fester an einzelne Faktoren der Umwelt, als dies der MÖBIUS'sche Umweltbegriff tut. Für MÖBIUS ist Umwelt etwas physikalisches, und MÖBIUS sucht das objektive Bild der Umwelt. Für VON UEXKÜLL ist Umwelt etwas ethologisch Bezogenes und VON UEXKÜLL sucht das für jeden einzelnen Organismus subjektive Bild der Umwelt. Der obengenannte »Funktionskreis« bindet einerseits durch »Merkorgane«, also durch Sinnesorgane aus einer »Merkwelt« (d. i. Welt, in der es Bestimmtes zu merken gibt) und andererseits durch »Wirkorgane«, also durch Bewegungsorgane aus einer »Wirkwelt« (d. i. Welt, in der es in bestimmter Weise zu wirken gibt) das animalische Subjekt mit dem Objekt aus der Umwelt zu einem »planmäßigen Ganzen«. VON UEXKÜLL sagt weiter: »Alle Tiersubjekte, die einfachsten wie die vielgestaltigsten, sind mit der gleichen Vollkommenheit in ihre Umwelt eingeplant. Dem einfachen entspricht die einfache Umwelt, dem vielgestaltigen eine ebenso reich gegliederte Umwelt«. Gegenstände werden in der Umwelt eines Tieres (dem Milieu) zur Summe von Reizdaten, die aufgenommen (oder nicht aufgenommen) werden können. Der Gegenstand in der Umwelt liefert dem Tier, welches das Subjekt im Rahmen des Funktionskreises darstellt, für seine Triebhandlungen angeborene, auslösende Schemata, er wird dem Tier dadurch erst in einer ganz bestimmten Weise bekannt. Zusammengefaßt: Für MÖBIUS lebt der Organismus in der Umwelt, für J. VON UEXKÜLL lebt der Organismus in seiner Umwelt.

Es wird deutlich, für VON UEXKÜLL wirkt »Kampf ums Dasein« regulierend, er ist aber nicht Ursache des Umwandels der einzelnen Arten. Damit ist VON UEXKÜLL von vorneherein und lebenslang heftiger Widersacher des Darwinismus, er knüpft vielmehr an den Vorstellungen vordarwinistischer, idealistischer Morphologie an. Er wurde wegweisend für die moderne Ethologie (Verhaltensforschung); seine Theorie stellt sich aber nicht als Entwicklungslehre dar.

Abb. 53: Aktuopaläontologie, Todes- und Einbettungslehre: Prallhang eines Priellaufs im Watt. Im Vordergrund Schillagen in die Wattenfeinschichtung eingefügt. — Aufn. F. WUNDERLICH, Forschungsinstitut Senckenberg.

b) Ökologie, das Umgreifende

Diese ökologische Erkenntnis der »Milieu«-Bezogenheit gilt für den belebten Organismus (und macht »funktionelle Morphologie« und Biofazies-Studium am fossilen Befund zu echtem

Bestandteil einer Fossilanalyse). Sie gilt auch umgreifend für das Sterben, für Zustände und Abläufe am toten Organismus, sein Einzelvorkommen im Gestein oder sein Vorkommen in einer Grabgemeinschaft (Taphozönose) und schließlich für die Lagerung und überhaupt für die Einbettung und Erhaltung des einst Gestorbenen als Fossil (Biostratinomie). Denn Sterben und die Wirkung von organogenen Resten sind Faktor in der Biotopgestaltung. Paläontologie präzisiert sich zu einer »Palökologie«.

Hier wird erst recht die notwendig enge Verbindung offenbar, welche Palökologie seit je auch zu Geologie und Sedimentologie hatte

und gerade heute erst recht haben muß, soll der fossile Befund – nämlich das Fossil und seine Umwelt – ganz ausgeschöpft werden. Nennen wir Palökologie zwar mit Recht eine echt biologische Disziplin, so ist sie doch in Praxis nur in enger Abhängigkeit zur Analyse des Gesteins, welches das Fossil trägt und umgibt, betreibbar. Dies wird auch im paläanthropologischen Bereich deutlich, wo das Innen- und das Außenweltliche als ein ökologisches Moment auch geistig-seelisch einander zugeordnet sind, und wo Anthropologie gerade auf dem Weg über die Auseinandersetzung des frühen Menschen mit seiner Umwelt den Zutritt zu dessen Innenwelt findet.

Mit dem Augenblick, mit dem Palökologie sich als Studium eines umweltgebundenen Lebewesens einerseits und als Todes- und Einbettungslehre andererseits institutionalisierte, wurde eine Reihe von Sonderdisziplinen fester (und allein von hierher betreibbarer) Bestandteil paläontologischer Wissenschaft, nämlich

die Palichnologie als Lehre von den Fährten und Spuren fossiler Tiere auf einer Schichtfläche, als Studium der Verwühlungen von im Sediment lebenden Organismen, und als Studium der Wohnbauten in einem aufgewachsenen Sediment (Abb. 20–34). Palichnologie ist ein Teilstück der Verhaltenskunde (Ethologie), und zwar das für die Paläontologie einzig möglich zu betreibende: das Studium der Hinterlassenschaften ehemaliger Ortsbewegung in einem oder auf einem Sediment;

die Nekrologie als Geschehen am sterbenden und frisch-toten Organismus, sei es chemischer oder mechanisch gelenkter Abbau des toten Tierkörpers, oder sei es Abbau durch Tierfraß (Abb. 35–54);

die Biostratinomie (»Biostratonomie« Joh. Weigelts) als Studium der vielseitigen Beziehungen zwischen totem, organischem Rest und einbettenden, in Schichten sich aufbauenden Sedimenten mit dem Ergebnis einer »Fossillagerstätte« (Abb. 35–54);

Abb. 54: Aktuopaläontologie, Todes- und Einbettungslehre: Flußläufe verfrachten bei Hochwasser Säugerleichen und pflegen sie schließlich, in Skelettstücke zerfallen, in Kolken zu Hauf abzulagern (bonebed-Entstehung). Hier: Reh-Leiche vom fallenden Flußwasser auf Zeit bis zur Wiederkehr eines Hochwassers auf trokkenrissigem Schlammfeld abgelagert. — Aufn. Original, Forschungsinstitut Senckenberg.

die Fossilisation als Vorgang des Umbaues organischer Reste im Sediment, Diagenese, und zwar die Weichteile und die Hartteile betreffend;

die Fossil-Metamorphose als Studium des fossilführenden Gesteins und die mit dem geologischen Geschehen verbundenen Änderungen am Fossil;

die Fossil-Verwitterung als Studium des natürlichen Freiwerdens des Fossils aus einem Gestein und die Vorgänge des damit verbundenen chemischen oder mechanischen endgültigen Abbaues.

Konnte Palichnologie noch weitgehend aus dem Repertoire rezent-biologischer Methodik betrieben werden, so sind Nekrologie, Biostratinomie, Fossilisation (Diagenese), Fossil-Metamorphose und Fossil-Verwitterung ausschließlich eigene paläontologische Fragestellungen und treten aus dem Kreis allgemein biologischer Methodik heraus.

Es wird aber auch deutlich: Fand Ökologie erst spät (erst im 20. Jahrhundert) als produktive Kraft in den Kreis rezent-biologischer Disziplinen, so erfuhren erst in allerjüngster Zeit die hier aufgeführten palökologischen Fragengruppen (vor allem Palichnologie, Nekrologie-Diagenese und Biostratinomie) ihren Zugang in das Gefüge paläontologischer Wissenschaft. Erst auf dem Umweg über das Studium des Rezenten konnten sich diese Disziplinen in der Methode und in der Fragestellung im Rahmen einer Palökologie entwickeln. So verstehen wir auch, daß gerade in dieser jungen Palökologie die Grenzen zwischen fossilem und rezentem Geschehen garnicht erst errichtet wurden. In dem Begriff der »Paläobio-

Abb. 55: Aktuopaläontologie, Biofazieskunde: Vergesellschaftung bei Meeresschnecken. Hier: durch die Gunst des Ortes (üppig wachsender Algenfilm auf feuchten Steinen) hat sich die Meeresschnecke Littorina auf Zeit in Massen aktiv zusammengefunden. — Aufn. F. Wunderlich, Forschungsinstitut Senckenberg.

logie«, wie ihn Louis Dollo (1857–1921, Abb. 213) und noch umfassender Othenio Abel (1875–1946, Abb. 216) entwickelten, drückt sich dieser Bezug zum Rezent-Biologischen bereits aus. Bei Abel hat dieses Paläobiologische denn auch sogleich die oben geschilderte doppelte Verknüpfung: die Hinwendung einerseits zur Konstruktion (Innenwelt) des Organismus als Vergleichende und Funktionelle Morphologie (Abel 1912 und 1929) und zur Außenwelt des Organismus (Abel 1935) als Lebensspurenkunde.

Auf die allgemeine Bedeutung des Studiums des Rezenten als Mittel zum Verständnis eines Geschehens in der Erdvergangenheit (Aktualismus) sei im nächsten Abschnitt gesondert eingegangen, und es seien aus dem Rezenten heraus die Fragengruppen entwickelt, die eine Palökologie in aller Eigenständigkeit heute ausmachen.

III. Erforschen gegenwärtigen Geschehens in Hinblick auf vergangene Ereignisse

Schon lange war es der Paläontologie ein Nachteil, daß es ihr verwehrt war, die fossilen Organismen im Leben und die dazugehörigen Umwelten als die intakten Lebensräume kennenzulernen. Sie tat – und das neuentdeckte funktionelle Moment verleitete ja besonders dazu –, was historische (auch die kulturhistorischen) Wissenschaften in solcher Lage immer zu tun pflegen:

Sie betreiben einen Aktualismus; sie untersuchen heutige, also »aktuelle« Bedingungen in der Absicht, die Ergebnisse der Untersuchung zurückzuprojizieren in die im eigentlichen zu untersuchende (in diesem Fall: erdgeschichtliche) Vergangenheit.

Mit dieser Methodik erwarb sich die Paläontologie den Zugang zu einem aktuellen (gegenwärtigen) Geschehen und zu dem Studium komplexer Bedingungen in intakten Lebensräumen. Sie verfügt seitdem über ein Repertoire an geprüften Einzelmechanismen und ist insofern echte gesetzeswissenschaftliche Naturwissenschaft. Daher nehmen in unserem Buch Bilder aus aktuellem Geschehen – obwohl das Fossil, wie der Titel des Buches sagt, im Mittelpunkt unserer Betrachtung steht – einen größeren Raum ein. Zeigt doch das Bild aus dem Rezenten in seinen Parametern oft den ganzen Sinnzusammenhang; hingegen weist das Fossil meist nur ein oft unverständliches Teilgefüge eines Geschehens oder einer Formengruppe auf.

1. Aktualistische Methodik in Paläontologie und Geologie

Die ersten Anfänge solcher aktualistischer Methodik gehen Jahrhunderte zurück. Immer wieder in den letzten 2000 Jahren Wissenschaftsgeschichte empfanden große Denker (Heraklit 544–483) die Einheit, die Kontinuität und den inneren Zusammenhang eines Geschehens und (damit oft unausgesprochen) die Unmöglichkeit unveränderten Seins, vielmehr die Kontinuität ewigen Werdens, die Vielheit der Dinge, den inneren Zusammenhang irdischen Geschehens und damit – oft unausgesprochen – die prinzipielle Vergleichbarkeit und Übertragbarkeit von beobachteten und geprüften Einzelvorgängen; sei es Übertragung aus der Gegenwart in eine Vergangenheit rückwärts, sei es Übertragung aus einer Vergangenheit vorwärts in unsere Gegenwart.

Von der Sintflutlehre des 16. und 17. Jahrhunderts abgesehen, war die Cuviersche Katastrophenlehre, die auf der Wende vom 18. zum 19. Jahrhundert ca. 50 Jahre lang die Geister beherrschte und welche die Erdgeschichte in einige, prinzipiell verschiedene Zeitabschnitte (verschiedene Fossilgemeinschaften und verschiedene Umwelten) zerteilte, ein relativ kurzer Zeitabschnitt in der geologisch-paläontologischen Wissenschaftsgeschichte ohne aktualistische Gedankengänge im Ansatz. Die Vorstellung von einer Einheit des Geschehens (und d. h. prinzipielle Gültigkeit und ununterbrochene Wirksamkeit physikalisch-chemischer Gesetzlichkeit), und die ständige Gültigkeit von biologischen Grundphänomenen (wie Sexualität, Kontraktilität, Bewegung, Bau- und Betriebsstoffwechsel, Reizleitung etc.) war also kaum unterbrochen.

Was im Hinblick auf eine solche Vergleichbarkeit durch Jahrhunderte unbestimmtes Wähnen und oft mehr oder weniger unreflektiertes Ahnen war, erhielt durch drei Männer,

C. E. A. von Hoff (1771–1837, Abb. 198), Charles Lyell (1797–1875, Abb. 201) und

Abb. 56: Aktuopaläontologie, Biofazieskunde: Vergesellschaftung bei Balanus (Seepocke). Hier: durch die gleiche Ortswahl der freischwimmenden Larven im Frühjahr. Sie wählen den Standpunkt am Ort zukünftiger Sessilität in der Kolonie nach sozialen Gesichtspunkten (weit genug auseinander, so daß für jedes Individuum Raum zum Wachsen verbleibt; eng genug beieinander, daß die Fortpflanzung gewährleistet ist). Die Vergesellschaftung sessiler, Panzer tragender Tiere liefert durch viele Generationen hindurch einen Panzerplatten-Schill in die Umgebung der Siedlung. Dieser Schill ist ökologisch bedingt; er geht zurück auf die Leistung einer immer wieder sich verjüngenden Tiergesellschaft durch Jahrzehnte hindurch. — Aufn. Original, Forschungsinstitut Senckenberg.

Amanz Gressly (1814–1865, Abb. 206), realen Zuschnitt. Sie begründeten damit eine Disziplin, die zunächst nur als Methode, hie und da herangezogen, im 20. Jahrhundert eine der Folgewissenschaften (s. S. 10) paläontologischen Denkens werden sollte, die Aktuopaläontologie.

Im Rahmen einer Göttinger Preisaufgabe, welche die »gründlichste und umfassendste Untersuchung über die Veränderungen der Erdoberfläche« (1822–1834) zum Gegenstand hatte, trug von Hoff erstmals eine erdrückende Materialfülle nachweisbarer gleichartiger Merkmale und Hinterlassenschaften von Fakten aus Gegenwart und geologischer Vergangenheit zusammen und legte damit den Grundstock für eine Erdgeschichtswissenschaft, die durch in der Gegenwart geprüfte Mechanismen abgestützt war (O. Reich 1965, E. Kaiser 1931, B. von Freyberg 1932).

Der Schotte Charles Lyell (1872) sah das gleiche Phänomen, nämlich die Kontinuität in der Erdgeschichte und die prinzipielle Vergleichbarkeit von Einzelabläufen vor allem darin, daß alle Veränderungen auf der Erdoberfläche stets im Rahmen der Lebensbedingungen von Organismen blieben, also eine vielmals sich wiederholende Neuschöpfung nach einer Katastrophenzeit gar nicht anzunehmen sei. Die Erdgeschichte zeige nicht Entwicklung und »Fortschritt«, sie zeige nur eine Veränderung, ein allmähliches Anderswerden. Der gegenwärtige Zustand der Erde sei nur eine Fortsetzung vergangener Ereignisse. Auch lag für ihn im sedimentären Geschehen in

Abb. 57: Aktuopaläontologie, Biofazieskunde: Vergesellschaftung von Wattenmuscheln (Mytilus). Hier: Günstige Spermienübertragung und Sicherung gegen Vertriftung mit Hilfe eines die Muscheln aneinanderbindenden Gespinstes (Byssusfäden). — Aufn. Original, Forschungsinstitut Senckenberg.

Abb. 58: Aktuopaläontologie, Biofazieskunde: Vergesellschaftung durch passive Zusammenspülung lebender Tiere (Cardium), weit entfernt vom ursprünglichen Lebensort und nun in vielen Schichten übereinander. Die zu enge Vergesellschaftung läßt die Tiere, die sich nicht mehr im Abstand ihrer Sipholänge von der Sedimentoberfläche eingraben können, absterben: Schillbildung bei Anreicherung doppelklappiger Muscheln durch grundberührende und frachtende Seegangswelle. — Aufn. Original, Forschungsinstitut Senckenberg.

seinen Einzelheiten und Gefügebildern die Entdeckung immer gleich tätiger Kräfte in stets neuer Konstellation. Es war zu erwarten, daß die Evolutionstheorie eines CHARLES DARWIN (1809–1882), durch und durch mechanistisch angelegt und darin in so großem Gegensatz zur Forschergeneration der Romantik, durch die Leistung eines LYELL vorbereitet war; LYELLS »Prin-

Abb. 59: Aktuopaläontologie, Biofazieskunde: Bewegende und sortierende Kräfte des Meeres: Brandung, grundberührender Seegang und Strömung als Faziesgestalter. — Aufn. Original, Forschungsinstitut Senckenberg.

ciples of Geology« (1. Band 1830), 20 Jahre vor DARWINS Hauptwerk erschienen, gehörte denn auch zum Handgepäck DARWINS auf seiner großen Reise um die Erde.

Wenn von den ersten Anstößen »aktuopaläontologischen Forschens«, wie wir heute sagen, und von der Fruchtbarkeit solcher Methode gesprochen wird, darf besonders ein Name zu nennen nicht unterlassen werden: AMANZ GRESSLY, der Schweizer Paläontologe, der mit wenigen anderen das Wesen eines paläontologischen Aktualismus in seiner ganzen Konsequenz erkannt hatte. MARTIN (1965) hat in einer Biographie zu GRESSLY's einhundertstem Todestag die innere Dramatik geschildert, die in diesem Leben und in dieser der Zeit weit vorauseilenden Art, Zeiten und Räume zu betrachten, abrollte. Was hat GRESSLY uns geschenkt?

Er sah in dem von ihm in minutiöser Arbeit durchforschten Schweizer Jura nicht nur Gestein und sein Gefüge, er sah darüber hinaus ganz ohne Vorbild und zunächst ganz ohne faktische Anschauung vor seinem geistigen Auge meerische Geschehensabläufe. Er sah durch die Deutung der Fakten Statisches dynamisch. Darin war der Inhalt seines Lebens bestimmt, damit war in einem Schritt Petrefakten-Kunde in moderne Paläontologie gewandelt. Im Schweizer Jura formten sich im Anblick der fossilführenden marinen Sedimentgesteine das Bedürfnis, das Meer und seine lebendigen Organismen in Aktion und die toten bei den Vorgängen ihrer Einbettung zu sehen. Durch Freunde und Mäzene erhielt er die Möglichkeit, die Mittelmeerküste bei Cète zu sehen und später eine Nordlandreise nach Norwegen, Jan Meyen und Island durchzuführen. Zwar

Abb. 60: Aktuopaläontologie, Biofazieskunde: Ehemaliger Siedlungsort Sediment-lebender Muscheln (Cardium), jetzt Abtragung und Sichtbarwerden der Liegespuren dieser Muscheln im verfestigten Schlick. — Aufn. F. WUNDERLICH, Forschungsinstitut Senckenberg.

war ihm schon bei seinen früheren Arbeiten im Jura klar, daß verschiedenartige Ablagerungen nebeneinander und gleichzeitig sich bilden könnten; ein Phänomen, das ihn heute als den Namensgeber der »Fazies« bekannt machen sollte. Er sah nun auch an der Meeresküste leibhaftig die durch Meeresströmungen verfrachteten und später abgelagerten Sedimente, den Vorgang des Aufbaues wechsellagernder Sand- und Schlickschichten, er unterschied Lebensgemeinschaften von Totengesellschaften. Er sprach von einer paläontologischen Biologie, die zu entwickeln wäre. Er tat unter primitiven Voraussetzungen und ganz auf sich gestellt die ersten Schritte dazu. Es sollte noch mehr als ein halbes Jahrhundert dauern, bis das Prinzip des Aktualismus in die Erd- und Lebenswissenschaften Eingang finden sollte.

Für das Ende der zweiten Hälfte des 19. Jahrhunderts sollte der Hinweis auf das Wirken von JOHANNES WALTHER (1860–1937) nicht fehlen. Seine großartigen, auf eigene Reisen gestützten Analysen fossiler und rezenter Welt mit der souveränen Verwendung von Einzelbeobachtungen aus beiden Bereichen: die »Einleitung in die Geologie als historische Wissenschaft« (1893/94) und »Das Gesetz der Wüstenbildung in Gegenwart und Vorzeit« (1912) waren die beiden, heute noch mit Gewinn zu lesenden Werke; im Studium einer exogenen Dynamik liefern sie ein reiches, dem Aktualismus dienendes Anschauungsfeld. Er sprach im Hinblick auf den Aktualismus von der »ontologischen Methode«.

Im 20. Jahrhundert haben vor allem die aufblühende Sedimentologie mit der Gefügekunde einerseits und später die funktionelle Morphologie, die ihre Objekte gleicherweise aus dem fossilen wie aus dem rezenten Bereich zu nehmen gelernt hat, andererseits, in unzähligen Fällen diese prinzipielle Vergleichbarkeit erwiesen. Auch möglich, aber seltener und mehr unbewußt vollzogen, ist übrigens die Projektion in der Zeit vorwärts, d. h. historische, paläontologische und auch erdgeschichtliche Momente in ihren Merkmalen und in ihren Abläufen in der Gegenwart wieder zu entdecken und damit festzustellen, daß Grundgesetze aus Physik, Chemie und Biologie hier wie dort wirksam sind. Gerade in der Erdgeschichte hat man nur deshalb manche Vorgänge und ihre Wirkungen in der Gegenwart festgestellt, weil man aus der erdgeschichtlichen Vergangenheit den betreffenden Vorgang durch seine Auswirkungen schon lange kennt und nun erst richtig in der Gegenwart deuten kann.

Der immer wieder gemachte Einwand, daß nicht aus jeder Zeit der Erdgeschichte jedes Gestein überliefert ist, hebt nicht aktualistisches Forschen auf; im Gegenteil, dieser Einwand fordert aktualistisches Forschen um so mehr, als nur die Kenntnis des Einzelphänomens und die zeitbedingte Konstellation der Einzelphänomene zueinander die geschichtlich wahren, nämlich die zeitgebundenen Geschehensabläufe uns offenlegen. Mit anderen Worten: eine Andersartigkeit wäre gar nicht ohne Kenntnis einer gegenwärtigen Norm erkennbar. Im übrigen werden alle von der Vergangenheit gelieferten Urkunden nur deshalb lesbar, weil sie in den gleichen in der Physik verankerten »Buchstaben«, wie die heute vorliegenden, geschrieben sind; weil also in jedem einzelnen historischen Fall diese gleichen Buchstaben in jeweils neuer »Verwendung« zu Urkunden (also zu etwas Einmaligem) sich zusammenfügen, eröffnet sich uns neben der zeitlosen Norm die jeweilige Einzigartigkeit und Nichtwiederholbarkeit historischen Geschehens. Aktualismus soll Vergangenes deuten helfen, Akutalismus will nicht Zustände aus der Gegenwart in jedem vergangenen Erdabschnitt wiederfinden.

Neueste Erkenntnisse haben nahegelegt, daß die präkambrische Situation der unseren weitgehend unähnlich war. Gerade hier zeigt erst die genaue Kenntnis der Gegenwart und ihrer Organismenwelt, welche Faktoren damals also nicht wirksam waren, in welcher Kombination und Stärke heutige Grundphänomene für diese Vergangenheit anzunehmen wären und welche überhaupt fehlten. Dies ist echte Arbeit des Historikers, der nach gewissen Merkmalen und mit Hilfe eines Wissens von der Gegenwart die Fakten einer Vergangenheit in ihrer Gesamtheit und in ihrem Wirkbezug abzuwägen hat. Nur diese Methode macht Realgeschichte. Sie unterscheidet sich darin von der Welt des Märchens, welches ja gerade von der Veränderung der irdischen Grundgesetzlichkeiten (und zwar physikalisch-chemischer und biologischer Art) lebt. Selbst hier: Damit märchenhaftes Geschehen überhaupt verständlich ist und Bezug auf unser Leben nehmen kann, muß wenigstens ein Moment erhalten werden, das hier wie dort gilt; und das ist im Märchen-Bereich immer das psychologische. Die Erhaltung des Psychologischen und die Erhaltung seines Geltungsbereiches hier wie dort, garantiert erst die Verständlichkeit des Märchens überhaupt.

Im Falle der präkambrischen Organismenwelt stützt sich der Paläontologe wie in jeder Form- und in jeder Ereignis-Rekonstruktion einerseits (in aktualistischer Methode) auf die Kenntnis chemischer und biologischer Grundphänomene (Rensch 1977, Schwemmler 1978 a u. b) und auf die Kenntnis morphologischer Grundformen (Strukturteile in einem hydraulischen Apparat, Bereiter-Hahn 1977, Gutmann 1977), wie andererseits auf die Urkunde selbst, d. h. auf die inzwischen erfolgten Funde präkambrischer organogener Reste und Spuren, zellartigen Mikrostrukturen, sogenannten Kryptofossilien (Pflug 1971, 1974; Arnold in Siewing 1978).

Wie also auch in diesem Sonderfall des Präkambriums:

Aktualismus und Historie sind nicht Gegensätze, sie stützen – klug gebraucht – einander ab.

»Klug gebraucht« aber heißt: nicht historische oder in der Gegenwart ablaufende Ereignisse, die immer auf eine Vielzahl von Einzelmechanismen zurückgehen, sind als Ganzes durch die Zeiten vorwärts und rückwärts übertragbar; übertragbar sind nur die zeitunabhängigen Einzelgesetzlichkeiten. Wenn wir ausgestorbene Organismenformen (seien es Procaryonten, seien es Trilobiten oder Wirbeltiere etc.) rekonstruieren, so gelingt dies nur, weil wir uns auf gültige physikalisch-chemische und biologische Grundphänomene und Prinzipien, die in der Gegenwart an vergleichbaren Strukturen studiert wurden, verlassen können. Im Gegenteil, ein Abweichen von diesen, in der Gegenwart studierten Grundgesetzlichkeiten, würde jede Rekonstruktion unrettbar auf Irrwege führen. Was wäre gar alles aufs Praktische bezogene Bemühen (Lagerstättenkunde, Erdölgeologie), ohne die Anwendung des Aktualitätsprinzips.

Als frühe Vertreter eines Aktualismus seien weiterhin, vor allem für die Rekonstruktion des Wirbeltieres, Louis Dollo (1857–1931, Abb. 213), Othenio Abel (1875–1946, Abb. 214) und Johannes Weigelt (1890–1948, Abb. 220) genannt. Ihre aktualistische Betrachtung geschah im frischen Wagen, mit genialem Blick und dem Sichleitenlassen von einem neuen Gedanken. Aber die neue Methode verlangte auch ihre Ordnung und Systematisierung, und sie verlangte einen Namen. Beides gab Rudolf Richter (1881–1957, Abb. 218).

Er sprach von »Aktuopaläontologie« (und er sprach von »Aktuogeologie«), und er gliederte (1929) diese neuen Wissenschaften.

Noch mehr: er wandte sich zur Nordseeküste mit ihren ausgedehnten Wattenablagerungen, um nun an einem Ort sedimentären Geschehens in wochenlangen Aufenthalten ganz systematisch Einzelbeobachtung neben Einzelbeobachtung zu stellen, Mechanismen der Sedimentation und der Schichtenbildung mit solchen der Entstehung von Fährten und Spuren von Meeresorganismen zu untersuchen, erste Beobachtungen über Tod und Einbettung von Meerestieren aufzuzeichnen, Gesetzmäßigkeiten der Ablagerung von Molluskenschalen zu registrieren und Faziesgebilde abzugrenzen und in ihrem Kräftehaushalt zu analysieren. Seine Untersuchungen aus den Jahren 1919–1928 fanden in der vielgefragten »Eine Exkursion ins Wattenmeer« und in den »Flachseebeobachtungen zur Paläontologie und Geologie« ihren Niederschlag. Sie sind bis heute Musterbeispiele exakter Beobachtung und in ihrer sprachlichen Klarheit der rechte Ansatz zu aktualistischer Methodik und zur logischen Begründung einer neuen Fragestellung. Mit dieser Aufsatzfolge hat er gezeigt, daß die hier wartende Fragenfülle in wenigen Aufenthalten am Wattenmeer gemäßigter Zonen nicht zu bewältigen wäre. Er gründete 1928 im Namen der Senckenbergischen Naturforschenden Gesellschaft in Wilhelmshaven und damit angesichts eines stets wechselvollen Wattenmeeres riesiger Ausdehnung eine Station zur Erforschung der rezenten, an Sedimente und Meeresorganismen gebundenen Vorgänge (Bibliographie aktuopaläontologischer und aktuogeologischer Arbeiten, siehe Schäfer & Hertweck 1974 und Reineck 1973).

Meeresstationen gab es in dieser Zeit schon viele. Es waren aber meeres-zoologisch ausgerichtete Stationen und auch so in ihrer Örtlichkeit gewählt, also dort, wo eine litorale Organismenwelt, in ihrer Artenfülle an nackte, in Erosion be-

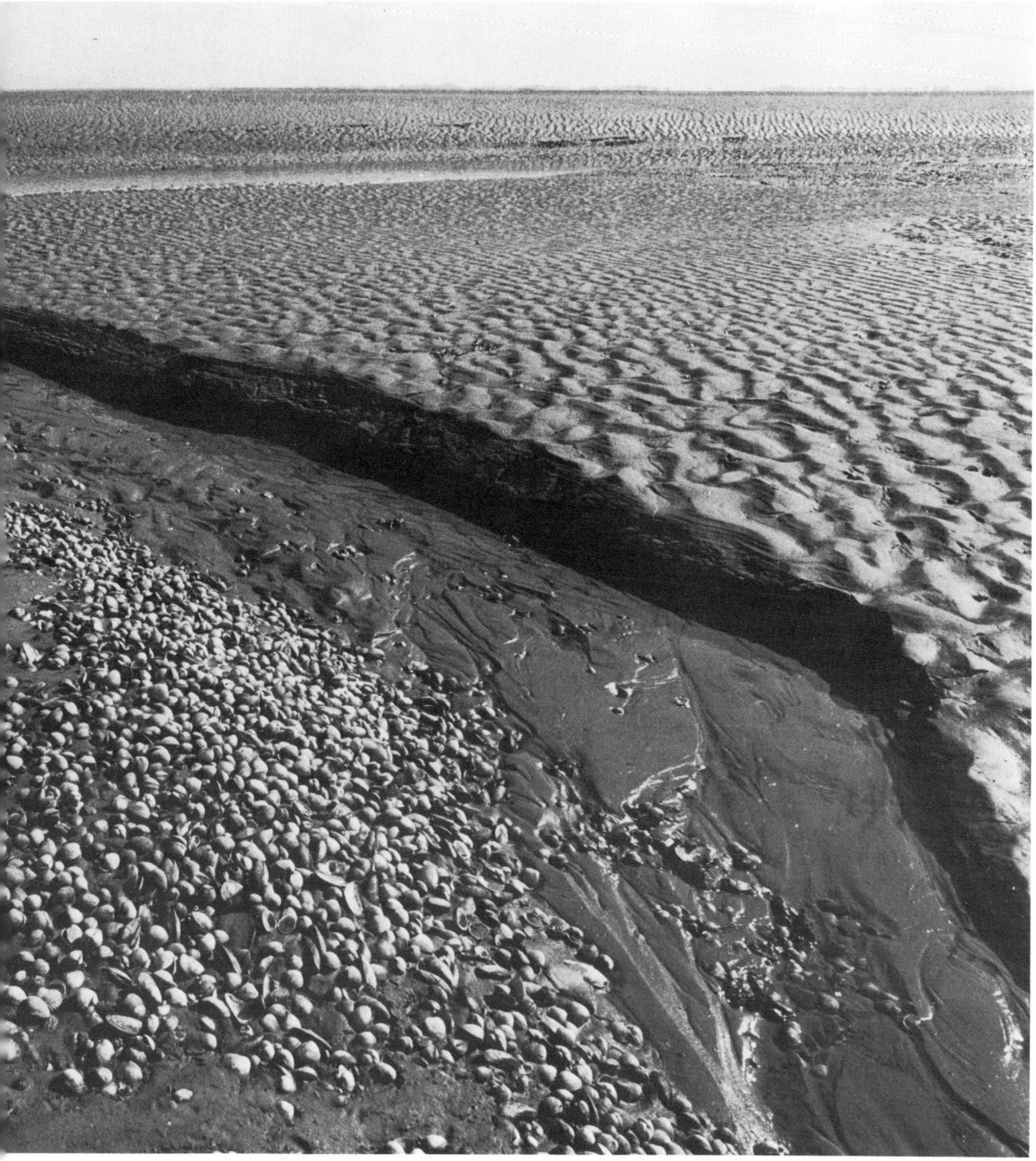

griffene Felsengestade angepaßt, zu erwarten war. Bereits in der zweiten Hälfte des 19. Jahrhunderts gegründet, entsprachen diese Stationen in Lage und Ausrüstung ganz den physiologischen und damals neuen phylogenetischen Be-

Abb. 61: Aktuopaläontologie, Biofazieskunde: Vergesellschaftung von toten Herzmuscheln (Cardium) durch Transport im Priellauf. Ablagerung im Gleithang des Priels auf Zeit. — Aufn. F. WUNDERLICH, Forschungsinstitut Senckenberg.

Abb. 62: Aktuopaläontologie, Biofazieskunde: Vergesellschaftung. Hier: Phänomen des Vogelzugs. Limicolen (Ostralegus) über der Nordseeinsel Mellum. Vogelzugstraßen über Meer und Strand sind Linien erhöhten Anfalls von Fossilanwärtern. Die sekundäre Vergesellschaftung der toten Vögel als Fossilanwärter in den Meeressanden ist sozial bedingt. — Aufn. W. EHLERT, Gießen.

dürfnissen ihrer Zeit und ihrer Gründer (Sewastopol 1859, Neapel 1860, siehe HEUSS 1948). RICHTER aber suchte, im Grunde genauso wie es hundert Jahre zuvor bereits GRESSLY tat, nicht die Artenfülle im Litoral einer Erosionsküste mit klarem Wasser, er suchte Sedimentation, Trübeströme und den immer neuen Schichtenaufbau, er suchte die Auseinandersetzung der organischen Welt mit diesem sedimentären Geschehen, er suchte Fazies in statu nascendi, er suchte Organismen, die diesen fast lebensfeindlichen Bedingungen angepaßt sind, und er suchte Beispiele für Gesteinsbildungsvorgänge, an denen Organismen – tot und lebendig – beteiligt sind.

So war Wilhelmshaven strategischer Ort für die endgültige Durchsetzung aktualistischer Methode. Paläontologie hat damit – so lange Zeit ihre Chance nicht sehend – den Zugang zu allen ursprünglich verwehrten biologischen und sedimentologischen Fragestellungen und zum Experiment gewonnen. Wie sollte auch eine Methode nur deshalb im ganzen abgelehnt werden, weil es Bereiche gibt, wo aktualistische Methodik fehl am Platze ist. Jede Methode, die falsch angewendet wird, richtet Schaden an. Nicht aber die Methode ist in solchem Fall schlecht, vielmehr die Anwendung am falschen Ort.

Die Station in Wilhelmshaven besteht noch heute. Das Wattenmeer und seine Stromrinnen blieben für die Fragestellung schier unerschöpflich; darüber hinaus haben sich aber die Untersuchungen auf alle Weltmeere, die tiefen Meere und die Schelfräume der Erde ausgedehnt. Die moderne Meeresforschung registriert mit ganzen

Abb. 63: Erdöl: Fossile organische Substanz, mineralisiert; über Länder und Meere durch feste Leitungen (Pipelines) oder mit Schiffen verfrachtet, ist Grundlage der Weltwirtschaft und unserer gegenwärtigen Zivilisation. Rohölleitungen in den Bergen Agha Jari/Iran. — Aufn. BP, The British Petroleum Co. Ltd. Inf. Dept. Nr. RW 448

Forschungsflotten gegenwärtig sich vollziehende Vorgänge am Meeresboden als der Projektionsfläche allen meerischen Geschehens, und schon längst hat die Fülle aktuopaläontologischer Erfahrung das Fossil sowie die toten und lebendigen Organismen in ihren Aktionen und Reaktionen zusammengeführt. In den letzten Jahrzehnten hat eine moderne Sedimentologie am rezenten und fossilen Fall den Ansatz vielfach bestätigt (Abb. 71–74). Was RICHTER in beschwerlichen Fußmärschen im Watt und in der unmittelbaren Anschauung zunächst nur für das Wattenmeer als

Abb. 64: Erdöl: Öltanker auf See. — Aufn. The British Petroleum Co. Ltd., Inf. Dept.

einem Sonderfall in Bewegung setzte, das haben seine Nachfolger durch den Einsatz wirksamer Geräte und Methoden (durch Kastengreifer, Lotröhre, Strömungsbecken. Gießharzmethoden,

Echolotung, Unterwasserphotographie, Tauchen) in der Sache vertieft und auf alle Meere erweitert (REINECK & SINGH 1973).

2. Aktuopaläontologie, Teilstück der paläontologischen Wissenschaft

Heute unterteilen wir diese Aktuopaläontologie (SCHÄFER 1962, 1972) in Funktionelle Morphologie, Fährten- und Spurenkunde, Todes- und Einbettungslehre, Biofazieskunde.

Damit ist – schöpft die Paläontologie nur ihre Chance aus – diese Wissenschaft

(1.) souveräne Biologie mit dem lange vermißten Zugang zu physiologischen, funktionell-morphologischen und aut-ökologischen Methoden, sie arbeitet in Hinblick auf

(2.) die Aufstellung biozönotischer und fazieller Ordnungen; sie öffnet

(3.) das Studium der postmortalen Veränderung des einst belebten Körpers, physikalisch, chemisch, biologisch bis hin zu Fragen nach den Formen der Erhaltung und der Anreicherung (Abb. 35–54); und sie ist aber wie eh und je

(4.) als historische Wissenschaft Bewahrer eines zeitlich geordneten Fossilgutes und zeitlich geordneter Umwelten, also die Dokumentation der Geschichte der Organismen durch reale Urkunden.

Sicherlich wäre heute Paläontologie zu eng gefaßt, verharrte sie auch zukünftig ausschließlich im fossilen Bereich und trennte sie die selber geforderte und ins Leben gerufene Aktuopaläontologie als eines ihrer wirksamen Instrumente von der engeren (und »eigentlichen«) Paläontologie ab, wie dies SCHINDEWOLF (1948: 83) in neuerer Zeit noch einmal tat. Paläontologie versperrte sich mit dieser Amputation jede immer notwendiger werdende Gesamtschau zeitlichen und räumlichen Geschehens. Denn Vergangenheit, Gegenwart und Zukunft der Erde und ihrer Lebewesen sind doch wohl ein einziger kosmologischer Geschehensablauf. Wie ohne Kenntnis des Vergangenen keine Gegenwart und keine Zukunft verstehbar sind, so ist Vergangenheit nur durch Wissen über die Gegenwart zu verlebendigen. Ist doch unsere Welt – und ich meine den Himmelskörper Erde und die Geschehnisse darauf – ein zeitlich-räumliches Ganzes (das Holon). Wenn also Fachgrenzen, die z. B. Paläontologie von moderner Rezentmorphologie trennen, auch in der Gegenwart noch künstlich und kurzsichtig errichtet und eifersüchtig gehalten werden, so geschieht dies zum dauernden Schaden paläontologischer Wissenschaft. Diese Trennung hat auch

Abb. 65: Tanker am Löschkopf der Ölpier in Wilhelmshaven. — Aufn. F. WUNDERLICH, Forschungsinstitut Senckenberg.

Abb. 66: Erdöl: Förderung aus den Gesteinsschichten des Nordseebodens als einem »Off-shore-Revier« von festen Plattformen aus. Hier: Production platform FA (Graythorp I). — Aufn. BP, The British Petroleum Co. Ltd., Inf. Dept. ►

insofern ihre schlimmen Folgen, als in der Rezentbiologie z. B. anatomische Fragen immer noch zurückgedrängt werden und sie sich nur auf wenige Forscher stützen können, die Paläontologie also erst recht allein auf sich gestellt über das ganze stammesgeschichtliche Geschehen und als Voraussetzung mit den Grunderkenntnissen anatomischer Disziplin allein fertig werden muß. Nur durch Hereinnahme aktuopaläontologischen Forschens kann Paläontologie (auch in der Lehre) den notwendigen Zugriff zu den rezenten Fällen aufrecht erhalten und selber gestalten. Hier wird recht deutlich, daß z. B. Stammesgeschichte nicht von einem Blickwinkel her, daß sie vielmehr als umgreifende Fragestellung Erkenntnisse sowohl aus der überlieferten Urkundenwelt des Paläontologischen, wie aus der Welt der Gegenwart als Morphologie mit ihrem funktionellen Bezug, als Genetik, als Verhaltenskunde und als Ökologie dringend nötig hat, wenn sie die Fülle der Gesichtspunkte wahrnehmen und in sich integrieren soll.

Die Betrachtung der letzten Seiten hat gelehrt: **Aktuopaläontologie ist als eine Folgewissenschaft der fünf Grundwissenschaften integriertes Teilstück paläontologischen Forschens. Sie ist, zwar mit Recht im Rezenten wurzelnd, auf die Vergangenheit bezogene Disziplin; sie ist aber nicht gleich Zoologie und Botanik.**

Sie nimmt aus diesen Bereichen das, was für ihre eigenen Zwecke nutzbar ist. Das sind die Grundphänomene, aber vor allem auch die

Abb. 67: Erdöl, Mikropaläontologie I.: Stratigraphische (d. h. Schichtgestein beschreibende) Ordnung ist Voraussetzung für jede zeitliche und räumliche Gliederung der Gebirge. Grundlage aller feinstratigraphischen Ordnung sind seit ca. 100 Jahren Mikrofossilien in ihrer räumlichen Verteilung; vor allem sind sie in ihrem oft massenweisen Vorkommen auch in Bohrkernen willkommene Leitfossilien. Mikropaläontologische Forschung ist daher Grundlage aller Erdöl-Prospektion. Hier: Marine Mikrofauna aus dem Mittleren Lias einer norddeutschen Tiefbohrung. Die Mikrofauna setzt sich zusammen aus einer Vielzahl von verschiedenartigen Foraminiferengehäusen, glattschaligen Ostracoden sowie einzelnen Skelettresten von Echinodermen. Vergr. etwa ×50. — Aufn. G. RICHTER, Forschungsinstitut Senckenberg.

Wie jede Naturwissenschaft, so treibt auch Paläontologie nicht nur Grundlagenforschung; sie ist gleichermaßen angewandte Wissenschaft. Darin unterscheidet sich Paläontologie in nichts von jeder anderen naturwissenschaftlichen Disziplin. Paläontologie, sobald sie angewandte Wissenschaft ist, steht in solchem Falle sehr häufig mit der Schwesterwissenschaft Geologie in enger Beziehung. Meist in solcher Verbindung erbringt Paläontologie ihre praxisbezogenen, hier Erdöl-bezogenen Ergebnisse.

Was die Bildung dieses Erdöls betrifft, so kann es sich in marinen, aber auch in terrestrischen Sedimenten, in welchen organische Substanz existiert, unter Luftabschluß bilden. Die Umwandlung der verbliebenen organischen Substanz in Erdöl geschieht in geologischen Zeiträumen, d. h. in vielen Jahrmillionen. Das Öl, punktuell entstehend, sammelt sich in porösen Sanden und Dolomitgesteinen, sog. »Speichergesteinen«, die als nutzbare Lagerstätten für lange Zeiten ihre wirtschaftliche Bedeutung haben. Meist sind es ursprünglich reich belebte, absinkende Sedimentationsräume (soweit marin: Flachseeräume; soweit limnisch: See oder Flußdelta), welche eine größere Mächtigkeit (3—8000 m) haben. Diese Sedimentationsbecken verlangen ihre minutiöse stratigraphie Durchdringung. Hier liegt vor allem das Einsatzfeld mikropaläontologischen Forschens für eine Praxis.

Diese enge Beziehung zu industriellen Praktiken hat die Mikropaläontologie gefördert, hat ihr wichtige Impulse zugeführt und auch die Anzahl der Wissenschaftler, die unmittelbar praxisbezogene Fragestellungen beantworten, wie kaum in einem anderen paläontologischen Teilgebiet, erhöht.

Wie die einzelligen Foraminiferen und wie Ostracoden (Muschelkrebse), so dienen dem gleichen Zweck andere meerische, Schalen tragende Kleinlebewesen, auch mikroskopische Reste und Zerfallsprodukte größerer, aber weltweit verbreiteter Meeresorganismen, die der Mikropaläontologie zugerechnet werden, wie etwa Gehörsteine von Fischen (Otolithen), Schwammnadeln, Kalkkörper (Sklerite) von Alcyonarien, Kiefer von Meereswürmern, Kalkplatten von Echinodermen (Stachelhäuter), Bruchstücke von Bryozoensiedlungen und von Arthropodenpanzern, ebenso kleine Molluskengehäuse; auch sind Conodonten, Radiolarien und planktonische Ciliaten (Tintinniden, Calphonelliden) zu nennen.

Eine fast explosive Entwicklung hat in den letzten Jahren vor allem auch die Mikropaläobotanik auf den Gebieten der Palynologie und der Nannoplanktonkunde erlebt, die für die Erschließung der Rohstoffquellen der Ozeanböden von außerordentlicher Bedeutung geworden sind. Die Paläobotanik hat uns durch ihre Fossilien wichtige Stationen der ältesten Erdgeschichte zugänglich gemacht. Ich erinnere nur an die ältesten präkambrischen Fossilien, ca. 3 Milliarden Jahre alt, Cyanophyceen, Bakterien und Pilzen ähnelnd und z. T. bereits photosynthetisch in O_2-armer oder O_2-freier Atmosphäre lebend. Ich erinnere an die ersten Landpflanzen, die Psilophyten, als die Ausgangsgruppe aller Kormophyten. Es seien aber vor allem als mikropaläobotanische Objekte Samen, Pollen, Sporen, Reste von Dasycladaceen (Dinoflagellaten) und Acritarchen genannt, sowie winzige Bauelemente sehr verschiedener Kalkalgen (Calcisphaeren, Coccolithophoriden) und Kieselalgen.

Die Aufzählung macht deutlich: Mikropaläontologie ist als Wissenschaft in der Auswahl ihrer Objekte heterogen und sedimentologisch bezogen; sie ist ganz einfach zuerst einmal auf die Größe und Frachtbarkeit am Meeresboden bezogen. Bedeutet doch die Kleinheit der Fossilien durch gute Vertriftbarkeit Allgegenwart zur selben Zeit am Meeresboden.

Der französische Geologe und Paläontologe ALCIDE D'ORBIGNY (1802–1857, Abb. 202) war wohl einer der ersten, der die mikroskopischen, fossilen Organismen (insbesondere Foraminiferen) zur stratigraphischen Gliederung von Gesteinsserien heranzog. In Deutschland hat CHRISTIAN GOTTFRIED EHRENBERG (1795–1876) die Mikropaläontologie zum selbständigen Untersuchungsgebiet gemacht und hat gezeigt, daß neben den damals schon recht gut bekannten Ostracoden (Muschelkrebse) und Foraminiferen (Schalen tragende Einzeller, »Lochschalenträger«) noch eine ganze Reihe anderer, sehr kleiner, aber fossil gut erhaltungsfähiger Formen paläontologische und vor allem stratigraphisch-praktische Bedeutung haben (Nannofossilien, Nannoplankton).

Kenntnis vieler biologischer Einzelmechanismen. Was aus der Fülle bereitliegender zoologischer, botanischer und sedimentologischer Erkenntnis nutzbar zu machen gilt, dies entscheidet immer von neuem jeder einzelne paläontologische Fall. Enthält dieser doch – abgesehen von aller historischen Individualität, die ihm anhaftet – häufig eine Serie von allgemeingültigen und aus dem paläontologischen Befund allein nicht deutbaren Mechanismen. Sie anzusprechen, abzugrenzen und zu formulieren, ist produktive Leistung des Paläontologen; er wählt aus, er verknüpft, trennt als Historiker am vorliegenden Fall den individuellen, d. h. geschichtlich gebundenen Bereich vom Allgemeinen und mechanisch Faßbaren, öffnet damit Zugänge, die er allein aus dem Fossilen nicht finden konnte, und die auch der Zoologe, der ja nicht in Hinblick auf paläontologische Bedürfnisse forscht, offen läßt.

Wie aber Aktuopaläontologie einerseits nicht gleich Zoologie ist,

so ist Aktuopaläontologie andererseits auch nicht gleich »Allgemeine Paläontologie« und deckt sich nicht mit »Allgemeiner Biologie«.

Zwar liefert sie der Allgemeinen Paläontologie große Teile ihrer Substanz. Diese Allgemeine Paläontologie enthält aber auch alle die rein erd- und lebensgeschichtlichen Elemente, die das individuelle biologische und diagenetische Geschehen auf der Erde zu jeder Zeit betreffen (d. s. Gesetze der Evolutionslehre, der Biostratigraphie, der Lebensweise und der Hauptfunktionen der Bewegung, des Nahrungserwerbs, der Fortpflanzung und des Schutzes, die Lebensspuren, Fragen der Biostratinomie und der Fossillagerstätten, gewonnen aus der Übersicht der realen Urkunden der Erdvergangenheit; Gesetzmäßigkeiten der Biofazies und das Phänomen der relativen Konstanz niederer Taxa und die Konstanz von Verhaltensweisen, Lebensdauer von Spezies, Fragen des Aussterbens, alte und neue Konstruktionspläne, Orte und Zeiten ihres Auftretens, Fragen der Biomineralisation etc.)

Im folgenden sei zu den obengenannten Fragengruppen, welche eine Aktuopaläontologie ausmachen, Stellung genommen.

a) Funktionelle Morphologie

Funktionelle Morphologie ist für den Paläontologen vor allem Auseinandersetzung mit erhaltungsfähigen Hartteilen; nämlich mit Schalen und Gehäusen, mit Außen- und Innenskeletten,

Abb. 68: Erdöl: Mikropaläontologie II.
Hier: Conodonten der Gattung Icriodus. Fundpunkt: St. Joseph/Nismes. S-Rand der Dinant-Mulde (Belgien). Fundschicht: St. Joseph-Formation, tiefes Couvinien, Devon. — Aufn. G. Richter, Forschungsinstitut Senckenberg, Frankfurt a. M.
Im Studium der rezenten, skelett-tragenden Mikroorganismen aus vorwiegend marinen Lebensräumen hat sich Mikropaläontologie, nicht zum Schaden praktischer Bedürfnisse, zu einer ökologisch bestimmten Disziplin mit allen Folgen für die Durchdringung fossiler und rezenter Meeresräume und Meeresböden entwickelt. Seitdem große Forschungsschiffe im Atlantik und in anderen ozeanischen Räumen durch gezielte, meist quantitativ unterbaute Untersuchungen der großen ozeanischen Kreisströme und damit gekoppelten biologischen Kreisprozessen (Nahrungsketten, jahreszeitliche Wanderungen etc.) im Rezenten mehr Licht in das Leben heutiger Mikroorganismen und die Abläufe ihrer Ablagerung in den Sedimenten bringen, erhält auch die Mikropaläontologie für ihre praktischen Zwecke geprüfte Fakten, welche bisherige Bilder und Vorstellungen von der ökologischen Seite her bestätigen, modifizieren oder gar korrigieren.
Dieser Einbezug des Ökologischen erhellt gegenüber dem reinen Zeitmoment vorhandene biofazielle Besonderheiten mit Bezügen zu bathyalen oder neritischen Lebensräumen, zu Schlüssen auf Wassertiefe und Wassertemperatur, auf Salinitätsgrade und Stromrichtungen, Transgressionen und Regressionen eines fossilen Meeres. Die Betrachtung weitet sich solcherweise und ist bestrebt, neben dem Mikrofossil selbst, alle erreichbaren Merkmale wie Ablagerungsmächtigkeit, paläoklimatische Hinweise und petrographische und tektonische Daten mit einzubeziehen.

mit Zähnen, Hörnern und Geweihen, Körperschuppen und mit Hautpanzerstücken, welche allen Formen der mechanischen und chemischen Zerstörung oder der Umformung Widerstand geleistet haben. In vielen Fällen stehen nur diese Hartteile und das umhüllende Gestein für die Fragen des Paläontologen an sein Untersuchungsobjekt offen.

Die beschreibende und deutende Auseinandersetzung mit diesen Versteinerungen ist das klassi-

Abb. 69: Erdöl: Fossile, organische Substanz. – Beweger menschlicher Zivilisation. Hier: Wechsel des Bohrmeißels beim Einsetzen einer neuen »Bohrlänge«. BP in Alaska Put River, Prudhoe Bay. – Aufn. BP/Tügel.

sche Arbeitsfeld der biologisch ausgerichteten Paläontologen; davon ist er nicht zu dispensieren. Nur zu wenig hat allerdings diese Fragestellung, verdrängt durch die auch heute noch dringend benötigten biostratigraphischen Bedürfnisse, Aufmerksamkeit gefunden. Ziel aber sollte die Erweiterung eines im weitesten Sinne funktionsmorphologischen Grundwissens über die erhaltenen und gefundenen Fälle und über das Ganze sein, auf dem ein evolutives biologisches Ver-

Abb. 70: Erdöl: Fossile, organische Substanz — Beweger menschlicher Zivilisation. Hier: BP-Raffinerie, Hamburg. — Aufn. RHEINLÄNDER, Hamburg 13, Rothenbaumchaussee 79.

ständnis erst aufbauen kann und welches vom evolutiv arbeitenden Rezentbiologen dringend benötigt wird.

Hier ist vor allem eine auf paläontologischem Gebiet arbeitende Forschergruppe, und zwar die Tübinger Gruppe (siehe Zbl. Geol. Paläont. II 1976) zu nennen, die in den letzten Jahren vor allem an den Lebenszyklen der fossilen Protisten, an Schalen und Gehäusen niederer Meerestiere, an den Hartgebilden der Wirbeltiere (Exoskelette von Haien und Reptilien), an Skeletten von Stachelhäutern und Arthropoden, an den funktionell-morphologischen Phänomenen der Ortsbewegung und den Fragen des Substratwechsels bei marinem Benthos und über Fragen des Stammesgeschichtlichen immer unter funktionell-morphologischem Aspekt gearbeitet hat.

Um so wichtiger erweist sich – und ganz im Sinne dieser Tübinger Gruppe und von dieser eingesetzt – das Studium des rezenten Falles. Der Biologe und der Aktuopaläontologe – und hier wird deutlich, wie eng die Beziehung zwischen Paläontologie und Biologie sein sollte – haben Zutritt zu diesem rezenten Fall der morphologischen Betrachtung unter dem Gesichtspunkt ihrer Funktion; noch mehr, zu dem lebendigen Tier in seinem Lebensraum. Sie sehen mehr als das Teilstück, sie sehen die Konstruktion und die Beziehung der Einzelteile in ihrem Funktionieren in Hinblick auf ein belebtes Ganzes, und sie sehen das Fungieren der Konstruktion in einer Umwelt, sie vermögen das Experiment und die Beobachtung von Wachstumsvorgängen einzusetzen, und sie sehen die Hartteile im Verband. Der Weg zum mechanischen Modell ist offen, und es findet seine Stütze in der Fülle der rezenten Fälle. »Funktionelle Morphologie« als integrierendes Teilstück aktuopaläontologischen Forschens wurde übrigens von Rud. Richter – als dem Namengeber und umsichtigen Förderer einer Aktuopaläontologie – in seinen Definitionen noch nicht aufgeführt. Sie findet erst zu Anfang der 50er Jahre ihren Weg in die Definition einer Aktuopaläontologie. Heute steht funktionelle Morphologie im Mittelpunkt aktuopaläontologischer Forschungstätigkeit.

Die lange Verzögerung ist um so bemerkenswerter, als bereits 16 Jahre vor der Gründung der Meeresstation in Wilhelmshaven ein Wirbeltierpaläontologe in dem von ihm geprägten Begriff »Paläobiologie« (O. Abel 1912, Abb. 216) dieses Funktionelle, das in aller Morphologie enthalten ist, deutlich gemacht hatte (siehe auch Ehrenberg 1975). Abel sprach von der »ethologischen Methode«, die anzuwenden wäre, wenn nicht die Deskription der Gestalt, sondern die Existenzbedingungen der fossilen Organismen auf der Basis einer funktionellen Morphologie zur Frage stünden. Darin stützte sich Abel auf seinen Lehrer Louis Dollo (Abb. 213), der bereits 1909 von einer »Paléontologie éthologique« sprach. Von hierher, von der »ethologischen Methode« fand Abel den Weg in eine (nicht so genannte) Aktuopaläontologie. Er sagte: »Um diese Aufgabe (nämlich paléontologisch tätig zu sein; Verf.) zu erfüllen, muß sie zunächst die Anpassungen der lebenden Tiere in ihren Beziehungen zum Milieu eingehend berücksichtigen, um per analogiam auf die fossile Lebewelt einen Rückschluß ziehen zu können.« Und »Ich führe für jenen Zweig der Naturwissenschaften, der sich die Erforschung der Anpassungen der fossilen Organismen und die Ermittlung ihrer Lebensweise zur Aufgabe stellt, die Bezeichnung ›Paläobiologie‹ ein.« Noch mehr: Er blieb nicht in der Funktionsbetrachtung, er verband auch diese Studien des »Ethologischen« mit einem stammesgeschichtlichen Geschehen. Wir zitieren wieder: »Die Erforschung der Anpassungen fossiler Formen bringt es mit sich, daß auch die Entstehungsgeschichte der Anpassungen in den Kreis der Aufgaben der Paläobiologie fällt.« Und er sagte – seiner Zeit damit weit voraus – unmißverständlich, daß die Geschichte der Anpassungen ein Zweig der Phylogenie sei, und somit sähen wir, daß wir in der konsequenten Anwendung der paläobiologischen Methode ein Mittel erhielten, um die Stammesgeschichte von einem neuen Gesichtspunkt aus zu betrachten.

Noch deutlicher und in der Sache noch klarer wurde Abel (1929) in seiner großen Buchpublikation mit dem eindeutigen Titel »Paläobiologie und Stammesgeschichte«. Auf die Geschichte der Paläobiologie und darauf, daß erst so spät stammesgeschichtlich bezogene Fragen in der Fossilkunde überhaupt erkannt wurden und sich durchgesetzt haben, eingehend, hören wir von ihm, wie Geologen in den Fossilien lange Zeit hindurch immer nur »Leitfossilien« als Mittel zur Erkenntnis der Altersunterschiede der verschiedenen Sedimentgesteine gesehen hätten. »Nun ist es aber für ein Leitfossil ein unbedingtes Erfordernis, daß es sich bestimmt von den Fossilien der nächst jüngeren oder nächst älteren Schicht unterscheiden läßt. Aber jene Formen, die ... durch verschiedene geologische Horizonte durch-

Abb. 71: Meeresforschung: Forschungskutter »Astarte«, Wilhelmshaven: Arbeit mit dem großen Stechkastengerät nach Reineck. Es dient zur Bergung ungestörter Sedimentproben am Meeresgrund. — Aufn. F. Wunderlich, Forschungsinstitut Senckenberg.

gehen, waren als Leitfossilien unbrauchbar, wurden in dieser Zeit des Ausbaues der Stratigraphie durch Geologen von diesen kaum beachtet und als für die Erdgeschichte bedeutungslos zur Seite gelegt.«

»Daher blieb die Paläontologie zu einer Zeit, in der gerade von dieser Seite eine Bestätigung der Transformationslehre erhofft wurde, ... auf dem Boden der alten Katastrophentheorie stehen, und sie hat diesen Standpunkt noch viele Jahre hindurch beibehalten, bis von biologischer Seite her die Erneuerung der Paläontologie und ihre Loslösung von den Fesseln erfolgte, in denen sie von den Geologen gehalten worden war.« Abel propagierte aufgrund dieser Erfahrung aus der jüngsten Geschichte der Paläontologie um so deutlicher eine »Anpassungsforschung«. Denn das Endziel aller biologischen Ziele liege in der Beantwortung der Frage nach der Geschichte des Lebens und der Veränderungen der Lebewesen im Laufe der Stammesgeschichte. Unter allen phylogenetischen Forschungswegen sei jedoch die Paläobiologie allein im Stande, das historische Urkundenmaterial zu erbringen, lesbar zu machen und die Schlußfolgerungen aus diesen Tatsachen zu ziehen. Das letzte Ziel sei es, eine Antwort auf die Frage nach den Ursachen der stammesgeschichtlichen Entwicklung zu finden.

Solche Untersuchungen funktionell-morphologischen Geschehens wurden zunächst, aber auch späterhin noch, ganz im Rahmen rezent-biologischer Fragestellung von Böker (1935, 1937) und später von Schäfer (1951, 1954, 1962) in Angriff genommen. Diese Untersuchungen waren die Darstellung von einzelnen Modellfällen des Funktionellen zunächst ohne jeden stammesgeschichtlichen Bezug. Vielfältig auf viele Tiergruppen und neue Materialien erweitert, auf eine breite Tradition und ein neues ethologisches und ökologisches Wissen gestützt, vertieften vor allem englische Anatomen (z. B. Harrison 1972–1977) unsere funktionell-anatomische Kenntnis. Wir nennen aus dem deutschen Sprachraum: Remane (1956), Osche (1974), Siewing (1978). Unter dem Programm einer vergleichenden »Biotechnik« sind die Untersuchungen von Nachtigall (1971, 1977), besonders für Insekten und Vertebraten zu nennen, sowie von Kummer (1959) solche über den funktionellen Bau des Säugetierskelettes.

Etwa 25 Jahre zuvor hatten bereits die aktuopaläontologischen Untersuchungen im Wattenmeer der südlichen Nordseeküste (vor allem Linke 1939, Seilacher 1953 a u. b) an der Infauna des Wattenbodens das Funktionelle in Hinblick auf das Ökologische veranschaulicht. Später klärte Schäfer (1956) im Rahmen synökologischer Untersuchungen der Wattenboden-Gemeinschaft die konstruktive Beziehung des Organismenkörpers zum selber angelegten Sedimentbau. Er zeigte, wie jedes Wühlgefüge im bewohnten (aber eigentlich lebensfeindlichen) Sediment als ein vom Endobionten gestaltetes »Körperteil« dieses Endobionten ist, und wie durch die spezifische Sedimentbau-Gestaltung das Leben im Sediment erst möglich gemacht wird. Das Vermögen zur Gestaltung des Sedimentbaues liegt im System-Charakter des betreffenden Tieres; Leben im Sediment ist körperbezogenes Funktionieren des Sedimentbaues. Der Tierkörper als Konstruktion einerseits und der vom Bewohner errichtete Sedimentbau als Konstruktion andererseits (in Hinblick auf Respiration, Defäkation, Fortpflanzung und Nahrungserwerb angelegt etc.) ergeben erst das Ganze. Von hierher wird deutlich, wie Fährten- und Spurenkunde richtig verstanden und vom Ursprung her physiologische Disziplin ist.

Unter evolutionsbiologischem Gesichtspunkt haben – etwa seit 1970 – die eben genannten Arbeitsgruppen in Tübingen und eine zweite in Frankfurt am Main in unserem Lande eine Reihe von Ansätzen prinzipieller Natur gezeitigt.

Sie stärkten als Paläontologen und als Zoologen und Botaniker Methode, Terminologisches und Prinzipielles auf diesem lange vernachlässigten Gebiet und stellten über das Funktionell-Morphologische den Zusammenhang zu ökologischem und erst recht zu dem evolutionsbiologischen Geschehen her (in Tübingen, unter Anführung von Seilacher: Bayer, Berthold, Gocht, Helmleben, Hurka, Kullmann, Netzel, Reif, Schmalfuss, Schumann, Wendt, Westphal und in Frankfurt am Main: Bonik, Franzen, Grasshoff, Gutmann, Mollenhauer, Peters). Aus der Sicht des Paläontologen haben Vogel, Haude und Zorn zu diesen Fragen Stellung genommen. Starck (1978) hat in neuester Zeit die theoretischen Grundlagen Vergleichender Anatomie zusammengefaßt, verdeutlicht und – auf der kritischen Betrachtung des neuesten Schrifttums fußend – auf eine breite Basis gestellt.

Während die Arbeitsgruppe in Tübingen – und wie konnte der Paläontologe, gewohnt am fossilen Objekt zu arbeiten, zunächst und für seine fossilen Skelette anders vorgehen – von der Umwelt (von der versteinerten Fazies) her, d. h. vom Fungieren einer Konstruktion, von einer »Anpassungslehre« her und vom »Modell« her, sich dieser Konstruktion selbst nähert, weist die vorwiegend im Rezenten arbeitende Frankfurter Gruppe darauf hin, daß – zunächst ganz abgesehen von allem Fungieren in einer Umwelt – Funktionieren nur im Rahmen einer Gesamtkonstruktion ablaufen kann, daß also diese Gesamtheit der Teile, und das heißt Hartteil und Weichkörper, vorerst zu befragen seien, und daß daher vor allem die konstruktiven Sachzwänge des inneren Gefüges zu verdeutlichen wären. Hier läge auch der Schlüssel für jede stammesgeschichtliche Betrachtung. Diese Arbeitsgruppe spricht daher von einer »inneren Selektion«, soll heißen: Angebot an eine selektierende Umwelt sei das ganze konstruktive und funktionelle Gefüge des Organismus und nicht Selektionsvorgang an einem Einzelteil. Wir erkennen heute, wie über den

Begriff des »Modells« die einzelnen im Funktionell-Morphologischen arbeitenden Forschergruppen in der Methode (bei allem Unterschied in der Position des Ausganges) doch zusammenfinden werden.

Dies alles, Konkretum und Modell, sind letzten Endes nur von den einzelbiologischen rezenten Erfahrungen her aufrollbar; und hier wird abermals deutlich, wie eng in Zukunft Paläontologie mit Aktuopaläontologie verbunden sein sollte, und wie der Rückgriff des Paläontologen auf die Ganzheit rezenten Geschehens nicht Überschreiten einer Grenze, vielmehr legaler Weg zur eigenen Urteilsbildung ist; und es zeigt sich andererseits, wie die Tätigkeit des Rekonstruierens, des Ganzmachens des Fossils, nicht verzierendes Beginnen ist, vielmehr wie Rekonstruieren die Voraussetzung für jede stammesgeschichtliche Forschung am fossilen Befund ist (s. S. 199). Mit anderen Worten: Rekonstruieren will das fossile Objekt als ehemals belebtes System dem rezenten gleichsetzen, um es in gleicher Weise wie das rezente Objekt verwenden zu können.

»Weichkörper«, so sagt die Frankfurter Arbeitsgruppe, sei übrigens mehr als ein am Skelett angreifendes Muskelsystem; im Gegenteil: Skelettelemente seien oft vom Weichkörper abhängig und seien etwas Sekundäres, der Weichkörper aber komme stammesgeschichtlich letzten Endes – und zeitlich vor aller Hartteilbildung – vom Bindegewebe, von gallertoiden Konstruktionen als einem »Hydroskelett« mit Muskeln her.

Die geschilderten Tatbestände sind für die Paläontologie so bedeutungsvoll, daß ein kurzes Verweilen angebracht ist. Bedeutet doch für diese Wissenschaft der Hinweis auf die gallertoide Vorkonstruktion als Ausdruck eines »Hydroskeletts« Abschied und totaler Neuanfang rekonstruierenden Bemühens. Ist doch damit das Problem der Morphologie in ihren Grundtypen nicht mehr – wie lange Zeit hindurch – der Vergleich und das Architekturproblem des additiven Aufbaues von Formteilen, sondern Grundlage der Morphologie ist »Physik der Hydraulik«. Wir werden danach – sollte sich die Vorstellung eines Hydroskeletts als Vorkonstruktion durchsetzen –, ob als Zoologen und Paläontologen, ob als Embryologen und Anatomen, vor einer neuen Morphologie stehen. Die Idee der hydraulischen Konstruktion des Organismen-Körpers (Chapman 1958; Clark 1974; Gutmann 1966, 1972, 1974; Bonik, Grasshoff & Gutmann 1977 a, b; Bonik,

Grasshoff, Gutmann & Maier 1978; Siewing 1978), durchgehend von der ersten präkambrischen Lebensentstehung bis zum Wirbeltier mit der Konsequenz aller technischen Hilfskonstruk-

Abb. 72: Meeresforschung: Die Kenntnis der heutigen Meeresböden der Erde bereitet das Verständnis für die Meere der Urzeit und ihrer Ablagerungen. Hier: Das Forschungsschiff »Meteor« in westatlantischen Gewässern, 1976. — Aufn. M. GRASSHOFF, Forschungsinstitut Senckenberg.

Abb. 73: Meeresforschung: Arbeiten an Bord des Forschungskutters »Astarte«, Wilhelmshaven. Hier: Instellungbringen eines 4 m langen Kolbenlots zur Gewinnung ungestörter Sedimentproben. — Aufn. Original, Forschungsinstitut Senckenberg.

tionen (wie Innen- und Außenverspannungen, Füllungen, Form-kontrollierende und -stabilisierende Zugsysteme oder Innen- und Außenskelettelemente), hatte vor 15 Jahren mit der Analyse erster funktioneller Gefüge begonnen und ist heute dabei, an vielen Beispielen sich zu verdeutlichen. Etwa in den gleichen Jahren hat sich auch in der Architektur (Bautechnik) die »Entdeckung des Pneus« (Hydraulik) durchgesetzt, und es haben seit einigen Jahren in gemeinsamen Kolloquien Architekten und Biologen die physikalisch-technischen Voraussetzungen, das Prinzip

Abb. 74: Meeresforschung: Kolbenlot in der »Krinoline«. Blick auf das Arbeitsdeck des Forschungsschiffes »Senckenberg«, Wilhelmshaven. — Aufn. F. WUNDERLICH, Forschungsinstitut Senckenberg.

ganz zu durchschauen, erarbeitet; auf der Seite der Architekten: unter Führung FREI OTTO die Mitarbeiter des Instituts für leichte Flächentragwerke der Universität Stuttgart, EDA SCHAUR, KLAUS BACH und ROBERTO BOCCANELLO, unter den Biologen: JÜRGEN BEREITER-HAHN, JOHANN GERHARD HELMCKE, WOLFGANG FRIEDRICH GUTMANN, WERNER NACHTIGALL und RAINER SCHILL (Abb. 13 a-f, OTTO 1978). Es sei hier erinnert an die gemeinsamen Kolloquien con Architekten und Biologen unter dem Titel »Pneus in Natur und Technik« (1977 a, b) im Institut für leichte Flächentragwerke, Universität Stuttgart, und im Sommer 1978 im Forschungsinstitut Senckenberg in Frankfurt a. M., und im Herbst 1978 in der senckenbergischen Außenstelle »Lochmühle« im Spessart.

Wie wir oben sagten, treffen die Ergebnisse dieser und anderer Untersuchungen keine Disziplin stärker als unsere Paläontologie; muß diese sich doch – was auch geschieht – in ihrer Aussage wie immer zunächst einmal auf das fossil überlieferte Hartteil stützen. Denn nichts mehr und nichts weniger wird zur Aneignung gefordert: Aktuopaläontologische Methodik legt nahe, daß sich Organismen – nach einer gestaltlosen, chemischen Phase der Lebensentstehung – erst durch Membranumhüllungen und durch den Einbau von Zugverspannungen als formstabile, hydraulische Systeme individualisierten. Dieser hydraulische Apparat, ausgebildet als biegeweiche, jedoch feste, vom Innendruck aufgepumpte Membrankonstruktion (Abb. 13a), erweist sich über die ersten Anfangsstadien einer Evolution hinaus als konstruktive Grundlage aller tierischen Lebewesen; wohlverstanden Grundlage für das Verständnis von Einzellern, für das der skelettlosen primitiven Mehrzeller ebenso wie in vielen Fällen für die Außen- und Innenskelett tragenden niederen und höheren Wirbeltiere. Das hydraulische System, so sagt Otto (1978), ist »das universale Konstruktionsprinzip der belebten Natur – das formgebende Bauelement aller Lebewesen: vom Einzeller bis zum Menschen«. Eigentliche biologische Selektion als unvermeidbarer Akt setzt bereits im Stadium nach der gestaltlosen Phase der Lebensentstehung ein. Hydraulik, an Zellen und bei Vielzellern meist an gallertiges Bindegewebe gebunden, wird – so sagt die Gruppe – als biophysikalisches Bauprinzip im Verlaufe der Evolution niemals mehr verlassen und durch andere Mechanik ersetzt. Es sei auch Vorläufer skelettversteifter höherer Systeme. Das Umdenken vom Hartteil-Skelett zur Hydroskelettkonstruktion führt nicht zu einem Denken im Ungefähren. Das Prinzip hydraulischer Apparate beruht auf wenigen klaren Gesetzlichkeiten; sie geben die konstruktiven Zwänge und Leitlinien zum Hartteilaufbau (Abb. 13). Hartteile, für unser Verständnis eben noch absolute Grundlage wichtiger höherer Baukonstruktion und Stütze aller Stammbaumentwicklung, seien zwar Proportion gebende, aber sekundäre Außen- und Innenversteifungen, allerdings ihrerseits mit aller Konsequenz auf Effizienzsteigerung für Form, Funktion und Konstruktion. Sind die Gewichte aber so verteilt, so werden die rekonstruierte Urkunde einerseits und das aktuopaläontologische Studium andererseits methodisch unentbehrliche Hilfsmittel zur Ordnung der Gewichte (Bonik, Grasshoff, Gutmann & Maier 1978).

Um so deutlicher soll darauf hingewiesen werden, daß gewiß auch Hartgebilde im Organismenreich existieren, die ihre Entstehung und ihre zukünftige Formbildung nicht einem hydraulischen Vorstadium verdanken und die ebenso

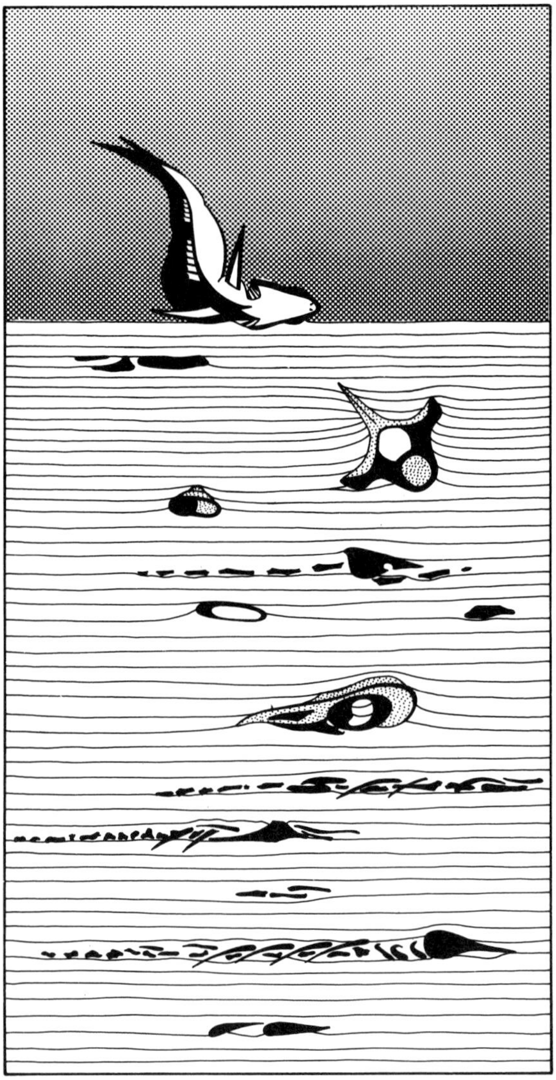

Abb. 75: Meerische Biofaziesbildung in den Abbildungen 75–79 betreffen die fünf Biofaziestypen, die als Einheiten erster Ordnung am Meeresboden weltweit verbreitet sind, in Schemazeichnungen dargestellt. Sie sind generell geordnet nach dem Grad der Wasserbewegung am Meeresboden und der Beeinflussung der Schichtbildung und Fossileinlagerung durch diese vorhandene (oder fehlende) Wasserbewegung. Außer diesen fünf Faziestypen gibt es keine, deshalb »Einheiten erster Ordnung«. Erst die Biofaziestypen zweiter Ordnung zeigen einen topographischen Bezug.

Hier: Bedingungen in der Biozönose:
Ohne Wasserbewegung, O_2frei, Feinsedimente, lebensfeindlich, keine Totengesellschaft (Schille). Aussehen der gebildeten Biofazies: Vollzählige Schichtung, daher sind alle Zeiten im Schichtstoß manifestiert. Zusammengesetzte Skelette vollständig erhalten. Einzelfossilien stammen aus oberen belebten Wasserschichten. Zur Kennzeichnung der Wasserqualität: toter Fisch. Name der Biofazies: Letal-isostrate Biofazies (unbelebt, gleichlaufend-vollzählig geschichtet). – Original, Forschungsinstitut Senckenberg.

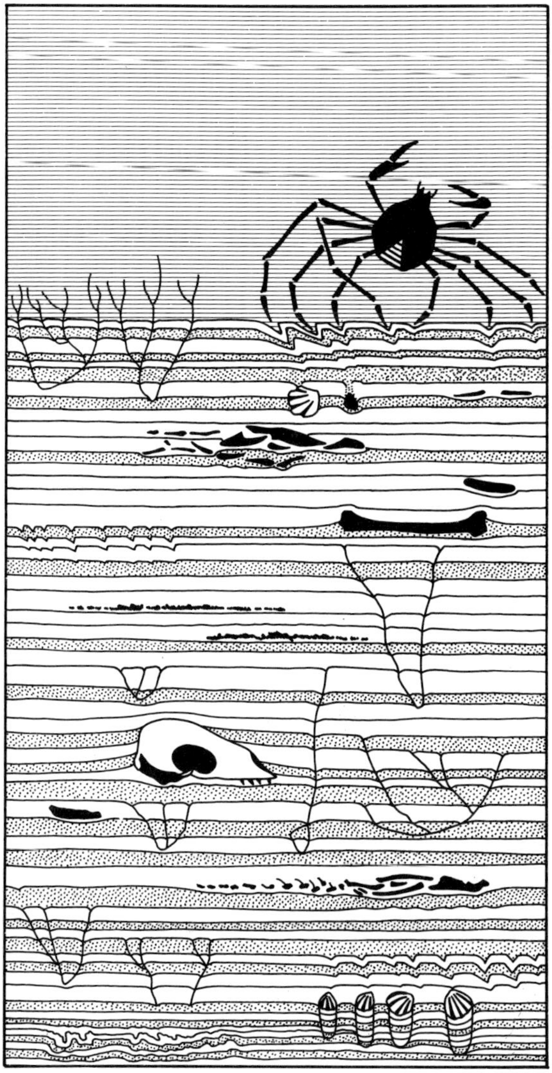

Abb. 76: Meerische Biofaziesbildung, Bedingungen in der Biozönose: Geringe Wasserbewegung, O_2 und Bodenfauna (ortsbeweglicher Krebs und sedimentbewohnende Würmer vorhanden, Feinsedimente). Aussehen der hier gebildeten Biofazies: Vollzählige Schichtung, daher sind alle Zeiten im Schichtstoß manifestiert. Oberflächenfährten, Innenspuren, zusammengesetzte Skelette vollständig erhalten. Einzelskeletteile aus oberen Wasserschichten stammend. Zur Kennzeichnung der Wasserqualität: Seespinne und Wurmbauten. Name der Biofazies: Vital-isostrate Biofazies (belebt, gleichlaufend-vollzählige Schichtung). — Original, Forschungsinstitut Senckenberg.

Abb. 77: Meerische Biofaziesbildung, Bedingungen in der Biozönose: Bis zum Grund gut bewegtes, O_2-reiches Wasser, Wasser und Boden reich belebt, sandige und schlickige Sedimente. Aussehen der hier gebildeten Biofazies: Unvollständige Schichtung, daher nur ein Teil der Zeit durch Schichten manifestiert, Innenspuren und Wühlgefüge; Rippeltextur, Diskordanzen. Bruchschill, Skelette zerstreut. Zur Kennzeichnung der Wasserqualität: Schwimmkrabbe in Bewegtwasser. Name der Biofazies: Vital-heterostrate Biofazies (d. i. belebt, unvollzählige Schichtung). — Original, Forschungsinstitut Senckenberg.

Abb. 78: Meerische Biofaziesbildung, Bedingungen in der Biozönose: Sehr stark bewegtes Wasser bis zum Grund, gut durchlüftet, wegen starker und ständiger Grundbewegungen und Umlagerungen unbelebt; sehr grobe Sedimente, fast nur Schille. Aussehen der hier gebildeten Biofazies: Unvollständige Schichtung, daher nur ein kleiner Teil der Zeit manifestiert, Diskordanzen. Nur Einzelteile von Skeletten eingebettet. Zur Kennzeichnung der Wasserqualität: Makrelen in Bewegtwasser. Name der Biofazies: Laetal-heterostrate Biofazies (d. i. unbelebt, unvollzählige Schichtung). — Original, Forschungsinstitut Senckenberg.

Abb. 79: Meerische Biofaziesbildung, Bedingungen in der Biozönose: Stark bewegtes Wasser bis zum Grund, O_2-reich; schichtenlos, da die Biozönose aus gewachsenen, Skelett-tragenden, sessilen, niederen Tieren und Pflanzen aufgebaut ist, Nekton-reich (organogenes Riff), wenig lockere Sedimente, Bruchschille. Zur Kennzeichnung der Wasserqualität: Korallen, Fischschwarm in Bewegtwasser. Name der Biofazies: Vitalnonstrate Biofazies (d. i. belebt, ungeschichtet). — Original, Forschungsinstitut Senckenberg.

Funktionsträger im Organismenkörper sind. Es sind meist solche Hartgebilde, die additiv, durch Drüsensekretion vorschiebend wachsen, wie z. B. Kalkgehäuse von Meereswürmern, sowie Schneckengehäuse, Muschelklappen, Brachiopodengehäuse, Haare, Krallen und Hörner von Säugetieren.

Für den Paläontologen bedeutet dies, daß nicht eigentlich die ausgebildete Form des Hartteils, wie sie im Gestein gefunden wird, genetisch bestimmt ist (und so stammesgeschichtlich zu verwenden ist), sondern nur die Weise der Ausbildung des Hartteiles, das Montageprinzip. Dieses aber erweist sich als das »Pneu«-Gesteuerte; die Form ist durch die Bauanleitung kodiert (OTTO).

Da aber das Primäre, der »Pneu«, immer Weichteilgefüge ist und nach dem Tod als erstes zusammenfällt und verwest, ist also dieser »Pneuapparat« fossil eigentlich niemals erhalten. Er ist nur zu rekonstruieren mit Hilfe eines biomechanischen Wissens. Um so mehr liegt für den Paläontologen, wenn er das fossile Hartgebilde und den Hartgebildeverband ganz verstehen will, nahe, vorerst das rezente Geschehen – embryonal, juvenil und adult – im Leben und letal in einer Todes- und Einbettungslehre zu studieren. Mit anderen Worten: Aktuopaläontologie ist einer Paläontologie fest einzuverleiben.

Für den Erdwissenschaftler, der von allem Anfang her historisch zu denken versteht, bringt die Vorstellung des hydraulischen Apparates (des »Pneus« der Architekten) als wesentliche Basis für die gesamte Formenwelt der tierischen Natur die Öffnung des lange gesuchten Zuganges zu präkambrischen Bereichen. Ist doch für alle Gesteinsbildung Leben vor Entstehung von Hartteilen in seiner Wirkung auf die Biosphäre etwas grundsätzlich anderes als Leben nach dem Entstehen von Hartteilen, seien es Außen- oder seien es Innenskelette. Dies wiederum hat Folgen auf Nahrungsketten, Lebensgemeinschaften und Biofaziesbildungen, Fossilvergesellschaftungen und Sedimente.

In den letzten Jahren ist also deutlich geworden, wie bei dem Ziel, für eine Evolutionstheorie eine reale Stammesgeschichte zu schaffen, schon der einzelne Rekonstruktionsvorgang, welcher letzten Endes zur Aufstellung einer phylogenetischen Folge dient, stets über biomechanisch mögliche Konstruktionen und unter Berücksichtigung gegebener Begrenzungen verlaufen muß (siehe S. 199 ff).

Hier ist die alte Formen- und Gestaltenlehre eines Idealismus ersetzt durch Biomechanik und Physiologie, die aber die Formgebung des Organismus im Maschinen-Aspekt nicht übersehen.

Im Grunde liegt der Bruch bereits weit zurück, nämlich im Abtreten der Forschergeneration eines CUVIER, eines GOETHE, eines AGASSIZ (1807–1873, Abb. 204), eines JOHANNES MÜLLER (1801–1858) und K. E. VON BAER (1792–1876, siehe KUHN-SCHNYDER 1978), welche die anatomischen Formen als ewige Ideen, und welche die geschichtlichen Beziehungen untereinander bildlich sahen. Im Heraufkommen der DARWIN'schen Gedanken, die von allem Anfang an in der Stammesgeschichte mit einer Folge von realen, der Biomechanik unterworfenen Körpern rechneten, zeigten sich die neuen Vorstellungen. Dies bedenkend, verdeutlicht sich um so mehr, daß eine im Grunde vordarwinistische Morphologie – so lange Zeit Grundlage der biologischen Philosophie – aus der heutigen Konstruktionslehre der Vielzeller und ihrer Phylogenetik nun endlich auszuklammern sei, wie STARCK (1977, vgl. auch STARCK 1978) sagt. Morphologie wandelt sich durch die Erfordernisse, die Naturgesetzlichkeiten nun einmal stellen, aus ihrer ursprünglich statischen Anlage in eine dynamische.

Funktionelle Morphologie, so gesehen, ist in der Paläontologie nur aktualistisch zu betreiben; d. h., bei aller Bedeutung des Fossils in seiner Erscheinung als Urkunde und im Modell verdichtet, ist dieses nur im Rückgriff auf die rezente und damit nachprüfbare Funktionserfahrung an Organismen und deren Organen zu verstehen. Vergleichende Morphologie ist für eine Stammesgeschichte Grundlage, wenn sie eine Evolutionsmorphologie ist.

Funktionsmorphologisch gesehen, sind organische Gestalten stets zweierlei: Sie sind – wie oben auseinandergesetzt –

einerseits historische Wesen, und jedes ihrer Glieder und das Ganze sind nur stammesgeschichtlich, d. h. aus einem Vorher und aus einem Nachher, zu verstehen;

sie sind andererseits in einer Gegenwart, in einer Umwelt Handelnde. Sie sind durch die Auseinandersetzung mit einer Umwelt geprägt; sie sind »Lebensformtypen«.

Diesen Begriff prägte A. REMANE (1898–1976; 1943, 1952, 1956). Er versteht unter »Lebensformtypen« Organismen mit bestimmten Merkmalsverbindungen (gestaltliche und solche, die sich im Verhalten ausdrücken und die auf einen ganz bestimmten Lebensraum bezogen sind). Da-

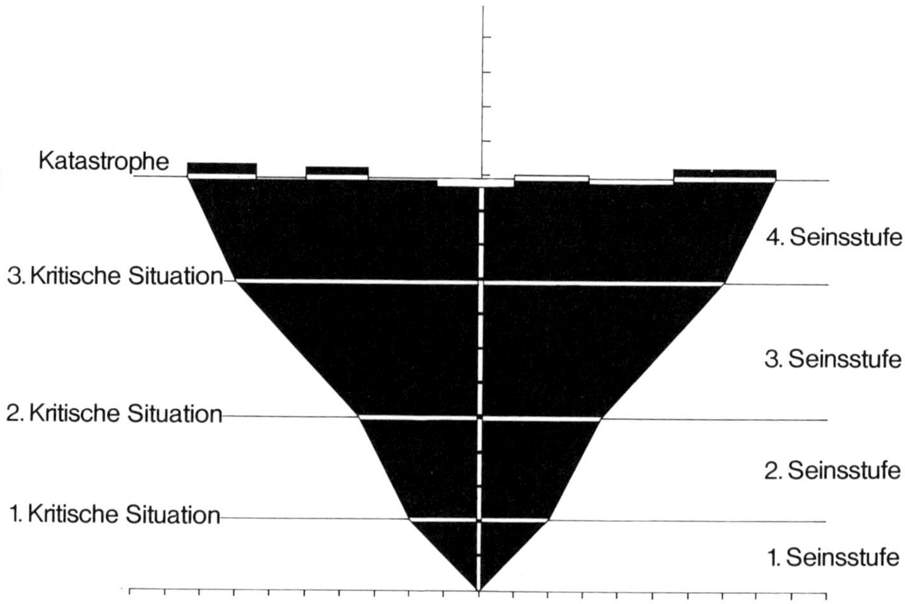

Abb. 80: Aufbau und Ablauf einer tierischen Sozietät: Schemabild des zeitlichen Ablaufs einer Sozietät und ihr Ende unter normalen Außenbedingungen. Bei zunehmender Individuenzahl (von unten nach oben) durchlebt die Beispiel-Sozietät vier »Seinsstufen«. D. h., eine jedesmalige Zunahme der Individuenzahl führt die Sozietät in organisatorische und (oder) technische Schwierigkeiten, sog. »kritische Situationen«; diese können von der betreffenden Spezies »X« dreimal durch Umordnung und durch technische Leistungen zur rechten Zeit überwunden werden. Sie geht nach Ablauf der vierten Seinsstufe, die bei weiterer Individuenzunahme in kritische, nun nicht mehr überwindbare Situation führt, in einer Katastrophe als Ganzes unter. In der tierischen Sozietät liegen also die kritischen Situationen, ihre Reihenfolge, die Art ihrer Überwindung und die Zahl der überwindbaren kritischen Situationen fest. – Original, Forschungsinstitut Senckenberg, aus W. Schäfer 1971.

bei sei gleichgültig, ob die Eigenschaftsträger taxonomisch in Beziehung zueinander stehen oder nicht. Sie seien – wie Remane sagt – »Spezialisationsanalogien«.

Zwei Jahrzehnte zuvor hatte schon J. von Uexküll (1864–1944, Abb. 215 und vgl. S. 67) das gleiche Phänomen der Beziehung Organismus – Umwelt untersucht. Er sagt: Organismus und Umwelt bilden eine Einheit, die Zerstörung dieser Einheit sei mit der Vernichtung des Lebens verbunden. Der Organismus sei den Faktoren der Umwelt durch ein sich in der Zeit vollziehendes Werk sinnvoll zugeordnet. Es habe also jedes Verhalten eines Tieres einen »Sinn« und die Faktoren der Umwelt aber hätten für dieses Verhalten eine »Bedeutung«. Nicht der Tierkörper, viel-mehr Verrichtungen werden hier zum Ausgang der Betrachtung gemacht. Die Funktionsgestalt eines Organismus wäre danach nur aus der Ordnung solcher lebensnotwendiger Grundverrichtungen zu verstehen.

Rekonstruktionen von fossilen Organismen haben daher auch stets mit den zu fordernden Grundverrichtungen zu beginnen und sie in ihr Rekonstruktionskonzept einzubauen. Mit anderen Worten: Man muß von vornherein wissen, welcher Lebensformtypus rekonstruiert werden soll. Wie aber die hierarchische, in der Gesamtgestalt sich ausdrückende Ordnung der an Formteile gebundenen Verrichtungen zu wählen wäre, darüber können nur die überlieferten Teile und die zu fordernden Verrichtungen in einer Umwelt aussagen.

Wir glauben zunächst – und damit zitiere ich eine ältere Darstellung (Schäfer 1962) – drei Hauptfunktionsgefüge nennen zu können: Die Bindung an eine Umwelt geschieht durch drei lebensnotwendige Verrichtungen:

(1.) durch die Stoffaufnahme aus der Umwelt und ihre Umsetzung (Bau- und Betriebsstoffwechsel),

(2.) durch das Abschirmen gegen schädigende Einflüsse aus der Umwelt und das aktive Sichschützen gegen angreifende Feinde (Flucht),

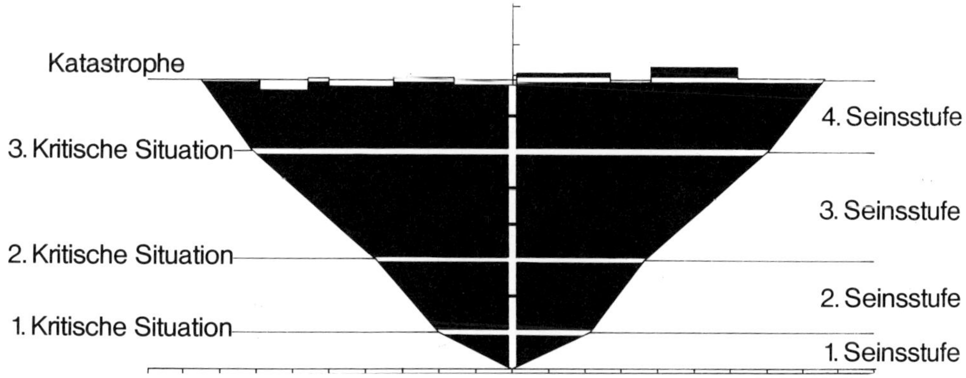

Abb. 81: Aufbau und Ablauf einer tierischen Sozietät: Besonders gute Außenbedingungen lassen die Individuenzahl der Sozietät »X« schneller wachsen. Damit folgen kritische Situationen und Seinsstufen rascher aufeinander. Die Katastrophe nach Ablauf der vierten Seinsstufe erfolgt in kürzerer Zeit als in Fall Abb. 80. – Original, Forschungsinstitut Senckenberg.

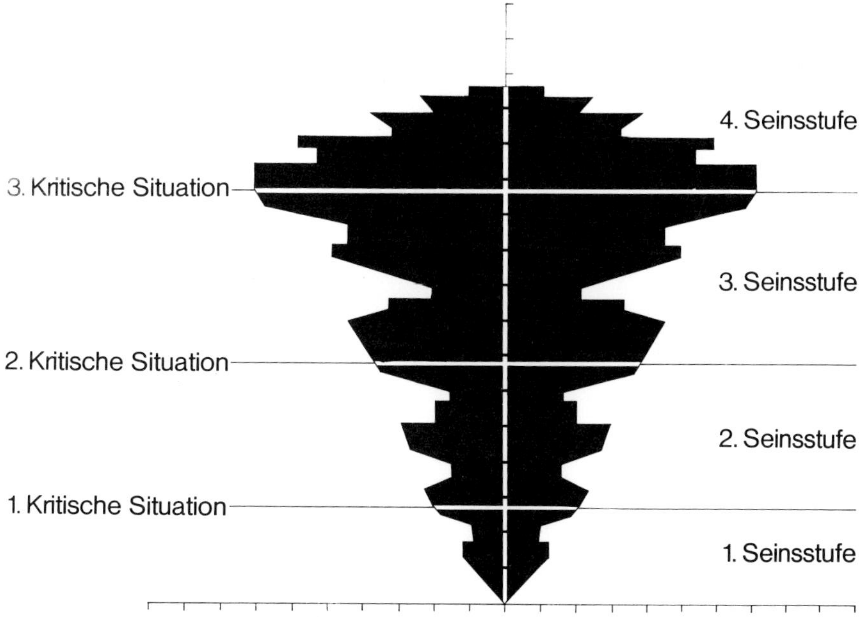

Abb. 82: Aufbau und Ablauf einer tierischen Sozietät (vgl. Abb. 80): Die Sozietät »X« befindet sich während ihres ganzen Lebens unter schlechten Außenbedingungen. Sie wächst daher langsamer und unter Rückschlägen. Sie endet nicht in einer Katastrophe, sondern sie siecht dahin und verlöscht langsam. – Original, Forschungsinstitut Senckenberg.

(3.) durch die Fortpflanzung zur Erhaltung der Art in dieser Umwelt.

Sinnesorgane, zentrales, peripheres, sympathisches Nervensystem und Drüsen der inneren Sekretion sind Diener der einzelnen Hauptfunktionsgefüge, sie bestimmen die Reihenfolge der Verrichtungen und das Zusammenspiel (Koordination) der einzelnen Hauptfunktionsgefüge im Sinne eines Gesamteffektes in der Zeit gegenüber der Umwelt. Diese drei Verrichtungen sind allen Tieren notwendig gesetzt. Die Art und Weise, wie die an Funktionsgefüge gebundenen Verrichtungen erfolgen, wann und in welcher Reihenfolge sie wirksam werden, ist vielfältig. Die Zahl der Fälle übertrifft die Zahl der Tierarten, denn bei vielen Arten wechseln die Verrichtungen in Zahl und Reihenfolge im Laufe des Lebens (Larvenleben, Leben in der Geschlechtsreife, Alter).

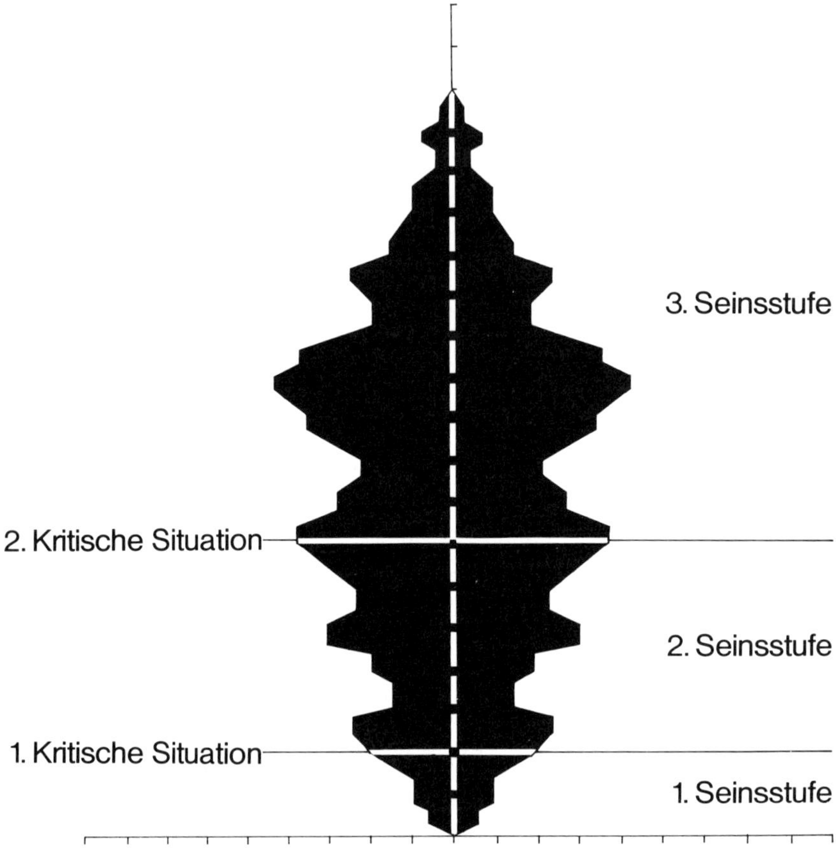

Abb. 83: Aufbau und Ablauf einer tierischen Sozietät (vgl. Abb. 80): Die Sozietät »X« befindet sich während ihres ganzen Lebens unter sehr schlechten Außenbedingungen. Die Sozietät durchläuft nur zwei kritische Situationen; in der dritten Seinsstufe bereits verlöscht sie langsam. — Original, Forschungsinstitut Senckenberg.

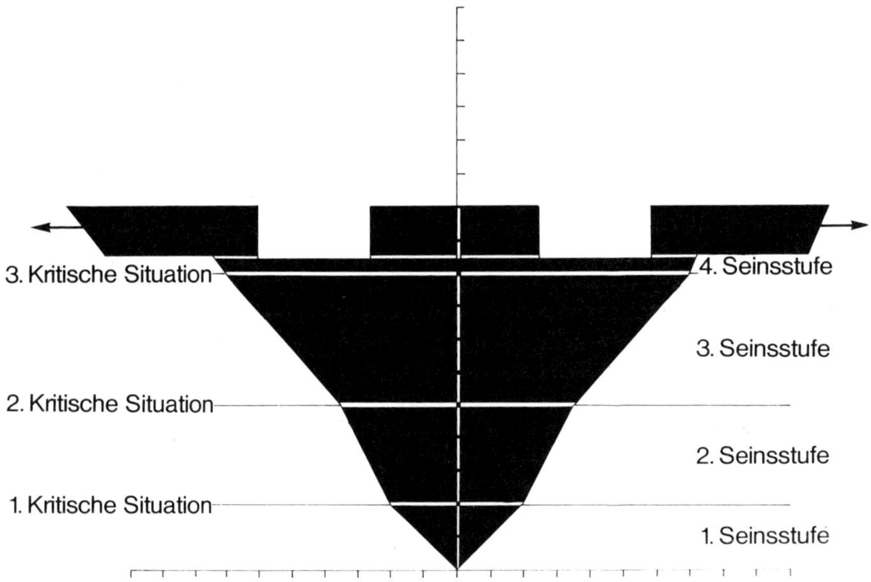

Abb. 84: Aufbau und Ablauf einer tierischen Sozietät (vgl. Abb. 80): Die Sozietät »X« entläßt kurz nach der dritten kritischen Situation zwei Bevölkerungsanteile als »Auswanderer«. Die Sozietät »X« vermeidet durch Schrumpfen der Bevölkerungszahl zur rechten Zeit die Katastrophe. — Original, Forschungsinstitut Senckenberg.

Abb. 85: Aufbau und Ablauf einer tierischen Sozietät (vgl. Abb. 80): Die Sozietät »X« befindet sich durch lange Zeit unter Druck von Außenbedingungen; sie wächst langsam und verbleibt schließlich ± nach der Zahl konstant. Sie erreicht daher nie die Katastrophe, ausgelöst durch weiterhin steigende Individuenzahl; sie lebt theoretisch ewig. — Original, Forschungsinstitut Senckenberg.

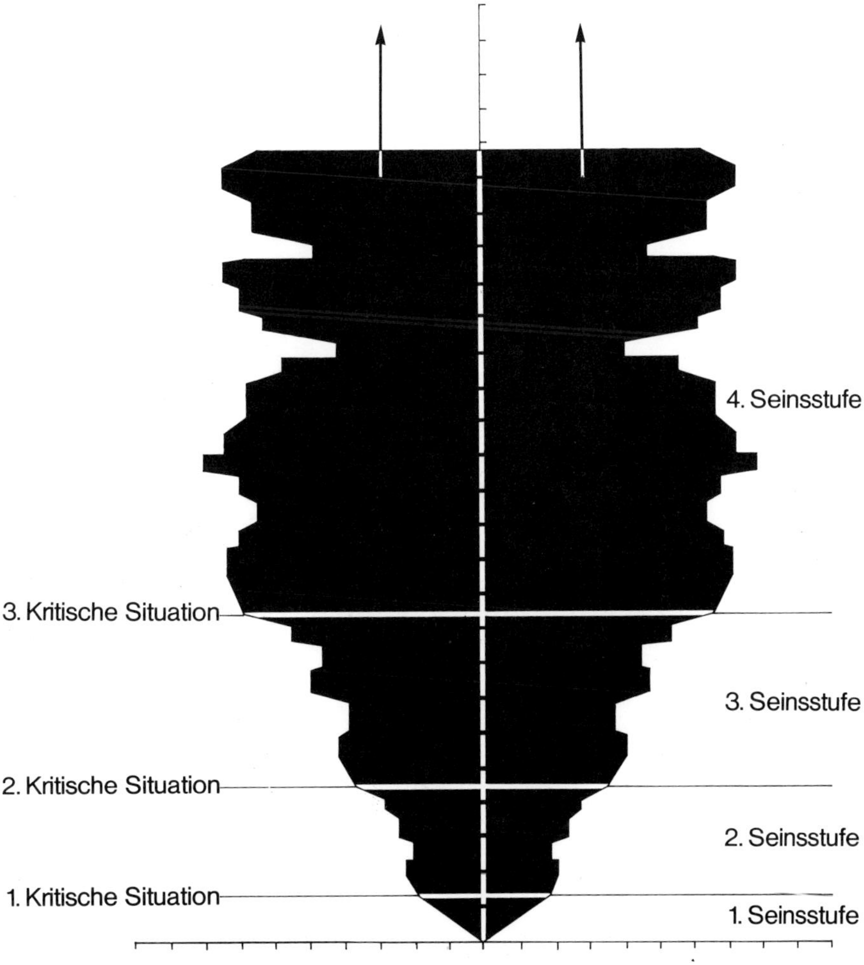

Neben diesen drei Grundverrichtungen, die an drei morphologisch faßbare Hauptfunktionsgefüge gebunden sind, zeigt der Großteil der tierischen Organismen zusätzlich noch eine vierte, die Ortsbeweglichkeit. Wir müssen fragen: Welche Bedeutung hat diese zusätzliche Grundverrichtung für die Körpergestalt, und wie fügt sie sich den übrigen Verrichtungen zu?

Verallgemeinernd ist zu sagen: Das Verhältnis zum umgebenden Raum als Verrichtung bestimmt durch die Auslese die Gesamtgestalt des Organismus und wirkt damit auf das Verhältnis der Teile zueinander entscheidend ein. Noch mehr:

Die Auseinandersetzung mit dem Raum ist Generalfunktion.

Die Lokomotion als Gesichtspunkt der Ordnung von Tiergestalten ist daher in den Fällen, in welchen eine phylogenetische nicht zur Frage steht, wohl begründet; denn sie trifft als ein allen übergeordnetes Hauptfunktionsgefüge jedesmal den gesamten Bauplan. Dort, wo Hartgebilde der Ortsbeweglichkeit dienen, übernehmen sie auch im ganzen oder zum Teil die Aufgabe des Abstützens; in der Ruhe haben sie reine Stützfunktion. Wo die Ortsbeweglichkeit fehlt, hat dort, wo Skelette vorhanden sind, das Funktionsgefüge des Schützens gegen Einflüsse von außen auch die des Stützens übernommen.

Nach dem Gesagten können wir uns jeden Tierkörper als eine Verschachtelung der drei oder vier Hauptfunktionsgefüge vorstellen, wobei jedes der Gefüge eine ± große Zahl anatomischer Teile und untergeordneter Funktionen benötigt, um wirksam werden zu können. Die Wirkung auf die Umwelt und die direkte Verkettung mit ihr

Die biologische Seite der Paläontologie betreffend:

Beschreibende Morphologie	Systematik Taxonomie	Funktionelle Morphologie	Evolution und Phylogenie
Aristoteles (384 - 322) de Buffon (1707 - 1788) Goldfuß (1782 - 1848)	Typologische Systematik: v. Linne (1707 - 1778)	v. Haller (1708 -1777) v. Cuvier (1769 - 1832)	Lamarck (1744 - 1829) Darwin (1809 - 1882) Wallace (1823 - 1913) Weismann (1834 - 1914) De Vries (1848 - 1935)
In Tradition weitergeführt	Phylogenetische Systematik: Biologische Art und Populationskonzept	Konstruktionslehre (Hydraulik)	Physikalisches Evolutionskonzept

Abb. 86: Die einzelnen rechteckigen Kästen bedeuten die neun Grundwissenschaften (z. B. Beschreibende Morphologie oder Palökologie etc.), welche die Paläontologie als Ganzes ausmachen. In der oberen Reihe sind diejenigen Grundwissenschaften aufgeführt, welche sich aus der Biologie, in der unteren Reihe diejenigen, welche sich aus der Geologie herleiten.

Die Entwicklung der Paläontologie stützt sich (wie jede Wissenschaft) in ihren grundsätzlichen theoriebildenden Anstößen auf einzelne Forscher; sie sind hier aufgeführt, wenn sie für ihr Fachgebiet einen sog. »Paradigmenwechsel« (TH. KUHN 1976) eingeleitet haben. Forscher, die vorhandene Leitgedanken durch Einzelanalysen — seien sie für die Disziplin auch noch so erhellend — nur fortentwickelt haben, sind in unserem Schema nicht aufgeführt.

Vorgänge des Paradigmenwechsels (also des Entwurfs grundsätzlich neuer Gedanken) spielen sich für die Paläontologie auch noch in der Gegenwart ab; fünf (von neun in der Paläontologie vorhandenen) Grundwissenschaften wandeln sich heute im Grundsätzlichen. Paläontologie ist durch diese gegenwärtig stattfindenden Paradigmenwechsel junge Wissenschaft und hat über alles Fachwissenschaftliche hinaus Bildungsfunktion für jedermann. In der Kombination zweier oder mehrerer Grundwissenschaften liegt die Fülle der Möglichkeiten der Aussage, die Dichte der Aussage und die Verschiedenartigkeit der wissenschaftlich anzugehenden Aspekte und Forschungsobjekte. In den Kästen sind für die Gegenwart keine Autoren (diese s. u.), wohl aber integrierende Sachbezüge genannt. Die gegebenen Autorennamen der einzelnen Grundwissenschaften sagen aus:

Beschreibende Morphologie: Älteste Grundwissenschaft (ARISTOTELES) und als Gestaltenlehre am Anfang aller biologischen Wissenschaft. DE BUFFON: Beschreibung des unmittelbar Wirklichen. GOLDFUSS: Beschreibung (und Methodik der Beschreibung) der Fülle fossil überlieferter Petrefakte. *Heute*: Breit weitergeführte Tradition.

Systematik, Taxonomie: VON LINNÉ = typologisch-vergleichende Formbeschreibung und (auf der Konstanz der Formen ruhende) binäre Ordnung aller Organismen, Pflanzen — Tiere — Fossilien — Mensch. *Heute*: Aufbau eines phylogenetischen Systems (E. MAYR, SIMPSON, STARCK).

Funktionelle Morphologie: Vorbild sind physiologische Ideen der Wirksamkeit von Organen, Reizleitung, Experimente (VON HALLER). CUVIER: Vergleichende Anatomie (rezent und fossil), Typentheorie und Widersacher jedes Evolutionsgedankens, Korrelation der Organe, Theorie der Katastrophen in der Erdgeschichte. *Heute*: Funktionelle Konstruktionen (z. B. Hydraulik, Gallertoide), evolutiv bezogen.

Evolution und Phylogenie: LAMARCK: Idee des Transformismus, Funktion vor Form; DARWIN: Transformismus, Form vor Funktion, natürliche Selektion durch Existenzkampf und Zuchtwahl; WALLACE: Geographische Verbreitung als Selektionsvorgang; WEISMANN: Deszendenz-Theorie als kausalanalytische, genetische Biologie, Kontinuität des Keimplasmas. DE VRIES: Mutationsgeschehen. *Heute*: Physikalisches Evolutionskonzept (Optimierung, Ökonomisierung, Evolutionszwang).

Aktuopaläontologie: VON HOFF, LYELL und GRESSLY: Methode des Übertragens von rezent beobachteten physikalischen und biologischen Grundgesetzen in die

Aktuopaläontologie

v. Hoff (1771 - 1837)
Lyell (1797 - 1875)
Gressly (1814 -1865)

Dollo (1857 - 1931)

Richter (1881 - 1957)

In Tradition weitergeführt

Palökologie

Kowalewskij (1843 - 1883)
Dollo (1857 - 1931)
Möbius (1825 - 1908)

Abel (1875 - 1946)

Lagerstätte - Diagenese
Vergesellschaftung -
Konstruktionsmorphologie

Palanthropologie

Darwin (1809 - 1882)
Huxley (1825 - 1895)

Fuhlrott (1804 - 1877)
Dubois (1858-1940)
v. Koenigswald (*1902)
Lovis (*1908)

Aufrechter Gang,
Menschenaffen,
Tertiär-Hominiden

Erdgeschichte, weil Ereignisablauf in Kontinuität (Aktualismus). DOLLO: Anwendung des Aktualismus auf Anatomie und Biologie der Wirbeltiere (»Paläobiologie«, O. ABEL). RICHTER: Name »Aktuopaläontologie« und begriffliche Ordnung dieser Disziplin. *Heute*: Breit weitergeführte Tradition.

Paläoökologie: KOWALEWSKY, DOLLO, ABEL: Fossile Wirbeltiere in ihrem Lebensraum, d. i. »Paläobiologie«. MÖBIUS: Definition der Biozönose. *Heute*: Auf fazieskundlicher Grundlage Summe paläobiologischer, prozeßbezogener Betrachtung von Einzelfossil und Fossilvergesellschaftung mit engem aktuopaläontologischem Bezug.

Paläoanthropologie: DARWIN: Phylogenetische Morphologie als Grundlage anthropologischer Betrachtung; HUXLEY: Wirbeltierschädel, Abstammung des Menschen, Transmutation. Entdeckung fossiler Menschen: Neanderthaler (FUHLROTT); Pithecanthropus (DUBOIS, VON KOENIGSWALD); Australopithecus (LEWIS). *Heute*: Vormensch — Urmensch — Mensch.

Biostratigraphie: SMITH, STENO, WERNER: Fossilien in der Schichtfläche horizontal beständig und vertikal verschieden = Leitfossil. EHRENBERG, D'ORBIGNY: Mikrofossilien als Leitfossilien. *Heute*: Breit weitergeführte Tradition.

Biofazieskunde, Paläogeographie: GRESSLY: Ablagerungsbereiche unter einheitlichen Bedingungen gebildet, durch Fossilien gekennzeichnet. DANA, DE LAPPARENT: Entwurf von Kartenbildern vergangener Erdzeitalter (Aspektwechsel durch Erosionen, vertikale Bewegung der Kontinente). WEGENER: Kartenbilder zur Kontinentalverschiebung (horizontale Bewegung der Kontinente). *Heute*: Breit weitergeführte Tradition auf aktualistischer Basis.

Die geologische Seite der Paläontologie betreffend:

Biostratigraphie

Steno (1638 - 1687)

Werner (1729 - 1817)

Smith (1769 - 1839)

Ehrenberg (1795 - 1876)
d'Orbigny (1802 - 1857)

In Tradition weitergeführt

Biofazieskunde und Geographie

Gressly (1814 - 1865)
de Lapparent (1839 - 1908)

Wegener (1880 - 1930)

Aktuopaläontologie

geschieht durch die Erfolgsstrukturen (Wirkwelt würde J. VON UEXKÜLL sagen). Der räumliche Anspruch der Hauptfunktionsgefüge im Körper ist verschieden groß und wechselt auch von Spezies zu Spezies. Es muß daher in jedem Bauplan zu einem »Vergleich« in Richtung auf einen morphologisch und funktionell möglichen modus vivendi führen. Wir sprechen in solchen Fällen von einem korrelativen Zueinanderpassen, also von der Wechselwirkung von Gefügen, anatomischen Teilen und Verrichtungsweisen. Diese Korrelationen ergeben in allen Fällen einen auf das Ganze gerichteten Effekt; die einzelnen Gefüge können in Ausmaß und Leistung nur in Bezug zu den

Abb. 87: Wirbellose Tiere als Fossilien: Dort, wo Mikrofossilien fehlen, ist die Gliederung ganzer Sedimentgesteinskomplexe auch heute noch auf Megafossilien angewiesen. Diese Megafossilien bleiben wegen ihrer handlichen Größe auch heute noch bevorzugte Objekte zum Datieren der Gesteinsschichten. Sogleich, d. h. schon während der Bergung (z. B. Kartierung) sind sie auszuwerten, Mikrofossilien immer erst nach Tagen und Wochen. Ich nenne als gesuchte Leitfossilien die tierischen Fossilgruppen der Korallen, Brachiopoden, Cephalopoden, Trilobiten und Graptolithen für das Erdaltertum; der Cephalopoden und anderer Mollusken sowie der Echinodermen für das Erdmittelalter, und der Wirbeltiere, vor allem Fische, Kleinsäuger und Kleinsäugerzähne für die Erdneuzeit.
Hier: Schichtfläche mit Trilobiten-Resten (Drepanura, Oberkambrium Kentsiyai, Prov. Shantung, China). — Aufn. E. HAUPT, Forschungsinstitut Senckenberg.

Nachbargefügen wirksam sein und niemals zu deren Lasten. Von einer »Konkurrenz« der Organe oder Funktionsgefüge kann nicht die Rede sein.

Wie wir oben schon bemerkten, ist in vielen Fällen das Funktionsgefüge der Ortsbeweglichkeit allen übrigen Gefügen insofern übergeordnet, als es Gestalt-, Verhalten- und Biotop-bestimmend ist. Diese Überordnung äußert sich gestaltlich und im Verhalten um so deutlicher und ist um so genauer auf einen Biotop zugeschnitten, je höher die Leistungsspitzen in der Ortsbeweglichkeit liegen und je spezialisierter die Fortbewegungsweise ist. Je geringer aber die Bedeutung der Ortsbeweglichkeit, desto mehr schwindet die vorhandene Überordnung und desto mehr werden die (gestaltlich gesehen) rangniederen Funktionsgefüge (Stoffwechsel oder Schutz oder Fortpflanzung) mit allen Folgen für das Verhalten und die Umweltbeziehungen Gestalt-bestimmend. Fehlt schließlich die Ortsbeweglichkeit ganz und fehlt damit ein dazu dienendes Funktionsgefüge, so sind die Verrichtungen des Stoffwechsels, des Schutzes und der Fortpflanzung von diesem Gefüge endgültig befreit. Auch hier erscheint dann jeweils eine dieser noch vorhandenen Funktionsgefüge übergeordnet und bestimmt die Gesamtgestalt des Bauplanes.

Bei Endoparasiten pflegt das Funktionsgefüge der Fortpflanzung zu dominieren, bei sessilen Gezeitenbewohnern das Funktionsgefüge des Schutzes, bei ständig untergetaucht lebenden, sessilen Epibionten das Funktionsgefüge des Stoffwechsels, d. i. des Nahrungserwerbs.

Zusammenfassend können wir also sagen, daß bei vagilen Tieren das Studium ihrer Ortsbeweglichkeit und der morphologischen Bedeutung des ihr zugeordneten funktionellen Gefüges im Gesamtkörper von besonderer Bedeutung ist und den Schlüssel zum Verständnis der ganzen Gestalt und der ökologischen Beziehungen liefert; bei sessilen Tieren sind es demgemäß die morphologischen Auswirkungen des Fehlens einer Ortsbeweglichkeit auf den Bauplan.

Wenn wir hochspezialisierte Ortsbewegungsweisen mit ausgesprochenen Leistungsspitzen neben solchen geringerer Spezialisation antreffen, so sei betont, daß die Frage nach dem Grad der Spezialisation keine nach der ± großen »Vollkommenheit« und nach der Brauchbarkeit im Leben ist. Welche Bewegungsweise wir auch vorfinden, alle sind sie gleich vollkommen, was ihre Wirksamkeit zusammen mit den Gefügen des Stoffwechsels, des Schutzes und der Fortpflanzung in einer gemäßen Umwelt betrifft. Spezialisation bedeutet Vergrößerung der Wirkung in einer Richtung mit allen Folgen der Einseitigkeit, d. h. des Versagens dieser besonderen Tätigkeit unter nur wenig abweichenden Bedingungen. Das Mittel hoher Spezialisation finden wir daher häufig dort, wo Räume mit besonderen funktionellen oder gestaltlichen Erfordernissen besiedelt werden, oder dort, wo durch besondere Lebensweisen eine Nische im schon überfüllten Raum eingenommen wird.

Für den Aktuopaläontologen sind diese hochspezialisierten Bewegungsweisen von besonderem Interesse. Da sie allein zugeschnitten sind auf ganz bestimmte und eng umgrenzte Umwelten, in denen die Bewegung allein sich vollziehen kann, so weist das sie ausführende funktionelle Gefüge und seine Einzelteile in besonderer Deutlichkeit auf die Umwelt hin, auf welche dieses Ordnungsgefüge und alle seine Teile bezogen waren.

Wenn die hochspezialisierten strukturellen Gefüge ein eng und deutlich begrenztes Wirkfeld und die gering-spezialisierten strukturellen Gefüge aber ein weites und undeutlich begrenztes Wirkfeld haben, so wird der Paläontologe bei der Rekonstruktion eines fossilen, organischen Ganzen diejenigen Hartteile und untergeordneten Hartteil-Gefüge beachten müssen, die Angehörige eines der Ortsbewegung dienenden, hochspezialisierten Funktionsgefüges sind; sie werden ihm die gesuchten Hinweise auf den Bauplan liefern.

Andererseits gilt das Gleiche für den Biostratinom, der aus einer morphologisch in Einzelteilen vorliegenden, fossilen Faunengemeinschaft ihre Umwelt aufbauen will. Hartteile, die Teilstücke eines Ordnungsgefüges zu hochspezialisierten Leistungen sind, werden am deutlichsten Aussage über die Umwelt machen, auf die sie abgestimmt waren.

Schließlich werden aus Totengesellschaften, die sich aus den Überresten von Tieren verschiedener Umwelten zusammensetzen, die Hartteile der hochspezialisierten Arten am sichersten ihren ehemaligen Lebensort anzeigen. Der Rest der nicht in eine bestimmte Umwelt einzuordnenden Arten wird sich immer aus denjenigen Stücken zusammensetzen, die gering spezialisiert sind und die damit nur unbestimmte oder gar keine Auskunft über ihren Biotop, in dem sie wirkten, zu geben vermögen.

b) Fährten- und Spurenkunde (Ichnologie)

Auf einer Sedimentfläche oder im Sediment des Meeresbodens beobachtete Fährten und Spuren sind Hinterlassenschaften von einst hier existierenden, tierischen Organismen (Abb. 20–34). Sie gehen stets auf Ortsbewegungen zurück, und sie erhellen daher das Verständnis der uralten funktionellen Konstruktionen niederer Lebewesen in ihrer Umwelt (Schlängelbewegung, Peristaltik von Hautmuskelschlauch-Konstruktionen, Extremitätenbewegung bei Arthropoden etc.) ganz wesentlich. Die wissenschaftliche Zoologie und ihre marinen Stationen an allen Küsten der Ozeane haben es lange versäumt, solche Merkmale von Lebensvorgängen, nämlich die Fährten, Spuren und Bauten von niederen Tieren, an ihrem Lebensort, und die biologischen Mechanismen, die dazu führen, zu beachten. Damit war die Paläontologie, welche immer wieder und aus vielen Erdperioden solchen fossilen Fährtenplatten, die versteinerte Umwelten sind, gegenüberstand, und welche solche Lebensspuren als tierische Hinterlassenschaften und als Urkunden

Abb. 88: Der Trilobit Ameura major (SHUMARD). Vollständiger Panzer von der Oberseite gesehen; etwa X 2½. Ober-Karbon (Pennsylvanian), Stanton-Kalk, Lansing-Formation; Ottawa, Kansas/USA. — Aufn. E. HAUPT, Senckenberg-Museum.

stattgehabten Lebens schon früh sehr ernst nahm, von dieser Seite her allein gelassen. Darüber hinaus dient, wie wir heute wissen, das Studium der Fährten, Spuren und Bauten niederer Tiere:

morphologisch zur Beschreibung und Benennung der vorliegenden Form,

funktionell-morphologisch zum Verständnis von Bau- und Bewegungsfunktion des Urhebers,

ethologisch zur Kennzeichnung des Verhaltens des Urhebers unter bestimmten Bedingungen,

palökologisch zur Kennzeichnung einer Umwelt, einer Biofazies,

Abb. 89: Trilobit Homotelus bromidensis ESKER. Durch Verspülung erzeugte Ansammlung zahlreicher Exemplare; Panzer von der Oberseite und der Unterseite gesehen; etwa X ¹⁄₁. Ordovizium, Bromide-Formation, Pooleville Member; Criner Hills, Varter Co., Oklahoma/USA. — Aufn. E. HAUPT, Senckenberg-Museum.

stratigraphisch zur Bestimmung von Schichten und Schichtgliedern,

sedimentologisch zum Verständnis von wühlend bearbeiteten Gefügen.

Es ist klar, erst direkte Beobachtung der Verhaltensweisen von rezenten Spurenerzeugern und Analysen der verschiedenen Bewegungsabläufe in der natürlichen Umgebung konnten Licht in diesen vielschichtigen Fragenkreis bringen und konnten dem Paläontologen bestimmte funktionell-morphologische, ethologische und ökologische Erkenntnisse als Voraussetzung für die Klärung bestimmter, an Spuren geknüpfter, erdgeschichtlicher Fragen einer Lösung näherbringen. Denn nur der Vergleich mit den Schriftzügen heutiger Organismen im Sediment vermag die Hieroglyphen, die vergangene Faunen in das Sediment eingruben, zu entziffern. Die Kenntnis der fossilen Lebensspuren wird vor allem dort von besonderem Wert, wo ein Schichtgestein ganz der Körperfossilien entbehrt, wo aber sehr wohl Spuren und Bauten fossil erhalten sind.

OSGOVA (in FREY 1975) unterscheidet in einer historischen Darstellung über den Gang der Erforschung der Fährten und Spuren drei aufeinanderfolgende Perioden: Im 19. Jahrhundert bis etwa 1880 die Periode der Fucoiden (die Spurenfossilien werden als Pflanzen, vor allem als Überbleibsel von marinen Algen angesehen). In der nächsten Periode (1881–1920) wird die Fuco-

Abb. 90: Wirbellose Tiere als Fossilien: Eine Ansammlung von Quallen, gestrandet im Kalkschlamm des Weißjurameeres von Eichstätt (Rhizostomites admirandus), als Abdruck im Sand erhalten. – Aus dem Jura-Museum in der Willibaldsburg, Eichstätt, Aufn. E. HAUPT, Senckenberg-Museum.

iden-Natur in Frage gestellt. Die dritte Periode beginnt mit RUDOLF RICHTER. 1920 setzen seine Untersuchungen als Naturstudien im Rezenten (Wattenmeer) ein; er begründet damit die moderne Ichnologie.

Dieser Aufgabe der Spurenuntersuchung widmete sich sehr bald auch schon die 1928 gegründete senckenbergische, aktuopaläontologisch arbeitende Meeresstation an der südlichen Nordseeküste. Sie tat es zunächst wie RICHTER im Wattenmeer, dessen sedimentäre Schichtflächen für die Beobachtung dem Auge offenlagen. Nachdem dort der Kastengreifer – ein Instrument, das fähig ist, ungestörte Sedimentproben vom Meeresgrund zu holen und nachträglich gehärtet ins Labor zu bringen (REINECK 1963) – entwickelt war und zu arbeiten begann, konnte der Inhalt der Sediment-Schichtstöße auf »Innenspuren« und auf Tierbauten im Sediment geradeso wie ein körperliches Fossil untersucht werden, und es konnten nun solche ungestörten, geschichteten und nachträglich gehärteten Sedimentkörper aus allen Meerestiefen mit allen Formen von Wühlspuren ans Tageslicht gebracht werden. SCHÄFER (1956) arbeitete vor allem in künstlich geschichteten Sedimentbecken und untersuchte dort die Bauten von Endobionten im Sediment (Abb. 27–32).

Ein solches Wühlen im Sediment kann – und dies ergaben solche Beobachtungen im Rezenten – zweierlei ökologische Bedeutung haben: Es kann einerseits ein bloßes Befreien von den über-

Abb. 91: Wirbellose Tiere als Fossilien: Garnelenartiger Langschwanzkrebs (Aeger insignis). – Abdruck im Kalkschlamm des Weißjurameeres von Eichstätt. – Aus dem Jura-Museum in der Willibaldsburg, Eichstätt, Aufn. E. HAUPT, Senckenberg-Museum.

schüttenden Sedimenten und ein ungebundenes Jagen nach Beute sein, oder aber das Wühlen führt zur Anlage eines länger benützten Wohnbaues; er hat Heim-Charakter, wird gesäubert, gefestigt wo verletzt, wird gegen Artgenossen geschützt, er wird zur Atmung in der Wohnröhre von einem Wasserstrom durchspült (SCHÄFER 1956). Er ist oft als U-Bau angelegt, wobei die eine Öffnung des U-Ganges Ingestionsöffnung, die andere Egestion ist. Während der erste Fall der Ortsbewegung der bloßen Befreiung von überschüttenden Sedimenten oder aber bei der freien Jagd im Sediment zu einer einfachen Schichtstörung (Fossitextura deformativa) führt, so ist der letzte Anlaß die Bildung von bezeichnenden Hohlräumen oder Hohlraumsystemen. Ihre spätere Ausfüllung mit sich verfestigendem Sediment aber läßt vollkörperliche Gebilde entstehen (Fossitextura figurativa).

Fossitextura figurativa, in ihrer Gangführung im Sediment nach Plan in Hinblick auf bestimmte Zwecke angelegt, sind Funktionsgefüge, sind im eigentlichen auf eine ganz bestimmte Weise benötigte und daher auf eine ganz bestimmte Weise gezielt funktionierende Bauteile des Bauteninhabers (U-Bau). Es sind »Körperteile«, in das Sediment projiziert. In vielen Fällen kann der Bauteninhaber, von seinem Bau getrennt, auf Dauer nicht weiterleben, weil ein »Organ« (der Atmung oder dem Nahrungserwerb dienend), das nur in der Art des Baues existiert, zerstört ist. Weil solche Bauten also als Funktionsgefüge auf bestimmte Aufgaben zugeschnitten sind, sind sie für den Beschauer lesbar und rekonstruierbar.

Abb. 92: Wirbellose Tiere als Fossilien: Abdruck einer Libelle (Aeschnogomphus intermedius) im Kalkschlamm des Weißjurameeres von Eichstätt. — Aus dem Jura-Museum in der Willibaldsburg, Eichstätt, Aufn. E. HAUPT, Senckenberg-Museum.

Die Erbauer figurativer Bauten können nur über eine bestimmte Dichte im Sediment vorkommen, sie brauchen Platz zu ihrer Anlage. Deformativ tätige Sedimentbewohner zeigen sich bei großer Wohndichte im Sediment in ihrer Ortsbeweglichkeit und bei langem Verweilen im gleichen Horizont lebensfähig, aber Schicht-zerstörend; wir sagen, sie sind »entschichtend« tätig.

Experimente mit lebenden Wühlorganismen im künstlich geschichteten Sedimentkörper, der Einsatz des Kastengreifers (und die inzwischen erarbeitete, technisch perfekte Unterwasserphotographie, HERSEY 1967) gaben im eigentlichen schon das, was Aktualismus der Paläontologie für ihre ichnologischen Bedürfnisse zu geben vermag. Die bis heute mit Eifer weltweit und mit modernsten Mitteln durchgeführten Untersuchungen der rezenten Meeresböden und das zahlreich entstandene Schrifttum mit bestem Abbildungsmaterial bestätigen denn auch immer von neuem, was die Aktuopaläontologie im ersten Anlauf am heutigen Meeresboden an prinzipiell wichtigen Beobachtungen zusammengetragen hatte (SEILACHER 1953 a, b). Es wurde damals erkannt,

daß Spuren und Fährten in den seltensten Fällen artspezifisch sind;

daß vielmehr gleiche Fährtentypen von ganz unterschiedlichen Organisationstypen (und damit Tierarten) ausgebildet werden können;

daß also Fährtentypen Funktionstypen und ökologische Typen sind;

Abb. 93: Wirbellose Tiere als Fossilien: Versteinerter Meeresboden mit zerfallenden Kelchen, Stielen und Stielgliedern von Seelilien (Eucrinus liliiformis). Weißjurameer von Eichstätt. — Aus dem Jura-Museum in der Willibaldsburg, Eichstätt, Aufn. E. HAUPT, Senckenberg-Museum.

daß eine Fährten- und Bauteneinteilung und Benennung nicht nach taxonomischen, sondern nach ethologischen Kriterien (Weidespur, Kriechspur, Ruhespur, Freß- und Wohnbau) einzig sachgerecht ist;

daß das gleiche Fährtenbild in verschiedenen Meeren (und verschiedenen Tiefen) entstanden sein kann;

daß Oberflächenspuren bei Wasserbedeckung schlecht erhaltbar und überlieferbar sind;

daß aber Oberflächenspuren in der Form von »Innenspuren«, also als solche Spuren, die vom Spurenerzeuger von oben her durch die lockere obere Sedimentschicht in eine festere tiefere (liegende) Schicht eingegraben werden, sehr wohl erhaltungsfähig sind;

daß Bauten im Sediment, wenn die Bewohner nicht massiv gestört werden, durch lange Zeiten ihres Lebens bewohnt werden;

daß solche Wohnbauten in ihrer Gestalt neben der Schutzfunktion auch Instrumente des Nahrungserwerbs vom Ort aus sein können;

daß die Funktion der Atmung im Sediment für Bau-bewohnende und auch für nur Ortsbewegliche im Sediment immer gesichert sein muß;

daß verschiedene Techniken der Fertigung und Aussteifung des Wohnbaues bestehen.

Dies alles sind uralte, z. T. für das Kambrium bereits nachzuweisende Verhaltens-, Bewegungs- und Bauweisen von primitiven, am Meeresgrund lebenden Organismen.

Die im Rezenten, also durch aktualistische Me-

Abb. 94: Wirbeltiere, fossiler Fisch: Lepidotus maximus (Gesamtlänge 2,5 m, Kopf mit Pflasterzahngebiß im gesamten Kiefer- und Gaumenraum) freipräpariert; Oberer Jura, Solnhofener Plattenkalke, Eichstätt. — Aufn. E. HAUPT, Senckenberg-Museum.

thodik gewonnenen Ergebnisse übernahm die Paläontologie für ihre Zwecke. Sie tat nun das, was eine historische Wissenschaft, der die Fülle der Urkunden aus allen Erdzeitaltern seit 600 Millionen Jahren zur Verfügung steht, meistens tut, sie verglich die fossilen Spuren-Urkunden aus allen Zeiten und vermochte durch den Vergleich von Spurengesellschaften als einem »unverzerrten« Abbild ehemaliger Lebensgemeinschaften am Ort die Spurenvergesellschaftungen doch nach drei Gruppen, nämlich nach Tiefsee-Assoziationen, Flachsee-Assoziationen und litoralen Assoziationen (»unverzerrt«, weil Spurenfossilien frei von sekundärer Umlagerung und frei von diagenetischer Auslöschung sind, SEILACHER 1976) zu trennen.

Die durch aktuopaläontologische Methoden gewonnenen ichnologischen Daten aus dem rezenten Geschehen und die Bearbeitung des inzwischen angehäuften Fossilgutes aus allen Zeiten der Erdgeschichte führten zu zwei, unsere heutigen Kenntnisse zusammenfassenden, in ihrer

Konsequenz beeindruckenden und in die Zukunft weisenden Publikationen, dem »Treatise« über fossile Fährten von Walter Häntzschel (1962) und der für unsere Zeit erschöpfenden Darstellung von Robert W. Frey (1975).

Das oben Gesagte bezog sich in der Hauptsache auf niedere Meerestiere. Weniger durch rezente Beobachtungen belegt und weniger gedanklich durcharbeitet, blieben Spuren, Fährten und Bauten niederer Tiere des Süßwassers und die Fährten von Wirbeltieren (außer Fischen). Beide Fährtentypen stehen dort unter gemeinsamen Bedingungen: nämlich unter der Bedingung des häufigen Trockenfallens und des Austrocknens des sedimentären Substrats.

Sieht man einmal von dem Sonderfall Wattenmeer, das in kurzen Abständen und zudem periodisch trockenfällt, ab, so gibt es in Süßwassergebieten des Festlandes aller Breiten wesentlich ausgedehntere und nun aber aperiodisch trockenfallende und über lange Zeiten trockenliegende Flächen (Überschwemmungsgebiete der Flußarme und Wasserspiegelschwankungen an flachen Seen). Der Fall der Fährtenerhaltung von Oberflächenfährten ist daher im Süßwassergebiet viel häufiger als dies im Meer (auch im Wattenmeer) gegeben ist (Abb. 33, 34). So sind fossile Insektenfährten meist Oberflächen-Lauffährten, und es sind quadrupede oder bipede Wirbeltierfährten (fossile Amphibien und Reptilien) ebenfalls

Oberflächenfährten, häufig verbunden (und dies gehört ja zu einem Austrocknungsvorgang) mit Trockenrißbildungen (Abb. 24, 25, 138). Eine erste, das damals vorliegende Fossilmaterial zusammenfassende Darstellung des Fährtenproblems mit besonderer Berücksichtigung der fossilen Wirbeltierfährten aus allen Erdzeitaltern und unter Verwendung des damaligen Wissens von rezenten Fährten hat O. Abel (1935) gegeben. Seine Darstellung ist der frühe Versuch einer Synthese; sie wurde für lange Jahre die eigentliche Grundlage einer wissenschaftlichen Ichnologie (für Wirbeltiere vergleiche auch Haubold 1974). Die Rekonstruktion von Wirbeltieren nach aufgefundenen Lauffährten ist oftmals versucht worden. Erinnert sei vor allem aus älterer Zeit an die Rekonstruktion des *Chirotherium barthi* von W. Soergel. Wie auch immer, aus der vorliegenden Fährte ist nicht von den Fährteneindrücken her additiv eine Spezies aufzubauen, wohl aber ist der Funktionsplan einer Fortbewegungsweise zu entwickeln. In günstig liegenden Fällen erlaubt er es, die zugrunde liegende, Fährten erzeugende Konstruktion als Abstraktion zu geben.

Der Ichnologie zuzuzählen ist die Beschäftigung mit allen spurenbildenden, tierischen Lebensäußerungen, wie das mechanische Bohren von Muscheln im Gestein, in Klei, Torf und Holz, das Bohren von Schnecken an Beutemuscheln zum Zwecke des Nahrungserwerbs, das chemische Bohren von Bakterien, Algen und einigen Foraminiferen sowie von polychaeten Würmern, von Sipunculiden, von Cirripediern und von Seeigeln an kalkigen Hartteilen, meist zum Zwecke des Wohnens im festen Substrat.

Zusammenfassend und damit mehr die geologische Bedeutung des Wühlens und Bohrens im weitesten Sinne mit dem Ergebnis zerbrochenen und zerkleinerten Abfalls meinend, spricht man von »Bioerosion«. Ihr zuzuzählen sind auch alle Reste von Mahlzeiten, Zertrümmerungen tierischer Hartteile durch Räuber, wie Nahrungsreste von decapoden Krebsen, überhaupt Crustaceen, von *Octopus,* von Fischen und von Seevögeln, dann meistens zu »Schillen« zusammengespült.

Wirbeltierfährten, auch die Schwimmfährten von Fischen, führen den Beschauer auf das Festland und dort zu den Überschwemmungsgebieten der Flachlandflüsse und zu den im Wasserspiegel schwankenden flachen Seen. Denn auf dem Festland liegen in beiden Fällen hier die eigentlichen aquatischen, aber gelegentlich trockenfallenden

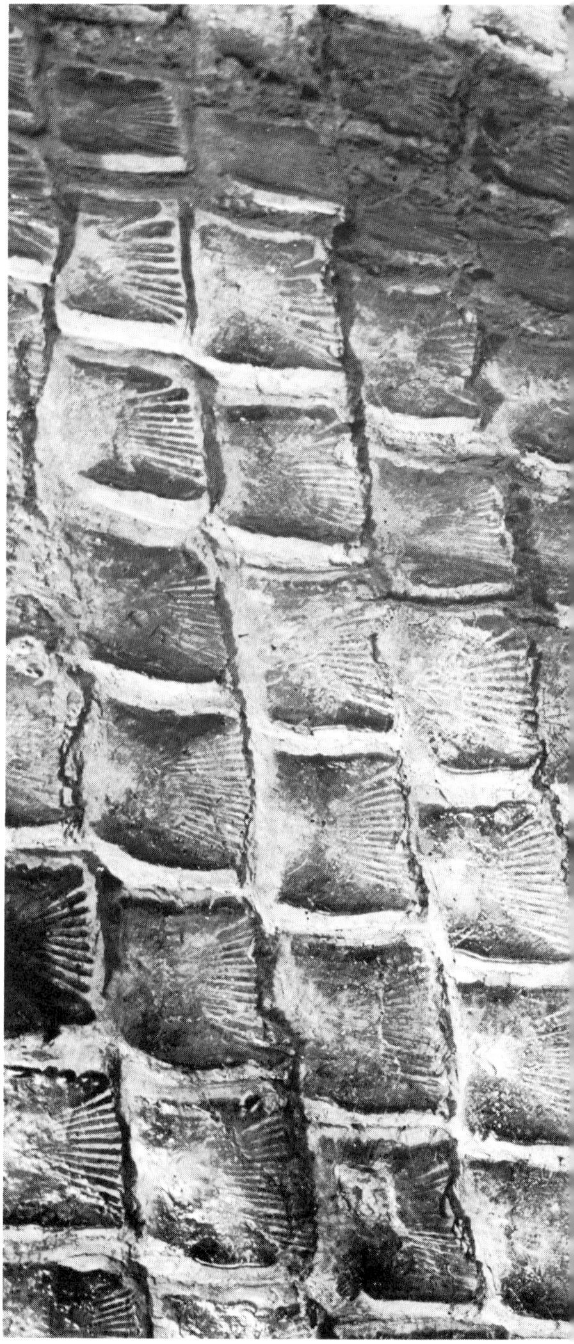

Sedimentationsgebiete, die nötig sind, Fährten von Wirbeltieren entstehen zu lassen; und nur dort können sie, durch einfaches Trocknen klingend hart geworden, auch erhalten und überliefert werden.

Abb. 95: Wirbeltiere, fossiler Fisch: Lepidotus maximus, Oberer Jura, Solnhofer Plattenkalke, Eichstätt (Gesamtlänge des Fisches = 2,50 m). Rhomboid-Schuppenkleid. — Aufn. E. HAUPT, Senckenberg-Museum.

Abb. 96: Wirbeltiere, fossiler Fisch: Lepidotus sp. Oberer Jura, Solnhofener Plattenkalke, Eichstätt. — Aufn. E. HAUPT, Senckenberg-Museum.

c) Todes- und Einbettungslehre

In der Todes- und Einbettungslehre wurde zusammengefaßt: das Sterben in bestimmten Lebens- und Erhaltungsräumen; das Studium der Vorgänge des Todes und der Todesursachen; die Zerlegung der Leiche, die Verfrachtung der Leichenteile und ihre endgültige Einbettung; die Fossillagerstätte (Grabgemeinschaft = Taphozönose), hervorgerufen durch Massentod oder durch passiven Transport einzelner Leichen, und schließlich die Vorgänge der Umwandlung der organischen Substanz (Diagenese) und ihr Verbleib in den Sedimenten einer einstigen Lebensumwelt (Abb. 35–54).

Während funktionelle Morphologie und Fährten- und Spurenkunde vielfältiger Hilfen durch Nachbarwissenschaften bedürfen, ist die Todes- und Einbettungslehre in besonderer Weise selbständiges aktuopaläontologisches Arbeitsfeld.

Das gezielte Sammeln von Materialien, die Vorgänge des Sterbens, der Verfrachtung der Leiche, ihr Zerfall, der Abbau der organischen Substanz und die Anreicherung zu Fossillagerstätten

Abb. 97: Wirbeltiere, fossiler Fisch: Caturus furcatus. Oberer Jura, Solnhofener Plattenkalke, Eichstätt. – Aufn. E. Haupt, Senckenberg-Museum.

betreffend, wurde erst spät aufgenommen, obwohl ja gerade die Kenntnis dieser Vorgänge für jede fazielle und stratigraphische Deutung eines fossilführenden Sedimentgesteins vorausgesetzt werden sollte. Diese Untersuchungen gehen aber erst für die wirbellosen Tiere der Flachsee in der Beobachtung des Einzelfalles, im Experiment und in der Analyse auf Rudolf Richter zurück und wurden bis heute, inzwischen weltweit und mit dem Ergebnis der Aufbereitung einer Fülle von Einzelbelegen, durchgeführt (Dokumentation für die südliche Nordsee bei Schäfer & Hertweck 1974). Ihre Systematisierung wurde von dort betrieben (Schäfer 1962).

So wesentlich die Betrachtung des Einzelorganismus und das Geschehen, begonnen mit dem Sterben und dem Tod (als biologisch-ökologischer Vorgang) bis hin zum Ort endgültiger Einbettung der Leiche (als einer sedimentologischen Erscheinung), auch sein mag, bedeutungsvoller für die Enträtselung des Fossilinhaltes in einem Gestein ist das Studium der Vorgänge der Zusammenführung der einzelnen Fossilanwärter zur Konzentrat-Lagerstätte; sei diese Zusammenführung durch biologische Anlässe (Tierwanderungen und Tod als Einzel- oder als Massengeschehen an bestimmten Orten) erfolgt, sei sie Triftweg der Leiche in Vereinzelung oder als Konzentration durch örtliche Energien. »Schill«-Bildung und »Schill«-Anreicherungen (also Schalen-Konzentrationen von Mollusken-, Brachiopoden- oder Balaniden-Hartteilen etc.) haben immer wieder im Rezenten und Fossilen Bearbeitung gefunden. Insofern ist Todes- und Einbettungslehre angewandte Biofazieskunde (s. S. 125).

Gewiß ist die oben geschilderte »Todes- und Einbettungslehre« erwachsen aus dem aktuopaläontologischen Studium rezenter Meeresböden, vor allem durch das Studium der Flachsee der südlichen Nordsee. Dies geschah, angeregt unter anderen durch Rudolf Richter im ersten Drittel unseres Jahrhunderts. Neuere Studien – in allen Ozeanen vergleichend durchgeführt und den allgemeinen Aufschwung der Meeresforschung in den 60er und 70er Jahren unseres Jahrhunderts nutzend – vor allem aber dadurch, daß inzwischen die paläontologische Wissenschaft durch eine dynamisch-ganzheitliche Betrachtung eine selbständig palökologische Fragestellung sich selber schuf, erfuhr diese alte »Todes- und Einbettungslehre« eine neue Ordnung und Differenzierung.

Abb. 98: Wirbeltiere, rezenter Fisch: Cyprinus carpio, Karpfen (rezent). Edersee bei Niederwasser; bei Stauung des Sees in stillstehendem Wasser zerfallen. — Aufn. F. WUNDERLICH, Forschungsinstitut Senckenberg.

Mag die ehrwürdige Paläontologie die souveräne Zueignung ökologischen Gedankengutes und ökologischen Denkens zunächst nur als ein Zugeständnis an den Zeitgeist verstanden haben, so zeigte sich jedoch in der Folge, daß hier einer Wissenschaft im Verzug ihres Fortschrittes nicht irgend ein Baustein ihrem Bau hinzugefügt wurde, sondern daß diese Hinwendung zur ökologischen Betrachtung für die Paläontologie im Ganzen von prinzipieller Bedeutung sein sollte. Sie festigte ihre Verbindung gleicherweise zum Biologischen wie zum Erdwissenschaftlichen.

In dieser Entwicklung erwies sich in Deutschland als führend und wegweisend die oben schon einmal für das Funktionell-Morphologische erwähnte Arbeitsgruppe im Sonderforschungs-Bereich 53 unter SEILACHER (1976). Hier ist durch die Bewertung fossilen und rezenten Geschehens aus allen geologischen Zeiten und von allen Orten der Erdoberfläche ein ganz neuer Anfang im Prinzip und im konkreten Einzelnen gesetzt worden.

Zunächst gliedert SEILACHER vom fossilen Befund her unseren Fragenkreis in
Fossil-Lagerstätte
Fossil-Diagenese
Fossil-Vergesellschaftung.

Damit trennt er Tod und Einbettung, sowie Diagenese als Studium der Fossilanreicherung im Todesgeschehen und postmortal bis über die endgültige Einbettung hinaus vom Studium der Vergesellschaftung im Leben einerseits und der Kennzeichnung des Leben-tragenden Sediments durch Organismen andererseits. Die alte Einteilung der Aktuopaläontologie, die ja vom Augenschein des Rezenten her die Phänomene zu ordnen sucht, brachte diesen Fragenkreis in einer Fazieskunde, die einen kurzzeitlichen Faunenwechsel (Sukzession) und den langzeitlichen (community evolution) umfaßte. Auch in diesem Buch ist so verfahren.

Gewiß kann jedes fossilführende Schichtgestein »Fossillagerstätte« sein; für unsere Fragestellung »Tod und Einbettung« bringt diese fossilführende Normalfazies gewiß willkommene Erkenntnis. Sie ist in größerem Zusammenhang zu sehen und auf andere Fälle anwendbar. Fürs erste erhellender aber ist die Untersuchung seit langem und durch viele kompetente Autoren bekannter, »klassischer« Fossilfundstellen von ähnlichem oder gleichem Aspekt. Aus solch' vergleichender Untersuchung erwachsen zunächst einzelne Ablagerungsgeschichten; sie sind Grundlage für den Vergleich ähnlicher oder gleicher Situationen und schließlich für eine zeitunabhängige Typologie der »Fossillagerstätte« überhaupt.

Der Schichtverband der Fossillagerstätte als Fossilkonzentration zeichnet sich immer durch besondere Bedingungen gegenüber außerhalb (d. i. im Bereich der Normalfazies) aus. Die Verbindung bestimmter und nur hier geltender Faktoren macht diese Fossillagerstätte als ein Besonderes nachweisbar. Gerade die Art der Sedimenttextur, O_2-Gehalt des Wassers und des Porenvolumens des Sedimentes, Grade der Wasserbewegung und Termperatur, Gestalt und Lage der einzelnen Fossilien gegeneinander und in bezug zur Schichtfläche etc. bestimmen die Lagerstätte als Typus.

So hat sich denn auch in folgerichtiger Weise der Sonderforschungs-Bereich 53 dieser klassischen und seit langem bekannten Fossillagerstätten vergleichend und die ganze Fülle palökologischer Erfahrung einsetzend angenommen und den ganzen Fragenkreis noch einmal durchdacht. Mit der Darstellung der plattigen Kalksteine und der Schwarzschiefer beginnend, wurde mit der Untersuchung von Echinodermen-Lagerstätten, Kalkschwamm-Anreicherungen und Hartgründen mit der Bearbeitung submariner Spaltenfüllungen, Bernsteinlagern und Schillen, mit der Untersuchung von Bonebeds und der Wirbeltierfundstelle von Sandelzhausen die Ordnung der Einzelphänomene (Klassifizierung) vorgenommen. Sie stützt sich auf biologische, sedimentologische und geochemische Methoden. Es galt auf solche Weise möglichst typische und klar definierte Lebens- und Ablagerungsräume zu erfassen. Die Untersuchungen sollen zu einer (paläontologischen) Lagerstättenkunde führen, die in der Tat für jede fazieskundliche Betrachtung dringend gebraucht wird.

Der Todes- und Einbettungslehre in Hinblick auf höhere Wirbeltiere sollte aktuopaläontologisch auch an Land (Steppe, Wüste) und in Flußsystemen nachgegangen werden. Dies ist kaum geschehen, obwohl doch inzwischen das ökologische Studium der großen tropischen und subtropischen Ströme in allen Erdteilen große Förderung erfahren hat. Über natürliches Sterben, Tod und Todesursache, Frachtung, Zerlegung und Einbettung besitzen wir für kaum eine Wirbeltiergruppe Beobachtungen (für Fische SCHÄFER 1977 b, Abb. 98). Gerade für landlebende Reptilien, die im Erdmittelalter eine so beherrschende Rolle gespielt haben, sind kaum Unterlagen vorhanden. Um so bedeutungsvoller sind die Studien von JOHANNES WEIGELT (1927) am Golf von Mexico zwischen Mississippi im Osten und mexikanischer Grenze im Westen, die er an rezenten Wirbeltierleichen machen konnte. Insbesondere seine Studien an einem riesigen Leichenfeld, das Säugetiere, Schildkröten, Alligatoren und Ganoidfische umfaßte, haben nichts von ihrer Aktualität verloren. Bei aller Treue in der Beschreibung des Einzelfalles verfolgt seine Schilderung methodische Absicht und dringt zu Gesetzmäßigkeiten für ein Bereich vor – dem Geschehen in einem Leichenfeld –, das doch gerade das Signum der Gesetzlosigkeit und des Chaos in sich zu tragen scheint.

Für im Meer lebende Reptilien, die im Erdmittelalter eine weite Verbreitung und im marinen Sediment eine gute Erhaltung hatten, ist das Studium im Aktuellen kaum gegeben. Es bleibt die Untersuchung an anderen Gruppen von meeresbewohnenden Wirbeltieren, an den Delphinen, Walen und Robben als den der Heutzeit entsprechenden Lebensformtypen (Abb. 35–38). Zwar lebten diese also hinwiederum noch nicht in den Meeren des Mesozoikums, sie sind aber als moderne Vertreter der im Meer lebenden Wirbeltiere im Verhalten, im Körperbau und der Funktion, im Triften ihrer Leichen, im Zerfall und schließlich in der Einbettung dem im Meer lebenden Großreptile sehr wohl zum Vergleich heranzuführen. Solche Studien wurden in der Nordsee und in den Watten ihrer Südküste durch einige Jahre betrieben (SCHÄFER 1955, 1962).

d) Biofazieskunde

Der heute verwendete Begriff »Biofazies« geht auf den Schweizer Geologen A. GRESSLY (1814–1865) zurück (siehe S. 77 ff). Seine »Biofazies« – und so definieren wir noch heute – will

ein in sich begrenztes, fossilführendes Ablagerungsbereich im größeren Gesteinsverband be-

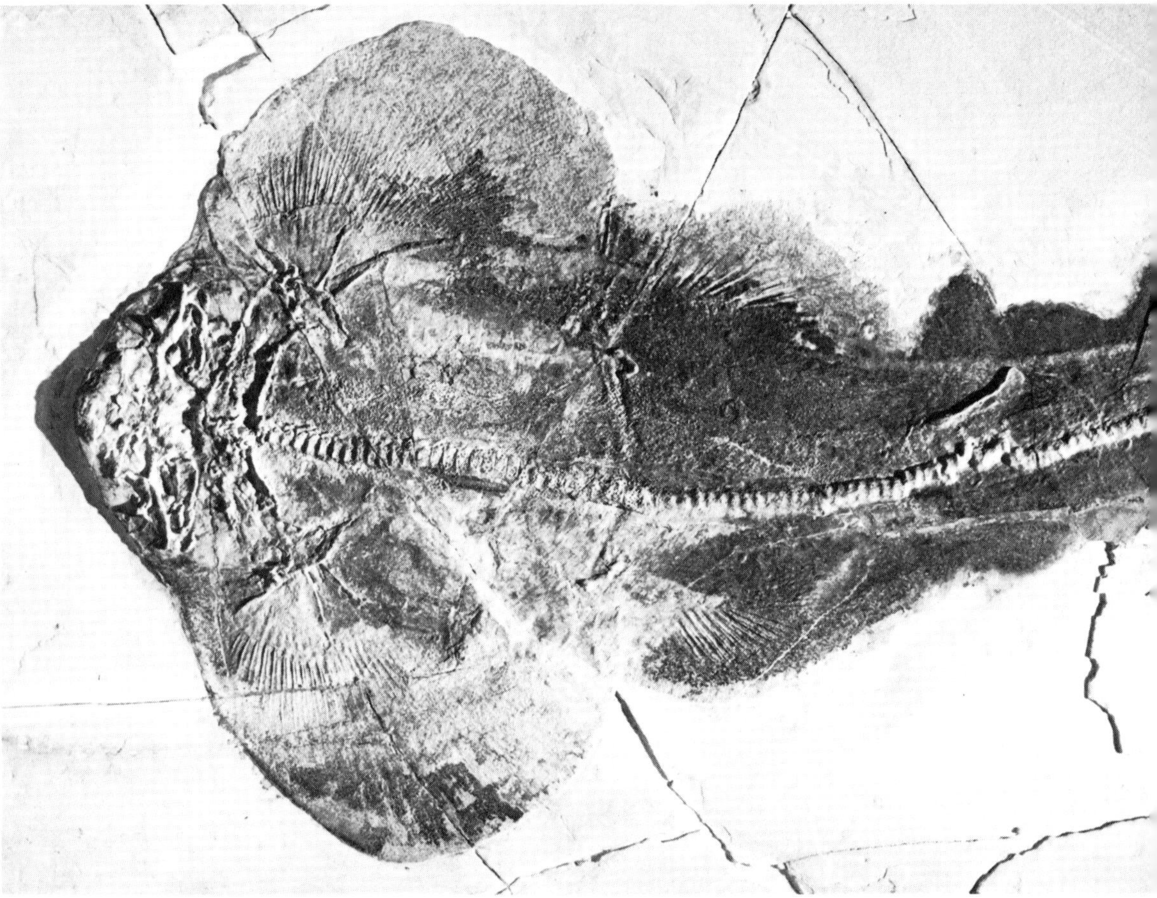

Abb. 99: Wirbeltiere, fossiler Fisch: Squatina minor, Oberer Jura, Solnhofener Plattenkalke, Eichstätt. – Aufn. E. HAUPT, Senckenberg-Museum.

zeichnen, welches unter einheitlichen sedimentären und ökologischen Bedingungen abgelagert wurde. Biofazies sind, funktionell ausgedrückt, sedimentäre Ergebnisse von Wirkbereichen in der Zeit unter einheitlichen Bedingungen.

Biofazies stellen daher im Ergebnis (nach Korngröße, nach dem Sedimentgefüge, nach dem Fossilgehalt und nach der Fossillagerung) eine Einheit, nämlich das Ergebnis eines einst unter den gleichen Bedingungen abgelaufenen Geschehens dar; die Biofazies gibt von der unmittelbaren Anschauung her ein bezeichnendes »Gesicht« = Fazies ab. Als »Bio-Fazies« ist sie durch stattgehabte biologische Prozesse und durch Fossilien besonders gekennzeichnet; mit »Litho-Fazies« bezeichnet der Geologe heute die durch gesteinsbildende, nicht biologische Vorgänge gekennzeichnete Fazies (Abb. 55–62).

Begriffe werden geboren, sobald sie zum Verständnis eines bestimmten und in seinem Wesen erkannten Sachverhaltes nötig werden; sie sind als solche für den Wissenschaftstheoretiker zeitgeschichtliche Kennmale. Der Begriff »Biofazies« wurde in dem Augenblick mit einem ganz bestimmten Bedeutungsinhalt nötig, in welchem VON HOFF- und LYELL'sches aktualistisches Gedankengut sich durchgesetzt hatte, und als damit deutlich geworden war, daß stratigraphische Ordnung durch ökologisches Wissen zu ergänzen wäre. GRESSLY (Vgl. S. 77) schenkte uns also zum rechten Zeitpunkt das richtige, allerdings lange in seiner Brauchbarkeit nicht erkannte Werkzeug.

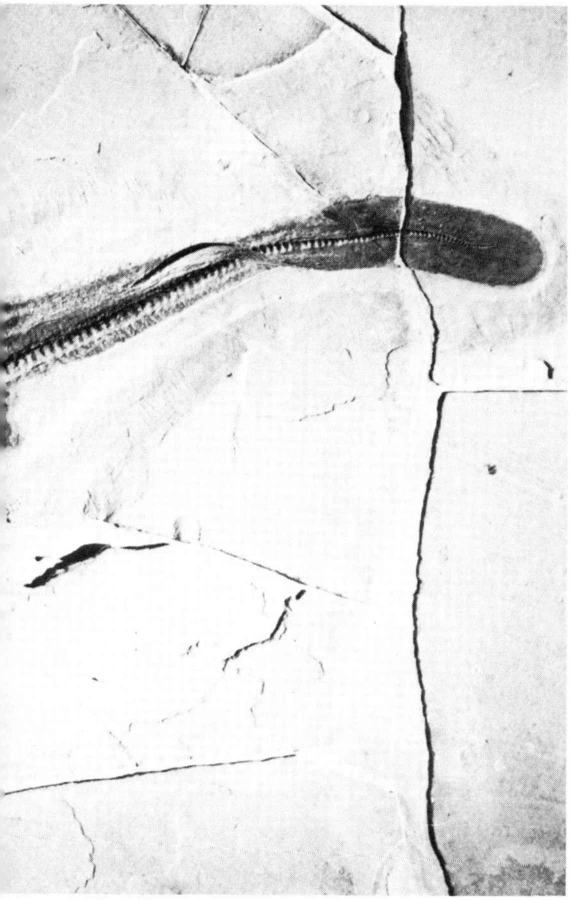

Denn ganz gewiß ist dieser Begriff für die moderne Entwicklung paläontologischen Denkens von besonderer Bedeutung und gehört im Rahmen der Erd- und Lebenswissenschaften zu den fruchtbarsten. Biofazieskunde ist heute eine der Folgewissenschaften der fünf Grundwissenschaften, welche die paläontologische Wissenschaft aufbauen.

Das Erkennen und Bezeichnen von Fazies-Merkmalen machen Petrefakte erst zu Organismen, gebunden an einen bestimmten Lebens- oder Einbettungsraum;

sie wandeln einen zu beschreibenden Gesteinskomplex in einen zu deutenden ehemaligen Lebensraum oder (und) Todesraum; noch mehr: aus mühsam nach äußeren Merkmalen zu kennzeichnendem Gestein werden Ablagerungen von unverwechselbaren, oft einst belebten Umwelten. Die »Biofazies« ist also kein stratigraphischer Begriff, vielmehr ein ökologischer; er will eine bestimmte Umwelt und ihre Faktoren treffen. Biofaziesbereiche können zeitgleich sein, sie sind aber immer Bedingungs-verschieden. Erst Fazieswissen weckt paläontologisch-biologische Bedürfnisse; im weiteren und Überregionalen solche des Paläogeographischen, schließlich solche der Kontinentalverschiebung (Wegener 1880–1930).

Fast durch ein Jahrhundert zehrten der Paläontologe und der Geologe zu ihren Zwecken von den mehr zufälligen Erfahrungen im Rezenten, die in Hinblick auf die Bildung von Biofazies unter verschiedenen Bedingungen gemacht wurden; sei es für den Meeresgrund, sei es für den Fluß- und Seeboden und sei es für Steppe und Wüste als den wichtigsten Sedimentationsräumen der Erde. Überall fehlten einschlägige und bei Bedarf abrufbare, faziesbezogene Beobachtungen im Rezenten. Gressly – wohl bemerkend, daß sein Begriff »Biofazies« um so treffsicherer handhabbar wäre, je eindeutiger rezente Beobachtungen analysiert und griffbereit wären – hatte selbst bereits begonnen, im Experiment bestimmte sedimentäre und biologische Bedingungsgefüge und ihre Ergebnisse zu testen. Aber erst hundert Jahre später brachte das Bemühen Rudolf Richter's erste Analysen rezenter Biofazies in Hinblick auf ihre Verwendung im Fossilen. Allerdings untersuchten Richter und seine Nachfolger nur die Flachsee. Die moderne Meeresforschung hat inzwischen mit den Mitteln großräumiger See-Expeditionen auf spezialisierten Forschungsschiffen unser Wissen von heute existierenden Faziesgebieten aller Meeresablagerungen der Erde sehr vergrößert und systematisiert. Handbücher der Meeresgeologie und der Meeressedimentologie sind inhaltlich in großen Teilen Litho- und Biofaziesbeschreibungen, sie liefern auf bestimmte Fazies bezogene Kenntnisse über Energiehaushalte (Kuenen 1950; Reineck & Singh 1973; Seibold 1974; Abb. 71–74) und sind in solcher Weise unentbehrlich für den Paläontologen. Erst nach Jahrzehnten konnten – allerdings sehr vereinzelt – diesbezügliche Untersuchungen in den rezenten Ablagerungen des Fluviatilen durchgeführt werden (Schäfer 1973 b, 1977 a, b). Auf die ökologischen und sedimentären Abläufe, die Joh. Walther (1912) für die rezente Wüste und die Steppen bearbeitete, sei verwiesen. Von be-

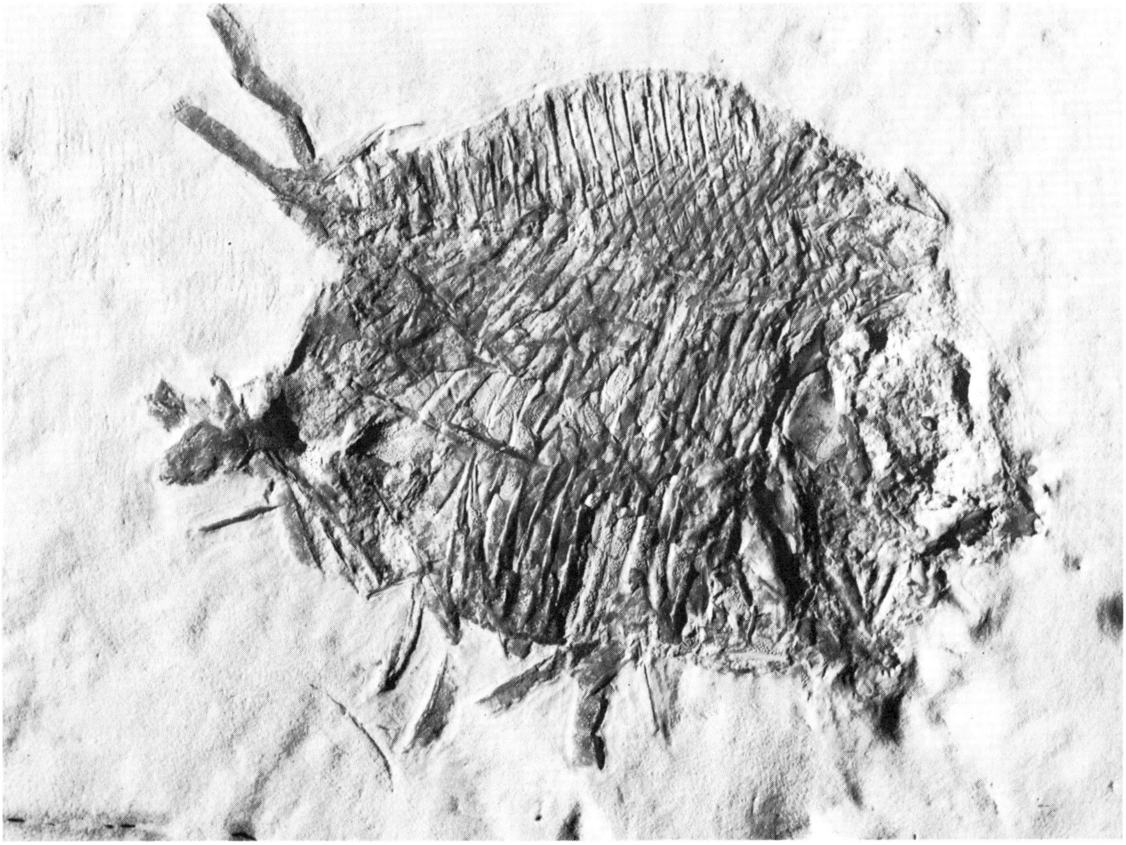

Abb. 100: Wirbeltiere, fossiler Fisch: Gyrodus macrophtalmus. Oberer Jura, Solnhofener Plattenkalke, Eichstätt. — Aufn. E. HAUPT, Senckenberg-Museum.

sonderer Bedeutung sind alle Untersuchungen über organische Ablagerungen, unabhängig vom Einzelfossil oder Einzelfossilanwärter. Hier sei besonders verwiesen auf den Verbleib organischer Substanz in Seenablagerungen und in fluviatilen Ablagerungen, ihre Anreicherung und ihr Chemismus. Diese Ablagerungen sind für den Paläontologen wichtige Faziesbereiche, sind sie doch die eigentlichen Erhaltungsräume von nur zu leicht vergänglichem Fossilgut (Geiseltal, siehe WEIGELT 1932, und Messel, siehe FRANZEN 1978, für fossile Ablagerungen KREJCI-GRAF 1978 und IRION 1976 für rezente Ablagerungen).

3. Fossilansammlungen

Das Erforschen gegenwärtigen Geschehens, auf Zustände und Vorgänge in der erdgeschichtlichen Vergangenheit bezogen, macht die Kenntnis dreier Begriffe notwendig:

Biozönose (Ökosystem), Biofazies und Sozietät. Sie handeln alle von mehr oder weniger großen Ansammlungen tierischer Organismen, stehen in enger Beziehung zueinander, decken aber ganz verschiedene Sachverhalte und Prozesse ab.

Diese bezogene Dreiheit hat bisher kaum Eingang in die paläontologische Wissenschaft gefunden. Sie sollte es; öffnen doch erst auf Sachverhalte gründende Begriffe neue, aufs Konkrete bezogene Fragen.

a) Biozönose (Ökosystem)

»Biozönose« (Lebensgemeinschaft) als Begriff ist jünger als der Begriff »Biofazies« (vgl. S. 125). »Biozönose« (noch nicht »Ökosystem«) geht auf den Kieler Meeresbiologen KARL MÖBIUS (1825–1908, Abb. 210) zurück. MÖBIUS entwikkelte die »Biozönose« anläßlich meeresbiologischer Bestandsaufnahmen im Wattenmeer bei der Insel Sylt als Unterlage für Rentabilitätsüberlegungen für die dort zu befischenden, fiskalischen Austernbänke. Er sprach (1871, 1877) von der »Lebensgemeinde«, der »Biozönose« der Austernbank, deren einzelne, belebte Glieder aufeinander bezogen seien, in Abhängigkeit voneinander und in bezug auf einen ganz bestimmten Lebensraum mit ganz bestimmten chemisch-physikalischen Eigenschaften ständen. »Biozönose« (Lebensgemeinschaft) war also für ihn bereits ein Begriff, der zwei Bereiche zueinander in Beziehung setzte, einen biotischen, nämlich Organismen (Individuen und Arten) in einem lebendigen Austausch untereinander, und einen abiotischen, nämlich die gegebene Umwelt mit ganz bestimmten physikalisch-chemischen Bedingungen, dem sogenannten »Biotop«. Biotop als Begriff war bereits von ERNST EIMER (1921) geprägt und wurde seitdem in demselben Maße, in dem Ökologie und ethologische Forschung sich entwickelten, allgemein benutzt.

Der Plöner Hydrobiologe AUGUST THIENEMANN sprach (1942, 1959) von der »Lehre vom Haushalt der Natur«, SCHWENKE (1955) von einer »Haushaltsforschung«. Um diesen engen Bezug zwischen Biotischem und Abiotischem noch deutlicher zu machen, verwendet man heute den Ausdruck »Ökosystem« (vgl. TISCHLER 1955). Auf solche Weise, nämlich durch die Aufhebung der zwei Komponenten Biozönose und Biotop und durch die Verwendung des einen Begriffs »Ökosystem«, wird das dynamisch-synthetische Moment, das ausgedrückt werden soll, deutlicher.

Ökosysteme sind also prozeßhaft verstandene Einheiten aus Biotop und Biozönose, die in Stoffaustausch stehen und die damit im Geben und Nehmen sich selber erhalten. Ein solcher Stoffaustausch verbindet im größeren Raum Ökosystem mit benachbartem Ökosystem; sie bilden insgesamt als besiedelbarer Teil der Erdoberfläche die »Biosphäre«, nämlich die belebte terrestrische Erdoberfläche, die fließenden und stehenden Süßwasseransammlungen und die Meere in allen Tiefen.

Unsere Zeit hat inzwischen diese Begriffe, nämlich »Biozönose« (Lebensgemeinschaft), »Biotop« (Lebensraum) und besonders »Ökosystem« in ihren Sprachschatz aufgenommen, nachdem in den letzten 20 Jahren (in Politik und auch in der Tagespresse oft verwendet) deutlich geworden ist, daß der Mensch an Ökosystemen teilhat und in seinem ganzen biologischen Sein in ihnen ruht, und daß ihre Erhaltung im Gleichgewicht der Energien und Stoffe auch für den Menschen durch »Ökotechnik« für die verschiedensten Lebensräume auf der Erde, d. h. also sowohl für das Meer, wie für das Süßwasser und die einzelnen terrestrischen Umwelten der Kontinente, in der Gegenwart dringend nötig wird.

Wir müssen fragen, welche Merkmale das Ökosystem im einzelnen kennzeichnen, und wir müssen klar machen, welche Beziehungen der Begriff des Ökosystems zur Gedankenwelt der Paläontologie hat; steht doch gerade Paläontologie im Begriff, ihrem Kanon von überkommenen Fragengruppen auch neue ökologische hinzuzufügen.

In 6 Punkten sei – obwohl die Literatur über viele Darstellungen des Sachverhalts verfügt – in Kürze zum Ökosystem ausgesagt:

(1.) Jedes Lebewesen hat gegenüber seiner belebten und unbelebten Umwelt ganz bestimmte und unverrückbare Lebensansprüche. Daher bilden sich für bestimmte ökologische Standorte (Biotope) ganz bestimmte Arten-Kombinationen aus. Die so an die gleichen Standorte gebundenen Organismen-Arten sind in ihren Individuen im Verhalten, im Stoffaustausch und energetisch aufeinander bezogen, wenn sie überhaupt hier existieren sollen. Eine so definierte ökologische Einheit wird »Lebensgemeinschaft« (Biozönose und Biotop) oder Ökosystem genannt.

(2.) Ein solcher Beziehungskomplex erhält sich auf Dauer durch einen kontinuierlichen Energie- und Stoffstrom, an dem alle lebendigen Glieder der Lebensgemeinschaften beteiligt sind. Energietransport ist Stofftransport, indem die einzelnen Glieder der Lebensgemeinschaft durch das Fressen und Gefressenwerden ganz materiell miteinander in Beziehung stehen. Die Glieder der Lebensgemeinschaft sind als Konsumenten und Konsumierte damit »Nahrungskettenglieder« in einer Stoffströmung. Das Ökosystem als lebendiger Beziehungskomplex erhält sich selbstregulatorisch.

(3.) Den Anfang der beschriebenen Nahrungskette bildet immer die grüne Pflanze (im Meer ist sie das Phytoplankton in den oberen, durchlichteten Wasserschichten); sie vermag die Strahlungsenergie der Sonne durch Photosynthese im Rahmen des Ökosystems in

chemische Energie zu wandeln und in den beschriebenen Stoffkreislauf einzubringen. Hierzu werden Nährsalze gebraucht, durch die erst die vielfältigen chemischen Aufbaureaktionen in den Pflanzen ablaufen können. Damit sind im Ökosystem die assimilierenden Pflanzen die eigentlichen Träger der Produktion; wir sprechen daher von den »Produzenten«. Sie werden in der Nahrungskette von Stufe zu Stufe den übrigen Kettengliedern nutzbar, d. h. von den »Konsumenten« 1. Stufe (also von Phytophagen) gefressen; diese wiederum von den Konsumenten 2. Stufe, den Zoophagen (usw.). Schließlich endet die Kette mit den abbauenden, Abfall fressenden Reduzenten. Es sind in der Hauptsache Bakterien, welche als Saprophagen die gebliebenen niederen Stufen organischer Substanz endgültig zurückführen in anorganische. Damit ist der Anschluß gegeben zu einem neuen Anfang durch assimilierende, organische Substanz schaffende grüne Pflanzen, welche die von den Bakterien gelieferten anorganischen Nährsalze aufnehmen.

Was die laufende Energiezufuhr zu den lebenden Gliedern des Ökosystems betrifft, so ist dieses also »offenes«, in ± ausgeglichenem Fließgleichgewicht stehendes energetisches System; es zehrt letzten Endes von der Sonnenenergie.

(4.) Die Zahl der am Ökosystem beteiligten Organismen ist Ausdruck für das Maß der im betreffenden Ökosystem fließenden Energie. Als solche ist sie zu messende »Biomasse«, die eine bestimmte Menge von »Bio-Energie« verkörpert.

(5.) Lineare Nahrungsketten haben meistens nur 4–5 Kettenglieder oder auch weniger. Da aber die Mehrzahl der tierischen Organismen nicht monophag, sondern polyphag ist, entsteht im Biotop eine vielfältige Vernetzung der einzelnen Kettenglieder. Wir stehen vor einem »biozönotischen Konnex«. Dieses Nahrungskettengefüge erhält durch die geschilderte Polyphagie ein stabiles Gleichgewicht; das Ökosystem »kippt nicht um«. Dennoch führt enge und vielfältige Biotopverzahnung im Raum zu stabileren Ökosystemen als einförmige Großbiotope mit gleichförmigen Lebensbedingungen, die nur wenigen (oder nur einer) Spezies in riesigen Individuenzahlen Lebensmöglichkeit (und aber auch Massentod) bieten. Nicht also die Individuenzahl, wohl aber die Komplexität innerhalb der Biozönose macht diese stabil und schützt vor Umkippen.

(6.) Ein Ökosystem befindet sich – und zwar in seinen biotischen, in seinen abiotischen Einheiten und in seinem erhaltenden energetischen Geschehen – unter den geschilderten Vernetzungsbedingungen in einem »synökologischen« Gleichgewicht, das nicht unbedingt stabil oder statisch sein muß. Fluktuationen, Wechsel, auch unregelmäßige Veränderungen sind möglich. Die vielfältigen Verzahnungen und Beziehungen sind in die einzelnen Einflüsse aufzugliedern: in Milieu auf Organismus, Organismus auf Milieu, Spezies auf Spezies, Individuum auf Individuum und schließlich Milieu auf Milieu. Der Stoffhaushalt in einem ungestörten Ökosystem bleibt in seiner Energieführung langfristig mehr oder weniger ausgeglichen und mehr oder weniger konstant. Im Geschehenswandel läßt sich das Erhaltenbleiben einer Einheit, eines Beziehungsgefüges erkennen und konstatieren.

Abb. 101: Wirbeltiere, fossiles Reptil: Plateosaurus longiceps, Dinosaurier aus der Trias-Zeit, unvollständiges Skelett, von Metallplastik getragen. Gesamthöhe = 5 m. — Original, Senckenberg-Museum, Aufn. E. Haupt.

Wir sprachen vom Ökosystem als einer »ökologischen Einheit«, von der Gemeinschaft vieler Glieder und von einer zusammenhaltenden »Nahrungskette« mit einem, das Ganze durchfließenden »Energiestrom«, und wir sprachen von ihrer Erhaltung auf Dauer durch »Selbstregulation«. Dieses so beschriebene Ökosystem aber sollte nicht »Organismus höherer Ordnung« oder gar »Staat« oder ähnlich genannt (und mißverstanden) werden. Ökosysteme sind etwas anderes als Organismen: Tiere und Pflanzen selbst sind als Systeme »der Zusammenschluß eines Mannigfaltigen zu einem planhaft wohlgegliederten Ganzen, in dem das Einzelne im Verhältnis zum Ganzen und zu den übrigen Teilen die ihm angemessene Stellung einnimmt« (Schmidt 1969).

Organismen sind solche Ganzheiten und haben eine bestimmte ontogenetische Entwicklung, eine Geburt, eine Reife, ein Alter und einen Tod als festgefügte und niemals anders geordnete Lebensabschnitte.

Tiere und Pflanzen werden – so ist fortzufahren – in ihrem Lebenslauf durch eine genetische Information festgelegt, jedes einzelne Individuum ist durch ein »Programm« gesteuert, welches Lebensanfang, Fortpflanzungszeit und Lebensende umgreift und welches die zum Leben benötigten Gleichgewichtswerte in Struktur, Entwicklung und Verhalten bestimmt. Organismen haben eine stammesgeschichtliche Entwicklung und haben als vielzellige Individuen und auch als Spezies einen »Tod«. Nur Einzeller scheinen, da sich teilend, potentiell unsterblich. Dieser Tod der Vielzeller, bei dem immer eine Leiche bleibt, ist nicht jedesmaliger Unglücksfall, sondern er liegt im »Plan«. In den Beginn ist bereits der Endzustand einbezogen, und umgekehrt bezieht sich das Ende auf ein Sosein und Sowerden von einem Anfang her. Umwelteinflüsse, denen der Organismus im Laufe der Entwicklung ausgesetzt ist, sind Randbedingungen, die das individuelle

Geschehen nur mitbestimmen und modifizieren.

Das Ökosystem aber ist kein solches planhaftes Geschehen; vielmehr sind die gerade herrschenden Bedingungen der Umwelt alles. Zwar laufen auch im Ökosystem an Individuen gebundene, also organismische Prozesse ab. Sie zielen auf die Funktionen innerhalb des einzelnen Organismus, und sie laufen nicht in Hinblick auf ein in seinem Reichtum an Außenbeziehungen biozönotisches Ganzes ab. Jeder im Ökosystem mitspielende Einzelorganismus tut es durch sein Angepaßtsein an die besonderen Gegebenheiten nach Qualität

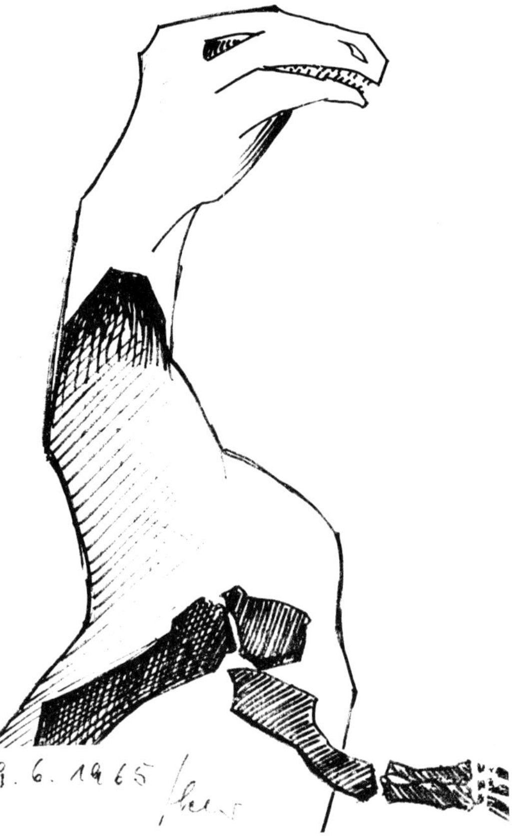

Abb. 102a—g: Wirbeltiere, fossiles Reptil: Plateosaurus longiceps. Skizzen und Werkzeichnungen zur Montage. — Original, Senckenberg-Museum.

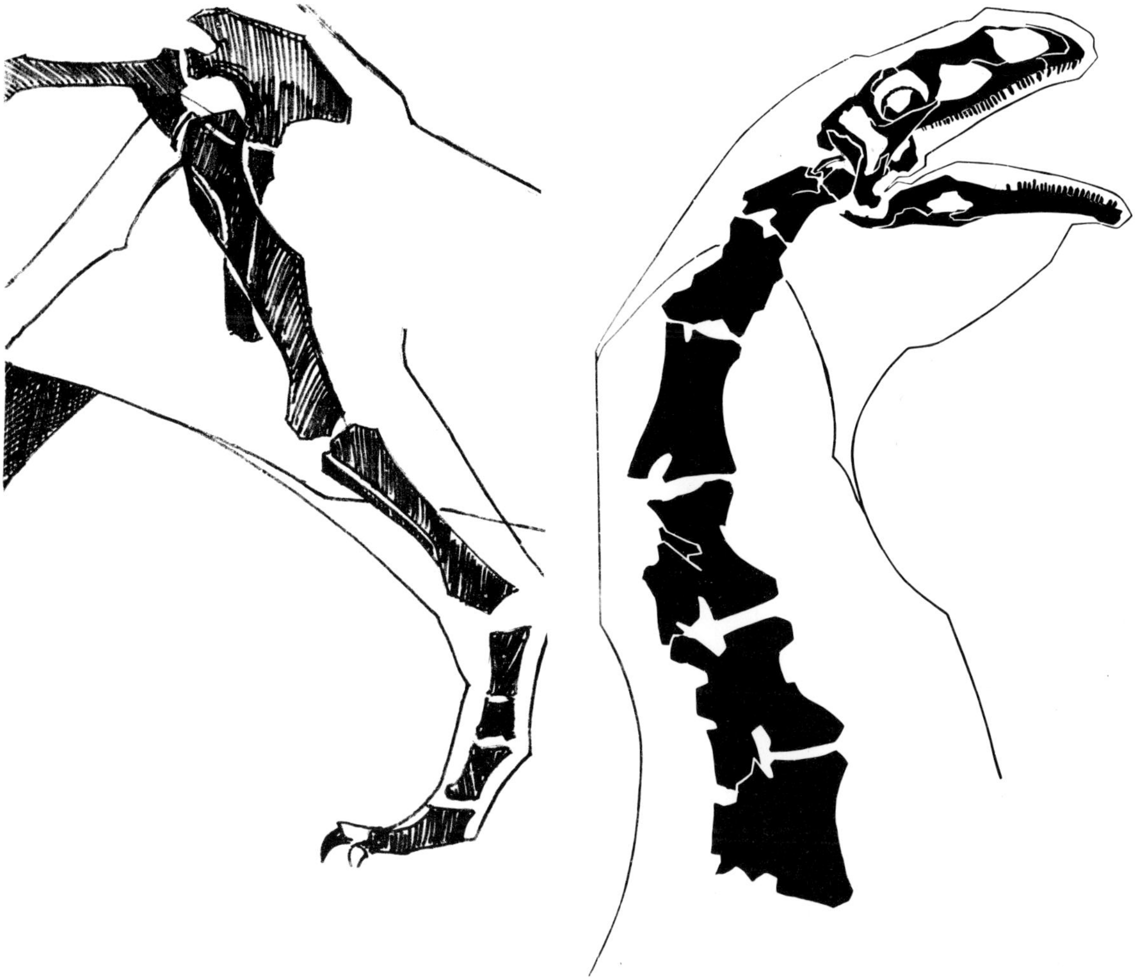

und Quantität und füllt in aller Passivität einen ökologischen Platz. Die Harmonie im Ökosystem beruht also immer wieder von neuem auf dem für den Augenblick hergestellten Gleichgewicht unter den einzelnen, sich ständig ergänzenden, sich ständig gegenseitig beschneidenden lebendigen Gliedern.

Bleiben die biotischen und die abiotischen Bedingungen in diesem Ökosystem bestehen, so ist es nicht von einem eingeplanten Tod bedroht; das Ökosystem ist – bleiben also nur die im System tätigen Organismen, ihre unbelebte Umwelt und die Bedingungen in diesem System erhalten – theoretisch unsterblich. Wohl aber sind seine belebten Glieder austauschbar.

In der Evolution können Glieder ersetzt werden, auch mögen neue ökologische Beziehungen sich aufbauen. Das Gesamtgefüge wird jedoch, besonders in den stabilen Verhältnissen des Meeres, bestimmten und mehr oder weniger gleichbleibenden Beziehungs-Schemata entsprechen. Der Produktion von Algen steht – wie auch immer – das System der Konsumenten (bei planktonisch lebenden Tieren, freischwimmenden Tieren, den Filtrierern am und im Boden) und auch der Reduzentcn gegenüber.

Ökosystem (Biozönose) ist ein biologischer Begriff. Für die meisten (und auch für die dem Paläontologen wichtigsten) Ökosysteme spielt sich das Geschehen auf oder in einem meist flächenhaft ausgebreiteten Substrat, dem Biotop mit seinen Bedingungen, ab. Mosaikhaft liegt Ökosystem – jeweils mit eigenen Bedingungen – neben Ökosystem. Zeit für Vorgänge im Ökosystem ist

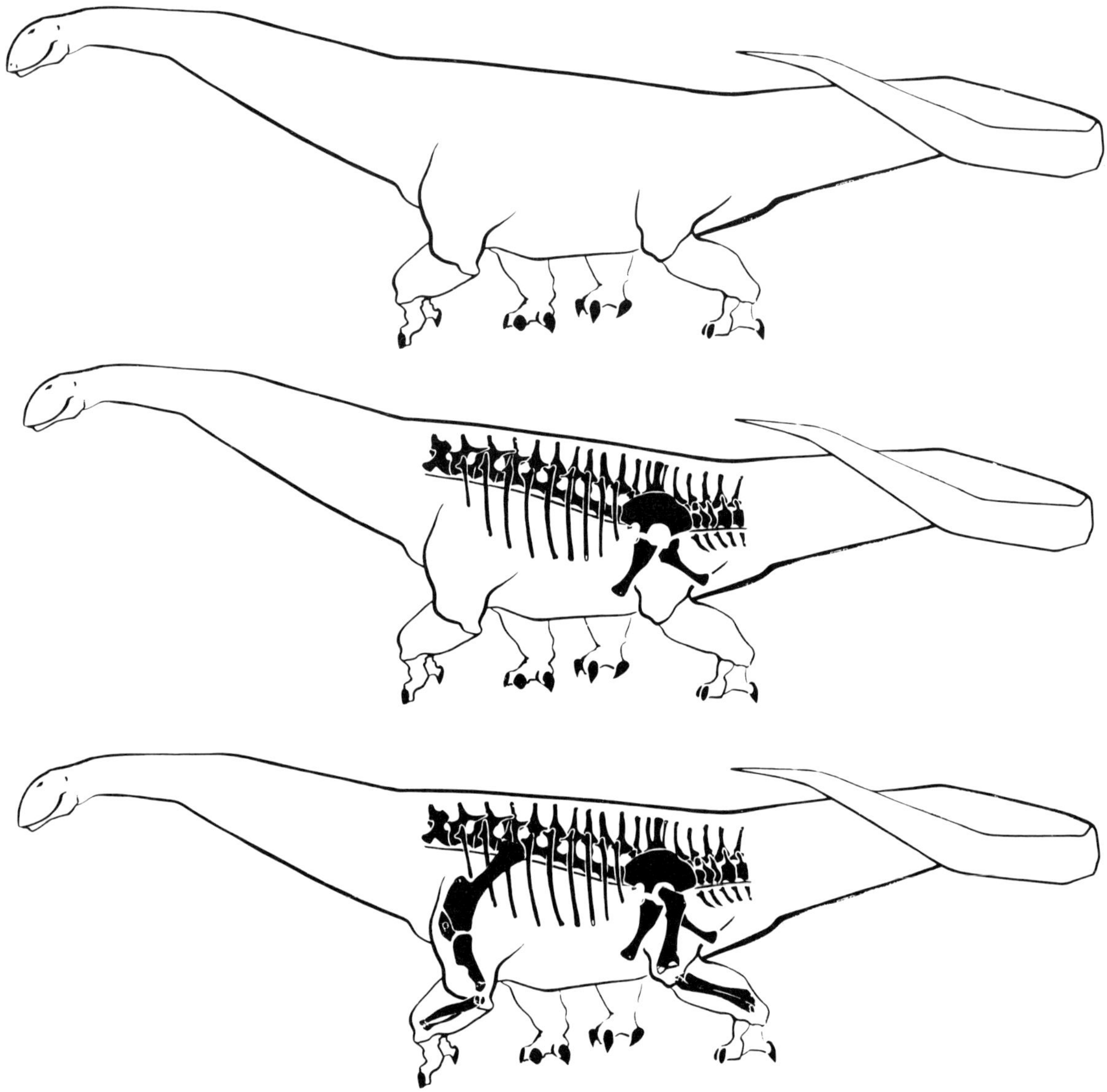

Abb. 103: Wirbeltiere, fossiles Reptil: Diplodocus longus, 20 m langer Dinosaurier aus der Jura-Zeit. Im Schrittgehen rekonstruiert. – Original, Senckenberg-Museum.

«physikalische Zeit«. Zeitabläufe im Ökosystem sind Kreisprozesse; Vorgang folgt auf Vorgang im ständigen Einerlei der chemisch-physikalischen und der biologischen Abläufe ohne Erreichen eines neuen oder gar eines Endzustandes. Die meisten Ökosysteme, wiewohl in der Zeit existierend, sind im Hinblick auf die grundlegenden Abhängigkeiten geschichtslos; die in ihnen sich abspielenden Ereignisse führen nicht zu neuen Zuständen, sondern bewahren alte, stellen alte – zerfallen diese – nur wieder her. Es besteht im Ökosystem eine Tendenz zur Stabilisierung des Gesamtsystems.

In diesem Zusammenhang sei auf die geologisch bedeutsame Neuentstehung von Ökosystemen, z. B. Eroberung des Festlandes in der Erdgeschichte durch Pioniere hingewiesen. Die erste Land-Pionierpflanze – einmal und erstmals durch das Doppelspiel genetischer Variabilität und nachfolgender Selektion entstanden, war Grundlage dieser Festlandseroberung durch die Vielzahl von nachfolgenden Lebewesen. Auf dieser pflanzlichen Produktionsgrundlage baute sich Schritt für Schritt das Gefüge der Konsumenten und Reduzenten im terrestrischen Biotop auf. Es setzte zunächst in ständiger Einregelung neuer Beziehungen der im Grunde geschichtslose Prozeß des immer Gleichbleibenden und des ständig sich Wiederholens in der Generationenfolge eines Ökosystems unter Pionierbedingungen ein. Im allgemeinen geschehen die Vorgänge in solchem Ökosystem, ohne nachweisbare Substanz aufzubauen; die Reduktion ist vollkommen. Der geologische und paläontologische spätere Nachweis wird fehlen.

Die Eroberung des Festlandes durch Pflanzen und Tiere macht uns auch den Begriff der Co-Evolution klar: Der Vorgang des Evoluierens erfolgt von Anfang her unter den Bedingungen der Auswahl unter dem Angebot neu hinzukommender Tier- und Pflanzenarten. Aber nicht nur die neu hinzukommende Spezies evoluiert; alle übrigen reagieren in Form und Funktion ebenfalls. Es herrscht, wie es VON WAHLERT (1978) ausdrückt, »Co-Evolution überall«. (Für terrestrische Ökosysteme siehe ZWÖLFER, 1978; hier Insekten als Phytophagen und als Entomophagen auf Gefäßpflanzen.) Co-Evolution spielt sich innerhalb einer Gegenwart, also in kleinem Kreis ebenso ab, wie im großen auf mehrere erdgeschichtliche Formationen hin. So treten nach einer Tabelle bei ZWÖLFER (s. o.) unter den Insekten in der Erdgeschichte nacheinander folgende Lebensformtypen mit ihren spezifischen Ansprüchen als Phytophagen bzw. als Entomophagen neu auf: Im Karbon vorhanden: Saprophage Insekten, Sporen- und Pollenfresser, Pflanzensaftsauger; im Perm neu auftretend: Fraß an Blättern; im Jura neu auftretend: bestäubende Insekten, Schlupfwespen, Gallen von Blattwespen; im Tertiär neu auftretend: Nektarsammler, Blattminierer, Gallwespen und Gallmücken. Es versteht sich, daß – wie obiges Beispiel zeigt – terrestrische Ökosysteme im Tertiär viel größeren Beziehungsreichtum zeigen als im Karbon.

Es gibt aber auch Ökosysteme, die in viel kürzerer Zeit durch Summierung von immer gleichen Abläufen auf das Ergebnis eines Anderswerdens hin sich entwickeln. Man spricht hier von »Sukzessionen«. Nicht gezielt und nach Plan, wohl aber als Zwangsablauf wirkt in der Gegenwart Gewordenes und auf Zeit Vorhandenes als Faktor auf ein Zukünftiges, das nun unter neue Bedingungen gerät und neue Formen hervorbringt. Hier handelt es sich um (auch geschichtslose) Ökosystemfolgen, die in gesetzmäßiger Weise auseinander sich entwickeln (als ein bekanntes Beispiel unter vielen: das Ökosystem des verlandenden Sees). Das Anderswerden beruht im Ökosystem sehr oft auf dem Substanzschaffen in der Zeit; Existenz der produzierten Masse und zunehmende und nicht abgebaute Masse allein schaffen neue Bedingungen. Der Ablauf summiert Bleibendes als Sediment und Stoffwechselprodukt. Neue Produzenten und neue Konsumenten können sich einschalten. Diese ohne Unterlaß ablaufenden Bedingungsveränderungen sind es, die neue Lebensräume mit andersartigen Organismen bringen. Wir erkennen: Das Mosaik der Ökosysteme in einem Großraum befindet sich auf lange Sicht in ständiger Veränderung, was Zusammensetzung und was Ausdehnung, aber auch was seine lebenden Glieder betrifft. Was wir oben zunächst als »Ausnahme« darstellten, stellt sich als Regel heraus.

TISCHLER (1955) weist darauf hin, daß Gebiete, welche schon seit dem Tertiär Wald oder Steppe tragen, besonders artenreiche Ökosysteme haben; so auch für Eiszeitlandschaften. TISCHLER zitiert FRANZ, der zusammenfaßt: »Je kontinuierlicher sich die Milieubedingungen an einem Standort entwickelt haben, je länger gleichartige Umweltbedingungen herrschten, umso artenreicher, ausgeglichener und stabiler kann dessen Lebensgemeinschaft sein«.

Zusammengefaßt: Für Organismen war gestaltender Faktor vor allem das genetisch verankerte Programm. Für Ökosysteme aber sind es vor allem die Umweltbedingungen. Die Rahmenbedingungen des Ökosystems sind weiter gefaßt als die jedes lebenden Gliedes. Auch können die Systembedingungen des Ökosystems nicht in Lebensansprüchen der einzelnen Glieder (meist sind es zu viele) ausgedrückt werden.

Im Grunde weiß dies die Menschheit seit langem: Tierzucht und Pflanzenzucht sind Eingriffe in das biologische Programm; Ackerbau ist Pflege und Gestaltung von Umweltbedingungen. Beide Arten der biologischen Manipulation finden auf getrennten Ebenen statt.

b) Biofazies

Wissenschaftsgeschichtlich ist auffällig, daß der Begriff »Biozönose« (oder später der Begriff »Ökosystem«) früher niemals und heute erst vereinzelt in die Diskussionen des Paläontologen eingeflossen ist. Existiert doch der Begriff «Biozönose« bereits seit 1871. Ebenso wenig tritt der Begriff »Biofazies« in der biologischen Literatur auf. Dies zeigt, obwohl ja doch beide Disziplinen von beiden Begriffen sehr wohl Erhellung für ei-

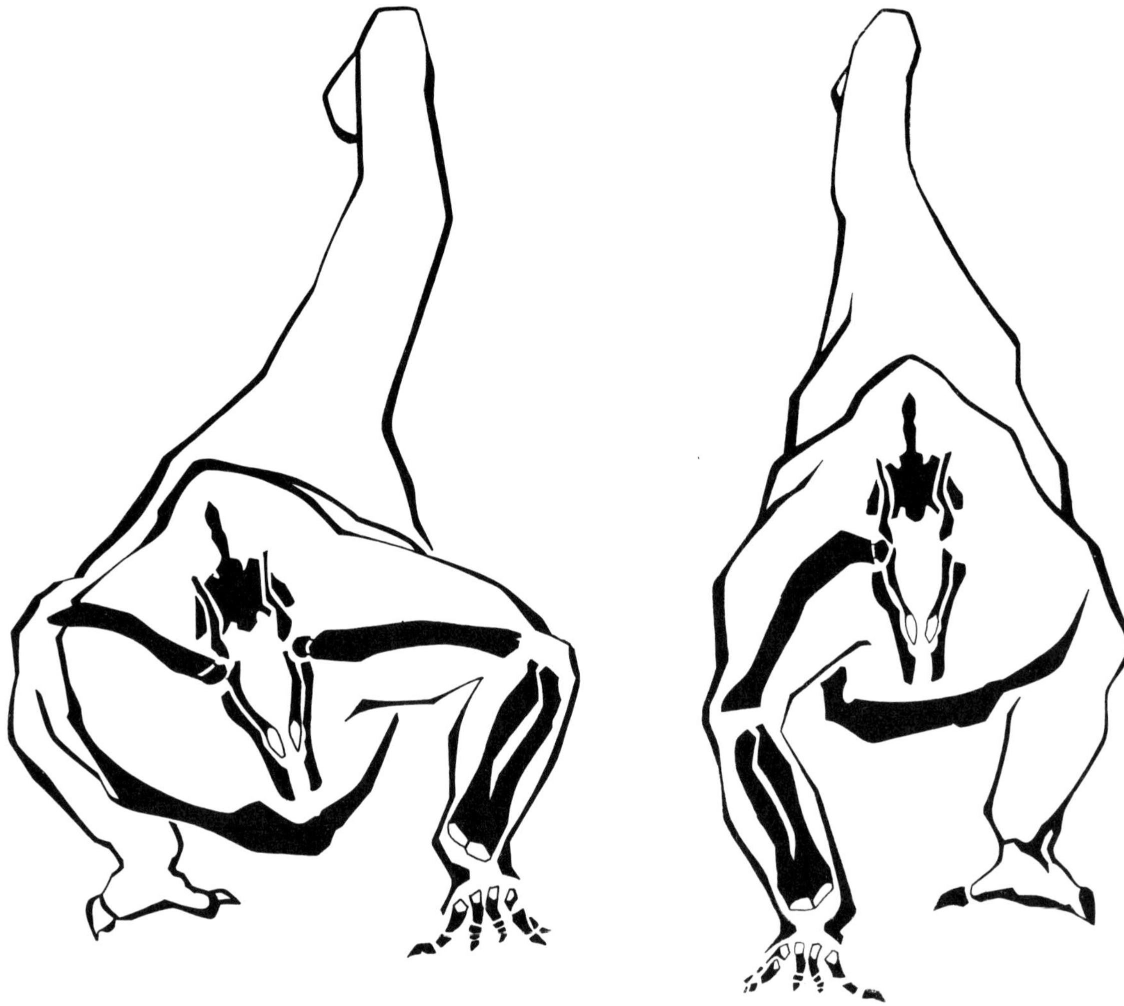

Abb. 104a—c: Wirbeltiere, fossiles Reptil: Schnitt durch die Beckenregion von Diplodocus longus, Blick von hinten nach vorne. Zwei Stadien des Schrittgehens; a = Körper tief herabgesenkt. b = Körper auf den Hinterbeinen aufgerichtet; Diplodocus war nicht »Elefanten-beinig«, d. h. im Kniegelenk gerade durchgedrückt, sondern die Beine hatten eine echte Reptilienhaltung, d. h. im Ellenbogen- und Kniegelenk ge-

gene Zwecke hätten, wie unterschiedlich die beiden Ausgangslagen sind:

Für den Biologen existieren vor allem Flächen, Substrate, seltener dreidimensionale Lebensräume, auf oder in welchen sich etwas abspielt (meist Boden-Biozönosen). Für den Paläontologen aber existieren vor allem räumlich ausgebildete Gesteinsbezirke mit darin verteilten Fossilien und mit jeweils einheitlichem Gefügetyp im Anschnitt an einer Gesteinswand, nämlich Biofazies.

Ökosysteme, so haben wir oben geschildert, beruhen auf Kreisläufen. Was eben durch die produzierende Leistung der grünen Pflanze aufgebaut worden ist, das wird durch ein Konsumieren durch Tiere und schließlich durch ein Destruieren, in der Hauptsache durch Bakterien, meist wieder abgebaut. Das chemisch Aufgebaute aber ist für den Neubeginn der Pflanze Nähr- und Aufbaustoff. Theoretisch bleibt von den einst beteiligten Gestalten und von der an sie gebundenen Substanz in dem Kreisprozeß Ökosystem nichts übrig. Dies gilt für große Teile der Erdoberfläche in der Tat. Mancherorts aber liefern die in der Biozönose ablaufenden Stoffwechsel-

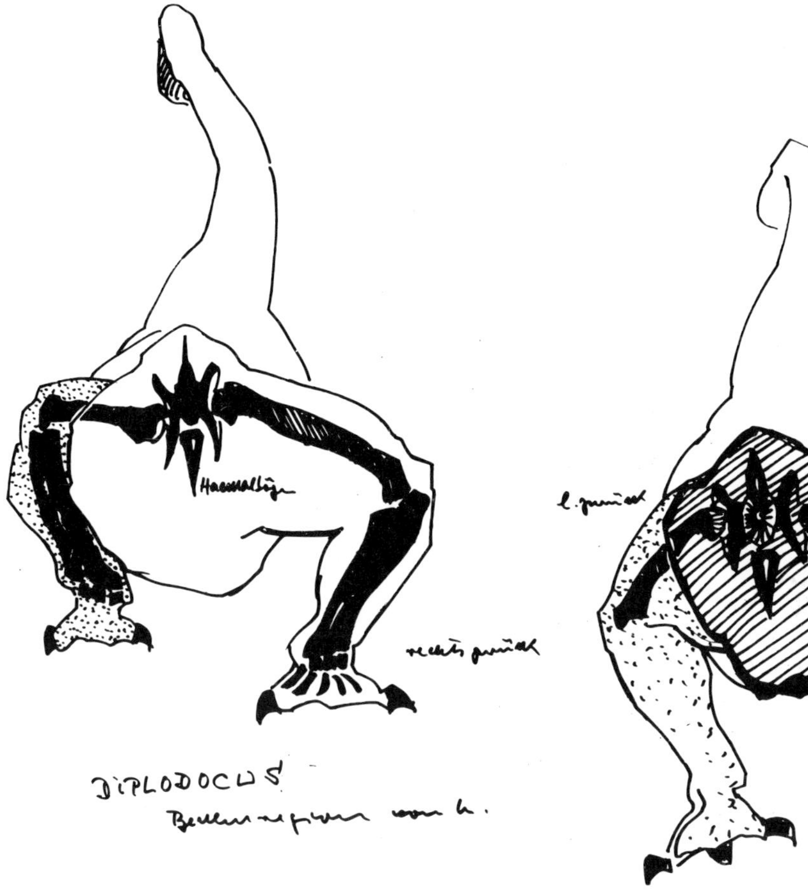

krümmt. c = Je tiefer der Körper beim Schreiten zwischen den Beinen hängt, desto stärker die Schlängelung des ganzen Körpers, beim Hals beginnend. — Original, Senckenberg-Museum.

vorgänge (Baustoffwechsel, Betriebsstoffwechsel für Reproduktion, Wachstum, Bewegung) dem Substrat erhaltbare Stoffwechselprodukte und oft nichtverwesliche Hartteile. Es kann also von der Biozönose in Sedimentationsräumen, wie wir oben sagten, sehr wohl etwas übrigbleiben. Die erhaltenen Reste geben somit von den einst an diesem Ort existierenden Ökosystemen, d. h. also von Organismus, von Stoffwechselprodukt und (über den Weg von einbettendem Sediment) vom Energiehaushalt einen indirekten Bericht. Da die Reste eines Ökosystems an gewissen Orten der

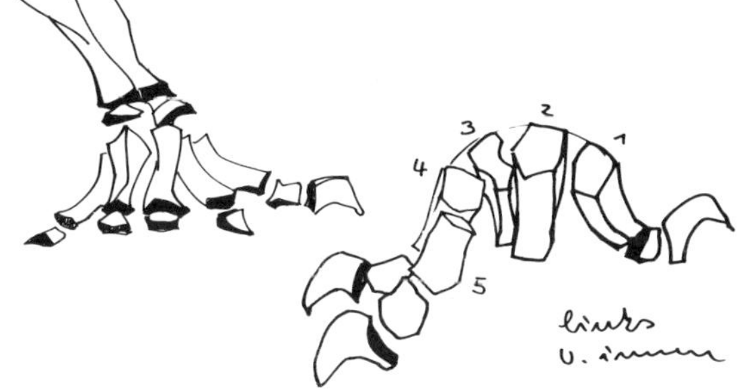

Abb. 105 a u. b: Wirbeltiere, fossiles Reptil: Diplodocus longus, Vorderextremität; die fünf Finger umgreifen im Leben ein Sohlenpolster. — Original, Forschungsinstitut Senckenberg.

Abb. 106: Wirbeltiere, fossiles Reptil: Schädel von Diplodocus longus. Da Auge (eingetragen) und Nasenöffnung dicht beieinander und an der höchsten Stelle des Schädels liegen, konnte Diplodocus im seichten Wasser mit teil-eingetauchtem Kopf watend die schwimmenden Wasserpflanzen äsen, gleichzeitig atmen und Umschau halten. Lage von Auge, Nase und Maul zeigen dem Rekonstrukteur auf dem Wege über die Verrichtung die Gesamtkonstruktion des Körpers, d. h. den Lebensformtypus: Ausgangserkenntnis zur Rekonstruktion des Tieres. Original, Senckenberg-Museum.

Erdoberfläche auf Dauer sich summieren, so wachsen die Überbleibsel gewisser Ökosysteme im Laufe der Zeit (und immer unter einheitlichen und das Ökosystem erhaltenden Bedingungen) zu einem körperlichen Gebilde empor. Solche sedimentären Gebilde, Sedimentlinsen, charakterisiert durch darin enthaltene Organismenreste, nennen wir Biofazies. Wir erkennen also:

Voraussetzung für jede Biofazies-Bildung (und damit Erhaltung der Reste eines einst hier existierenden Ökosystems auf Dauer) ist neben der Erhaltung des organogenen Restes das sedimentäre Geschehen; darüber, was erhalten bleibt, entscheidet seine Gegenwart allein. Es gibt drei große irdische Sedimentationsbereiche, welche solche Reste von Biozönosen bewahren können: es sind dies

der Meeresboden mit seinen Sedimenten und dem Kalkriff, welches in seinen aufgewachsenen lebendigen und tot aufgearbeiteten Teilen einen Ablagerungskörper besonderer Ausprägung darstellt;

der durch Flüsse und Seen aufgebaute Sedimentationskörper in übertieften Wannen und die Wüsten- und Steppenablagerungen abflußloser Gebiete.

Fossile Erhaltung braucht also im allgemeinen Sedimentation, braucht Abdeckung durch Sedimente. Sedimentschichten sind, bildlich gesprochen, die Blätter in einem Buch, auf welchen die Urkundenberichte ehemaliger Biozönosen aufgeschrieben sind: nämlich tierische oder pflanzliche Hartteile vor allem; Fährten und Spuren auf der Schichtoberfläche und Bauten im Sediment, organische Substanz dort, wo sie frühzeitig gegen abbauende Bakterien abgetrennt war.

Wenn also Biofazies ihr Gesicht im wesentlichen der Existenz einst lebender benthaler Ökosysteme mit ihren Sedimenten verdanken, so sollte auch darauf verwiesen werden, daß an Orten verminderten Abbaues (O_2-Mangel) im Laufe erdgeschichtlicher Zeiten einst nicht restlos abgebaute Stoffe aus dem Ökosystem (als fossile Energie, wie Kohle, Erdgas, Torf, Erdöl) in mehr oder weniger deutlicher Reinheit sich häufen und aufwachsend Lagerstättencharakter annehmen.

Wie auch immer, in den Schichtgefügen der abgelagerten Sedimente (oder der abgelagerten

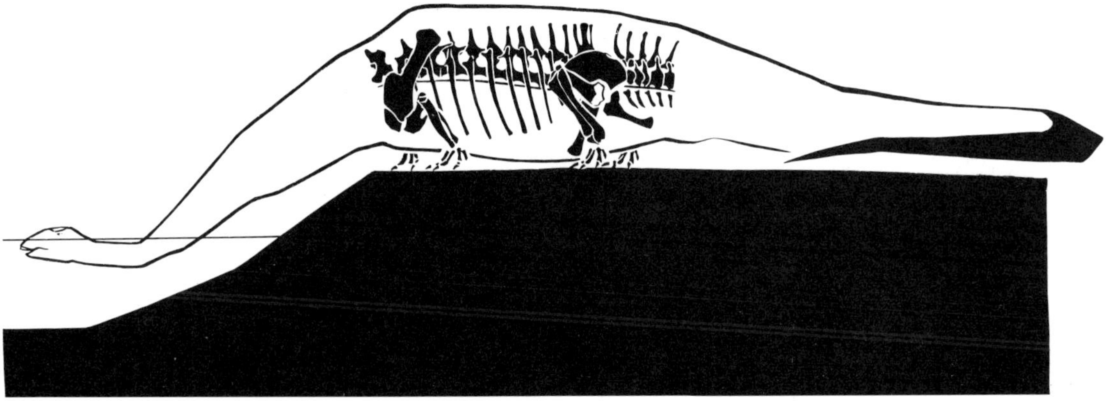

Abb. 107: Wirbeltier, fossiles Reptil: Diplodocus longus, vom Ufer her Wasserpflanzen dicht unter der Wasseroberfläche weidend, dabei Auge zum Sichern und Nase zum Atmen frei. »Elefantenbeinigkeit« wäre für diese Lebensweise ungeeignet; was für den Elefanten der Rüssel, ist für Diplodocus der lange Hals. — Original, Senckenberg-Museum.

Abb. 108a—c: Wirbeltiere, fossiles Reptil: Skizzen zur Beckenhaltung und Hinterbeinstellung bei Brontosaurus (Ob. Jura, USA). — Originale nach Exemplar in American Museum of Natural History, New York.

und erhaltenen organischen Reststoffe aus einem Ökosystem) »stecken« die Ereignisse und »stecken« die Umwelten. Erosion als ein Negativum bedeutet Schichten- und Fossilienverlust und bedeutet damit Urkundenverlust. Erosion während der Biofaziesbildung führt zu nicht aufgezeichneter Zeit mit ihren Ereignissen.

Was aber unter gleichartigen Bedingungen abgelagert und vorher ebenfalls unter gleichartigen Bedingungen als Lebensgemeinschaft (Biozönose, Ökosystem) existiert hat, das fügt sich, abgelagert und fossilisiert, zur Biofazies.

Während also Organismen planhaft gefügte Systemganzheiten sind, während Ökosysteme

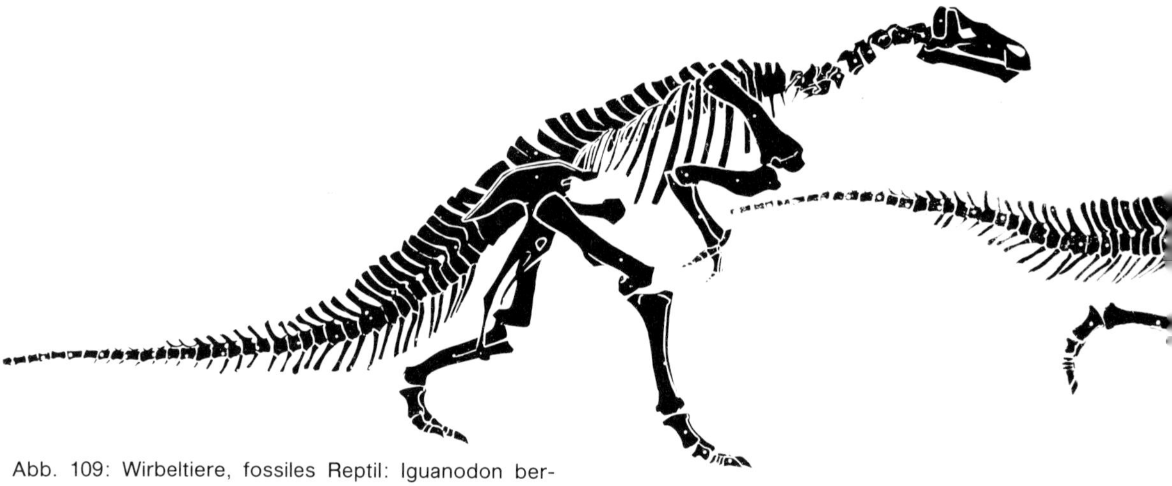

Abb. 109: Wirbeltiere, fossiles Reptil: Iguanodon bernissartensis (Ob. Kreide, Belgien). Drei Bewegungsphasen des Skeletts. — Original, Forschungsinstitut Senckenberg.

durch Selbstregulation und durch gleichbleibende Außenbedingungen »blind« gesteuerte Einheiten darstellen, sind Biofazies keine solchen ökologischen Beziehungssysteme, erst recht sind sie nicht Gebilde, die mit Organismen zu vergleichen wären. Sie sind vielmehr ein Aggregat, eine Summation von organogenen und anorganischen Resten, welche unter den gleichen Bedingungen für eine gewisse Zeit existiert haben und damit dem betrachtenden Paläontologen oder Geologen meist im senkrechten Anschnitt ein einheitliches Gesicht = »fazies« bieten: Zeitablauf bei gleicher Bedingungslage manifestiert sich im Vorgang der Sedimentation als vollkörperliches Gebilde von einheitlichem Aussehen und mit einheitlichem Inhalt: die Biofazies. Sie ist nicht System, sie ist historische Einheit.

Eine Biofazies beinhaltet im allgemeinen mehr als die Reste einer ehemals am Ort existierenden Biozönose (Ökosystem). Sie beinhaltet auch alle die Sedimente und organogenen Reste, welche von außerhalb in das Areal eines Ökosystems während des Aufbaues der Biofazies gelangt sind: Tote Körper aus der näheren oder ferneren Nachbarschaft und ortsfremde Sedimente. Oder aber die vorliegende Biofazies enthält, weil ehemals lebensfeindlicher Sedimentationsraum, gar keine Biozönose-Reste, sehr wohl aber Organismen aus anderen, benachbart liegenden Lebensräumen und nun tot hierher verdriftet und abgelagert. Um so mehr: Biofazies ist ein Sammelsurium von Objekten und Strukturen, nur durch die gleiche, gerade herrschende Bedingungslage an Ort und durch gleich aussehende Ergebnisse zur Einheit geworden.

Biofazies sind Bezugsräume, sie sind Projektionsräume in der Zeit. Denn außer der Eigenproduktion nehmen sie – so sagten wir – sedimentationsfähige Materialien aus den Nachbarräumen auf. Für die meerische Biofazies, die theoretisch und praktisch wichtigste aller Ablagerungen, ist gerade der freie Wasserraum über der sich aufbauenden Biofazies mit seinen Sedimenten und der organischen Produktion aus Plankton und Nekton von besonderem Interesse. Fragen nach Biomasse, Bioproduktion der Biofazies-bezogenen Räume und Massenentwicklung sowie Massentod in dieser Biozönose erhalten Bedeutung, sie verketten paläontologische mit biologisch-aktuopaläontologischen Fragen. Darin hat die moderne Meeresforschung Entwicklungen eingeleitet, die um so mehr in der Verbindung von Erdwissenschaft und Lebenswissenschaft leben; Klammer ist aber die Paläontologie, welche Räume und Zeiten und welche den Bezug von Organismus zu Sediment als Ganzes überschaut.

Faziesbezirke, ob groß oder klein, zielen letzten Endes auf paläogeographische Einheiten (Kontinentalräume, Seeräume, Wüsten, Süßwasserablagerungen, Räume in Brandung, Räume in lagunären Bereichen, Becken, Schwellenräume) und bestimmen (als sog. »Biofazies 2. Ordnung«, siehe S. 143) diese in ihren sedimentären Ergeb-

nissen, in ihren Eigenschaften. Damit wandert die Fragestellung in das Paläogeographische und betrifft nun interdisziplinäre Bereiche; die biogeographischen und synökologischen Fragestellungen verbinden sich mit der paläosedimentologischen, der topographischen und paläastronomischen (THENIUS 1977). Die Vorstellung von einer Kontinentalverschiebung als einem paläogeographischen Problem, basiert letzten Endes auf biofaziellen Befunden (WEGENER 1880–1930, Abb. 217).

Damit wird deutlich:

daß Biofazieskunde als ein unteilbares Ganzes im Rang einer den Grundwissenschaften nachgeordneten Folgewissenschaft steht,

daß sie – seitdem sie im Rahmen der Erdwissenschaften existiert – immer von neuem und erst recht in der Gegenwart ihre klärende Kraft bis in die uns alle bewegenden Fragen einer Verschiebung der Kontinente in erdgeschichtlichen Zeiten bewahrt hat und

daß die Folgewissenschaft der Biofazieskunde, bei allem Bezug zum Biologischen aus geologischem Denken hergeleitet, einer zeitlichen und räumlichen Ordnung eines gegebenen Schichtgefüges und der darin eingebetteten Fossilien dient.

Die erhellende Kraft, die von diesem Begriff »Biofazies« als Element rezenten und fossilen Geschehens ausgeht – ebenso der schnelle Verschleiß dieses Begriffs durch seinen häufigen und bequemen, nicht immer exakten (oft übertragenen) Gebrauch –, veranlassen mich, für die bisher näher untersuchten meerischen und für die fluviatilen Sedimentationsräume systematisiert die jeweils wirkenden Kräfte und die Folge der daraus sich formenden faziellen Schichtgefüge, das System der Biofazies in Kürze zu erläutern. Leider liegen für den lakustrischen und für den ariden Bereich bisher noch keine funktionellen, aktuopaläontologisch geprüften Ordnungen vor:

(1.) Marine Biofazies: Die Zahl der gestaltenden Elemente und Kräfte am Meeresboden ist groß; Salinität, Wasserbewegung, Durchlichtung, Wassertiefe, Landnähe oder Landferne, Sauerstoffspannung, Temperatur, geographische Breite, Dichte etc., können ebenso auf ein sich aufbauendes Schichtgefüge einwirken, wie dies dort lebende oder zur Einbettung gelangende Organismen tun. Der Modus, nach welchem das Geschehen am Meeresboden und das sedimentäre Ergebnis zu ordnen wäre, muß aus diesen vielen, mehr oder weniger verschiedenartig gestaltenden Kräften diejenige auswählen, welche letztlich das im Schauen zu erfassende fazielle Bild bestimmt und also den übrigen übergeordnet ist. »Übergeordnet« heißt, es muß die Energie aus der oben aufgezählten Fülle gefunden werden, die sowohl das Sedimentgefüge wie die darin lebenden Organismen und die Art der Einlagerung der toten Überbleibsel solcher Organismen bestimmt.

Für die Meere ist dies der Grad der Wasserbewegung (SCHMIDT 1958, SCHÄFER 1962 u. 1963); er bestimmt, wo auch immer in den verschiedenen irdischen Meeresräumen, die Ausbildung der möglichen großen marinen Biofaziestypen.

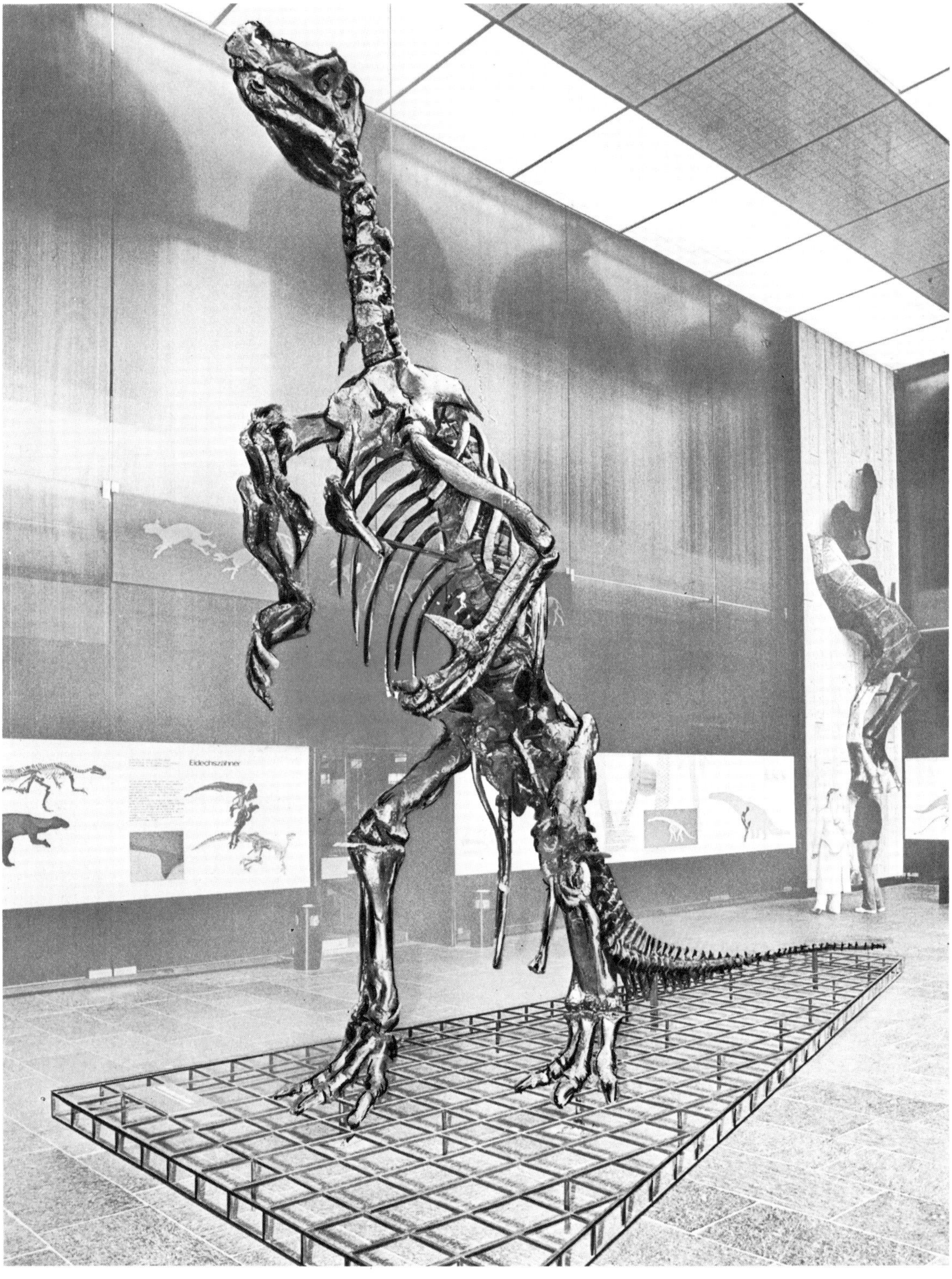
Eidechszähner

Denn Wasserbewegungen (als windbewegter Seegang oder als Meeresströmung) bestimmen (a) die Auswahl der abzulagernden Sedimente nach ihren Korngrößen, (b) ihr Schichtgefüge bei der Ablagerung, (c) den Grad der O_2-Versorgung im Wasserkörper und den angrenzenden Sedimentschichten und damit (d) die Lebensfreundlichkeit oder (bei Fehlen einer Wasserbewegung) die Lebensfeindlichkeit durch O_2-Mangel dortselbst. Es ergeben sich durch die Gliederung nach Graden der Wasserbewegung (ständig fehlende, schwache, starke und sehr starke Wasserbewegung) in ihrer Wirkung auf Sediment und auf Organismen fünf klar unterscheidbare meerische Biofaziestypen (SCHÄFER 1962, 1963). Wegen ihrer Bedeutung für jegliche ökologische Ordnung in einer rezenten oder fossilen meerischen Ablagerung seien diese Faziestypen, letzten Endes entwickelt aus den an Ort einst existierenden Biozönosen, hier noch einmal genannt und abgebildet (Abb. 75–79).

»Wasserbewegung« sei also übergeordnete, d. h. faziesbestimmende Energie, und sie sei damit Modus einer primären Gliederung der unter meerischen Bedingungen möglichen Biofaziestypen, wie sie in den beigegebenen Schemabildern sich darstellen. Ziel ist, das fazielle Bild als Ausdruck eines ehemaligen physikalisch-chemischen und biologischen Geschehens zu entwickeln.

Eine solche fünffache Gliederung ordnet nach oft riesenhaften Sedimentationsräumen, die unter einheitlichen sedimentologischen und biologischen Bedingungen standen. Wir sprechen von der Gliederung 1. Ordnung. Diese Biofaziestypen 1. Ordnung überspringen klimatische Grenzen, solche der Durchlichtung, der Salinität und der Tiefenlage unter dem Meeresspiegel, sie umgreifen Lebensformtypen und sind an keine geographischen Regionen gebunden. Unsere Gliederung bezeichnet auf diese Weise oberste Einheiten. Ihr Geltungsbereich ist topographisch unbeschränkt; es gibt nur die aufgezählten fünf Großfazies in den Meeren der Welt, wie sie durch Wasserbewegung gekennzeichnet sind; andere sind nicht und waren in der Erdgeschichte niemals vorhanden.

Jedoch, oft genügt diese Ordnung nach Großräumen nicht; man geht in die Einzelbereiche. Diese verlangen methodisch den mehr oder weniger kleineren Ausschnitt, in vielen Fällen das interpretierende mikrofazielle Schliffbild. Mit diesem ist nicht mehr nach dem allgemeinen Gesetz (Wasserbewegung als Einteilungsmodus) zu untergliedern, sondern es meint den besonderen, im einzelnen beschreibbaren Fall innerhalb einer Großfazies. Wir sprechen von der Gliederung 2. Ordnung. Dieser besondere Fall bezieht sich stets auf ein topographisches Moment, das weniger von der wirksamen und gestaltenden Energie und ihren Kennzeichnungen in einer Biozönose ausgeht als vom organischen und anorganischen Inhalt an einem bestimmten Ort. Es ist also nun vom Gefüge lange bekannter Einheiten, von den unterseeischen Räumen und Geländeformen die Rede: von der Tiefsee, dem Schelfbereich, dem Schelfhang, vom Vorstrand, vom Strand, vom Riff, vom subaerischen Bereich etc. Die Modi der Einteilung sind Sache der Übereinkunft; Grundlage ist die Beschreibung des im Ausschnitt an einem Ort Gesehenen; daraus entwickelt sich seine Benennung, die bereits Interpretation ist (Schelffazies, Flachwasserfazies, Tiefwasserfazies, Wattfazies etc.).

In der schwierigen Lage, vom mikrofaziellen Inhalt und also vom kleinsten Ausschnitt her ein überregionales Gesamtbild zu entwerfen, befindet sich sehr oft die erdölgeologische Praxis, die selten am übersichtlichen Aufschluß analytisch arbeiten kann, häufiger vielmehr am Bohrkern mehr oder weniger blind in bezug auf einen größeren Zusammenhang (und ohne Kenntnis eines ehemaligen biozönotischen Geschehens) die gesuchte Synthese (und das ist, aus Einzelnem ein funktionelles Ganzes zu machen) entwickeln muß.

Heute wird für das Faziesgefüge des Kalkriffes, das im allgemeinen als ökologisches System aus mehreren unserer Großfaziesbereiche (der vital-nonstraten Biofazies als Zentralriff; der vitalheterostraten Biofazies, der letal-heterostraten Biofazies und der vital-isostraten Biofazies als Vorriff bzw. Rückseitenriff, siehe SCHÄFER 1962, 1967) aufgebaut ist, die mikrofazielle Ordnung methodisch und für eine ökonomische Praxis verfügbar (Erdölprospektion) erarbeitet.

Ich nenne an zusammenfassendem Schrifttum: Bereits in HAM (1962) werden Karbonatklassifikationen dargestellt; WILSON (1975) ordnet insgesamt 24 Standard-Mikrofazies-Typen 9 verschiedenen Ablagerungsräumen des Kontinentalschelfs zu. Die FLÜGEL'sche Abhandlung von 1978 breitet in erschöpfender Form die mikrofazielle Methode als Ganzes aus.

Abb. 110: Wirbeltiere, fossiles Reptil: Iguanodon bernissartensis (Ob. Kreide, Belgien). Gesamthöhe = 4,5 m. Aufn. E. HAUPT, Senckenberg-Museum.

Fluviatile Biofazies-Bereiche im Mäander

Bedingung	Energie	Biofazielle Ergebnisse	Name
dauernd überflutet: subaquatisch	Abgelagert in starker Strömung: polyfluviatil	Kiese geschichtet; Einzelteile von fossilen Skeletten von Säugetieren, von Fischen	Subaquatisch-polyfluviatile Biofazies
	Abgelagert in mäßiger Strömung: oligofluviatil	Sande; laminare oder Rippelschichtung; Einzelteile von fossilen Säugetieren, keine Fischreste und Hölzer	Subaquatisch-oligofluviatile Biofazies
	Abgelagert bei fehlender Strömung: lakustrisch	Schlamme mit laminar geschichteten Sandlagen. Fossile Biozönosen, Amphibien- und Fischreste, Insekten, organische Substanz.	Subaquatisch-lenitische Biofazies
temporär überflutet: amphibisch	Abgelagert in starker Strömung: polyfluviatil	Kiese, geschüttet, Sande, Schlamme	Amphibisch-polyfluviatile Biofazies
	Abgelagert in mäßiger Strömung: oligofluviatil	Sande, laminar geschichtete Schlammlagen, Auelehme	Amphibisch-oligofluviatile Biofazies
	Abgelagert bei fehlender Strömung: lakustrisch	Schlamme, Auelehme, aufgearbeitete Torfe, Trockenrisse. Fischreste	Amphibisch-lenitische Biofazies

(2.) Fluviatile Biofazies: Flußläufe pflegen in ihrem Unterlauf oder in eingetieften und in Senkung begriffenen Abschnitten ihres Mittellaufs ausgedehnte, durchaus erhaltungsfähige Sedimentationsräume aufzubauen. Diese sind die Schauplätze biofaziellen Geschehens, das beschrieben und systematisiert werden soll:

Stark wechselnde Wasserführung ruft im Flußlauf zwei, ökologisch verschiedene Sedimentationsbereiche hervor: die dauernd überfluteten (subaquatischen) – sie liegen in der Stromrinne – und die temporär überfluteten (amphibischen) Ablagerungsbereiche; sie gehören der Stromaue an. Die amphibischen Ablagerungsbereiche nehmen in den meisten Flußgebieten die weit größeren Flächen ein.

Auch im Flußlauf, sowohl im subaquatischen wie im amphibischen Bereich, bestimmt der Grad der Wasserbewegung die entstehenden Faziestypen; Wasserbewegung ist auch hier übergeordnete (und damit Fazies-kennzeichnende) Energie.

Der Grad der Wasserbewegung bestimmt – wie im marinen Bereich – (a) die Korngröße eines sich ablagernden Sediments, (b) dessen Sedimentgefüge, (c) den Grad der O_2-Versorgung am Grund und damit (d) die Lebensfreundlichkeit bzw. Lebensfeindlichkeit dortselbst. Die sich aus dieser Aufstellung ergebende Biofaziesordnung und die Namensgebung der einzelnen (sechs) fluviatilen Biofaziestypen sei in beigefügter Tabelle wiedergegeben. Durch diese Einteilung nach Graden der Wasserbewegung (polyfluviatil, oligofluviatil und lenitisch) lassen sich für den Flußlauf und seine Aue 6 Biofaziestypen, ebenfalls binär benennen:

(a) Subaquatisch-polyfluviatile Biofazies
(b) subaquatisch-oligofluviatile Biofazies
(c) subaquatisch-lenitische Biofazies
(d) amphibisch-polyfluviatile Biofazies
(e) amphibisch oligofluviatile Biofazies
(f) amphibisch-lenitische Biofazies

»Lenitische« Biofazies = Biofazies des Stillwassers (von lt. lenitas, -atis und lenitudo, -inis = Sanftheit, Milde, Gelassenheit).

Die ökologische Situation in den 6 Biofaziesbereichen ist sehr gegensätzlich. Einige, z. B. die subaquatisch-polyfluviatile und die amphibisch-polyfluviatile, sind wegen der überaus harten Bedingungen (Strömung, Kiestriftung) sehr lebensarm und auch erhaltungsarm. Bis auf große Skeletteile (z. B. von Mammut, Nashorn, Riesenhirsch, Rind, Biber etc.) werden z. B. in den Eiszeitablagerungen alle empfindlicheren dorthin gelangenden Fossilanwärter (z. B. Kleinsäuger) schnell und restlos aufgearbeitet. Die Großskelette hinwiederum finden wegen der großen Energien, die zu ihrer Ortsbewegung nötig sind, hier zerstreut oder angereichert ihre Einbettung (Bonebed).

Die subaquatisch-lenitischen und amphibisch-lenitischen Biofaziesbereiche sind zwar auch (diesmal aus Gründen der O_2-Armut) lebensarm, jedoch wegen fehlender Wasserbewegung und fehlendem oder geringem O_2-Gehalt erhaltungsfreundlich (z. B. Pflanzen, Fische). Die meisten der auf uns überkommenen Fossilien aus fluviatilen Süßwassersedimenten entstammen diesen Faziesbereichen.

(3.) Faziessequenz. Die Biofazies, so haben wir oben gehört, ist ein räumliches, in der Zeit unter einheitlichen Bedingungen entstandenes Sedimentgebilde. Im Schichtverband liegt Biofazies neben (und vor allem über) Biofazies. Es bleibt in jedem einzelnen Fall die Frage,

ob die durch ihre Kennzeichnungen definierten, einzelnen Biofaziesgebiete zusammen einen lediglich deskriptiv zu behandelnden, stratigraphischen Verband darstellen, in welchem die einzelnen Biofazies von der Entstehung her nichts miteinander zu tun haben, oder

ob mehrere übereinanderliegende und nahtlos aneinander grenzende Biofazieseinheiten einer logischen Reihung von Ereignissen ihre Entstehung verdanken; deutlicher, ob sich in der vertikalen Aufeinanderfolge eine ehemalige zueinander gehörige Biotopfolge ausdrückt.

Im ersten Fall – so sind die Termini – haben wir es mit einer einfachen »Schichtfolge« zu tun, im zweiten Fall mit einer »Sequenz«, in deren Gefüge ein innerer Bezug (ein »genetischer« Bezug) deutlich wird.

Über die Fragen der Faziessequenzen und ihre Entstehungsweisen wird schon seit über hundert Jahren gesprochen (z. B. Eduard Süss). Ganz sicherlich ist diese Sequenzfrage letzten Endes eine Frage der Energiefolge am Ort; sie legt die aktualistische Beobachtung nahe. Solche Beobachtungen wurden denn auch von dem Aktuogeologen H. E. Reineck (Reineck, Dörjes, Gadow & Hertweck 1968) in den oberen Schelfbereichen der südlichen Nordsee letztlich durchgeführt. Dort liegen beispielhaft drei klar im Aspekt unterscheidbare Biofaziesbereiche nebeneinander: (1.) die Schelfschlickfazies (Wassertiefe 40–15 m, in 15–10 km von der Küste), (2.) die Übergangsfazies (Wassertiefe 15–10 m, in 10–5 km von der

Küste), (3.) die Küstensandfazies (Wassertiefe 10–0 m, in 1–0 km von der Küste). Sie werden jeweils – wie oben ausgeführt – durch den Faktor Wasserbewegung in ihrer Sedimentzusammensetzung, in ihrem Schichtengefüge und in ihrem Organismenbestand geprägt; der Grad der gestaltenden Wasserbewegung ist hier abhängig von der Tiefe des Meeres (draußen in See tiefer und mit der geringeren Grundbeeinflussung des bewegten Wassers als am Strand mit der stärkeren Grundbeeinflussung des bewegten Wassers). Gäbe es säkular keine Verschiebung der genannten Tiefen- und Bewegtwasserzonen, so wüchsen die drei von REINECK ausgeschiedenen Faziesbereiche »ewig« und in gleicher Weise in die Höhe. Das Nebeneinander der drei Faziesbereiche in ein Übereinander eben dieser Fazies verlangt – so müssen wir schließen – eine Änderung in der Wassertiefe und der damit gekoppelten Wasserbewegung am Ort. Diese wird nach REINECK in diesen Küstengebieten durch ein übergeordnetes Geschehen, nämlich durch eine Regression des Meeres (Regression = Vorwandern der Küstenlinie gegen See) ausgelöst. In diesem Fall wandern die jeweiligen Bedingungslagen als dem Mobilen des Geschehens über die topographisch gegebenen und verharrenden Räume hinweg: Die (2.) Übergangsfazies legt sich allmählich über die (1.) Schelfschlickfazies, und die (3.) Küstensandfazies legt sich über (1.) und (2.), so daß aus der horizontal geordneten Faziesabfolge eine vertikale wird. Die Abfolge aber ist (aufgrund ihrer Entstehungsweise) eine »Sequenz«, das ist eine nahtlose Folge. Wie Regressionen eine Änderung der Bedingungen (sprich: Grade der Wasserbewegung) auf dem Schelf hervorbringen können, so gilt dies auch für Transgressionen des Meeres (Transgression = Vorrücken des Meeres landwärts). In diesem Fall wandern – wie leicht einzusehen – die Faziesbereiche umgekehrt, so daß (3.) von (2.) und schließlich (1.) und (2.) von (3.) überlagert wird. Das »Wandern« der Faziesbereiche aus einem ursprünglichen Nebeneinander in ein Übereinander liefert im Schichtverband als einem Vorgang in der Zeit, der sich räumlich abbildet, nachweisbare Übergangsbereiche.

Abb. 111: Wirbeltiere, fossiles Reptil: Iguanodon bernissartensis (Ob. Kreide, Belgien). Freie Vorderextremitäten mit Sternalapparat: Greifbewegung aus der Schulterfixierung heraus. — Aufn. E. HAUPT, Senckenberg-Museum.

Regressionssequenz und Transgressionssequenz als Bewirker in letzter Instanz waren hier nur Beispiele für eine Geschehensabfolge. Wanderungen von Biofaziesbereichen können – so ist zu vermuten – auch auf anderen topographischen Konstellationen beruhen, die ein Wandern der Grade der Wasserbewegung bedingen.

c) Sozietät

In diesem Kapitel sprechen wir nicht über den dem Paläontologen bekannten und oft behandelten Fall der passiven Fossilanreicherung und der Fossillagerstätte in einer Biofazies, also nicht von Schillen am Meeresgrund oder in Flußbetten und nicht von Spülsäumen an einem Strand oder von Bonebeds und Fragen der Biostratinomie, nicht von Totengesellschaften (Thanatozönosen) und Grabgemeinschaften (Taphozönosen); wir sprechen vielmehr von aktiven Vergesellschaftungen der Individuen einer Art, von echten Sozietäten. »Sozietät« ist hier also nicht als Bild gemeint, sondern in des Wortes wahrer Bedeutung.

Der Begriff »Sozietät« hat in die Paläontologie niemals Eingang gefunden, obwohl eine ganze Reihe von Fossilien aus vielen Erdzeitaltern Sozietäten sind und viele Sozietäten als Tierspezies beschrieben und abgebildet wurden.

Sozietäten sind aktive Ansammlungen von Individuen einer Art. Allerdings ist nicht jede aktive Ansammlung von Individuen einer Art eine Sozietät.

Worin – und damit wäre zu beginnen – liegt der Unterschied zwischen sozialer und nicht sozialer, wir sagen solitärer (einzeln lebender) Existenz?

In vielen Fällen – um zunächst von den Prinzipien zu reden – ist es nur die Gunst des Ortes, welche lebende Individuen einer Art an einem Ort zusammenführt (Nahrung, Licht, Temperatur etc.); erlöschen die im Augenblick optimalen Bedingungen des Ortes, so löst sich die Ansammlung wieder auf. Solche Tierarten sind trotz der Ansammlung auf Zeit und mit besonderem Anlaß »solitär« = einzeln lebend.

Sozietäten als Ansammlungen von Individuen einer Art jedoch sind zeitlebens aufeinander bezogen und stehen in »sozialem« Austausch; sie sind in einer bestimmten Weise als Individuenmasse organisiert. Soziales Verhalten ist artspezifisch. Individuen von ihren Sozietäten getrennt, vermögen in vielen Fällen nicht mehr weiterzuleben.

Ob solitär lebende oder ob soziale Spezies, dies

Tyrannosaurus rex

erkennt der Betrachter erst, wenn die tierische Ansammlung durch Vermehrung am Ort in größerer und (infolge Vermehrung) zunehmender Dichte leben muß. Die Regulation der Dichte der Individuen bei solitär lebenden Arten geschieht durch Absterben einzelner Individuen solange, bis das für die betreffende Spezies notwendige Raummaß (Dichte-Maß) seiner Individuen wieder hergestellt ist. Sozietäten verhalten sich anders: Raumschwund durch Massenvermehrung reguliert sich nicht durch Sterben einzelner, sondern durch Organisation und (oder) technische Leistung, an der alle Glieder der Sozietät beteiligt sind. In der neuen Ordnung (neuer Formation bei ortsbeweglichen Arten oder mit Hilfe bautechnischer Anlagen bei sessilen Arten) wird die höhere Dichte, zu der die Individuen am Ort gezwungen sind, ertragbar gemacht.

Wir sagen,

durch Bevölkerungszuwachs geraten die Individuen einer Art von einer bestimmten Grenze der Dichte ab in eine »kritische Situation«, oder wir sagen: die räumliche Situation wird kritisch, wir sprechen vom »kritischen Raum«, der jedem Individuum mindestens zur Verfügung stehen muß, soll es auf Dauer ohne Schäden existieren.

Weitere Massenvermehrung führt in der Sozietät zu weiteren, durch Organisation und (oder) technische Leistung überwindbare kritische Situationen. Jedesmal also bedeutet die Überwindung einer kritischen Situation, hervorgerufen durch zunehmende Vermehrung der Individuen einer Sozietät, eine totale Umordnung von einer Seinsstufe in die nächst höhere. Wir wissen heute (SCHÄFER 1971), daß jede sozial lebende Tierart eine gewisse, für die Spezies festgelegte Anzahl von kritischen Situationen überwinden kann. Setzt sich allerdings die Massenvermehrung darüberhinaus weiter fort, so geht die ganze Sozietät mit allen Individuen in einer Katastrophe zugrunde. Die Schemabilder (Abb. 80–85), welche eine Spezies mit vier »Seinsstufen« zeigen, machen deutlich, daß Außenfaktoren (optimale oder pessimale Lebensbedingungen) die Sozietät in ihrem individuellen Lebensablauf steuern. Bei guten Lebensbedingungen werden die einzelnen Seinsstufen schneller durchlaufen als bei schlechten; die Zahl der der Tierart gegebenen Seinsstufen bleibt immer – so ist das Programm – dieselbe.

Ob eine Spezies solitär oder sozial lebt, hat nichts mit ihrer Stellung im System zu tun; niedere und höhere Stämme haben sozial lebende und haben solitär lebende Spezies.

So weit das Prinzip.

Das Phänomen des Sozialen und die artlich festgelegte Anzahl von Seinsstufen, die durchlebt wird, betrifft den Paläontologen nur teilweise. Kann er doch z. B. anhand aufgefundener Hartteile nichts über das soziale Leben einer Wirbeltierspezies oder von Wirbellosen aussagen. Anders im Falle der Sozietät, welche aus Angehörigen einer sessilen Spezies besteht. Hier bedeutet Wechsel von einer Seinsstufe in die nächst höhere usw. häufig den Umbau der ganzen Sozietät mit allen ausgebildeten und vom Paläontologen sehr wohl wahrgenommenen Panzerteilen. Denn die sessile soziale Kolonie ist als Ganzes Funktionsgefüge (Gesamtgestalt der sessilen Sozietät, Gewicht der aufrecht stehenden Kolonie, ihre Statik, die Art des Wuchses der aufrecht stehenden Kolonie, ihre Statik, die Art des Nahrungserwerbs und der Nahrungsaufnahme aller oder nur einzelner Individuen in der Kolonie, Fortpflanzung etc.). Bestimmte Aufgaben der Individuen ändern sich mit der Zahl der an der Kolonie beteiligten Individuen. Wachstum der Kolonie nach Größe und Individuenzahl bedeutet für das Einzelindividuum Körperumbau; bei Panzer-tragenden Spezies bedeutet Umbau fossil nachweisbarer Panzerumbau. Junge, sessile (und meist Panzer-tragende) Sozietäten, aus wenigen Individuen aufgebaut, sehen häufig ganz anders aus als alte Sozietäten der gleichen Art mit vielen Individuen (Schwämme, Korallen, tubicole Würmer, Bryozoen, Balaniden, Muscheln etc.).

Wenn Sessilität ein Leben am Ort bedeutet, so heißt dies: alle lebensnotwendigen Verrichtungen wie Nahrungserwerb, Flucht vor Feinden, Beseitigung von Stoffwechselprodukten und Fortpflanzung spielen sich vom Ort der Sessilität aus ab. Es existieren beim Sessilen, dem Zustand der Null-Beweglichkeit, besondere Anpassungen in Hinblick auf Nahrungserwerb, auf Flucht und auf Fortpflanzung. Im einzelnen:

Nahrungserwerb des Sessilen: Tentakelgreifen und das Beineschlagen, die explodierende Nesselkapsel, das Netzespannen und der durch den Körper geleitete, Nahrung tragende Wasserstrom.

Flucht vor Feinden: Sie ist für den sessilen Organismus eine »Flucht an Ort«, d. h. das schnelle Zurückziehen in einen an einer Unterlage sitzenden Panzer.

Beseitigung von Stoffwechselprodukten (Kote): Sie

Abb. 112: Wirbeltiere, fossiles Reptil: Tyrannosaurus rex (Ob. Kreide, USA). Metallplastik mit zwei Schädeln. — Original, Senckenberg-Museum, Aufn. E. HAUPT.

Abb. 113: Wirbeltiere, fossiles Reptil: Tyrannosaurus rex (Ob. Kreide, Montana/USA). Drei Entwürfe, sich der Abstraktion von Schritt zu Schritt nähernd. — Original, Senckenberg-Museum.

werden mit dem Egestionsstrom des Atemwassers abgeführt und sind feste, schleimverklebte Kotpillen, um bei einer gewissen Schwere nicht in den Ingestionsstrom für Atemwasser und (oder) Nahrung zu geraten; sie sind aufschwimmend.

Fortpflanzung: Sie bedeutet Ersatz des Gestorbenen, ist Ausbreitung der Art in vagiles Stadium, dient der Verbreitung im Raum; und die Larve bestimmt, wo in Zukunft der sessile Organismus sein Leben zubringen und wie die Befruchtung erfolgen wird. Die Larve hat daher, was den Anheftepunkt betrifft, für einige Zeit ein Wahlvermögen. Sie wählt in Hinblick auf den zukünftigen Standort und in Hinblick auf ihren zukünftigen Artgenossen (Partner).

Zurück zur Betrachtung der sessilen Sozietät:

Es kann eine Larve sein, die den betreffenden Anhefteort wählt (und dann wächst aus dem Muttertier die soziale Kolonie durch Teilungsvorgänge zu einer vielköpfigen Sozietät heran). Es können aber auch viele Larven sein, welche etwa gleichzeitig den Ort ihres Festsetzens so wählen, daß sie in Zukunft als sessile Organismen eine Kolonie, eine Sozietät bilden können.

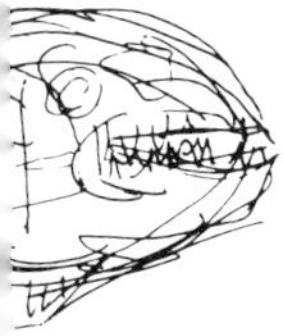

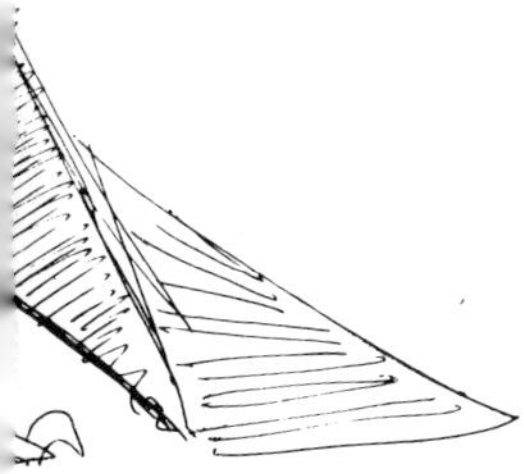

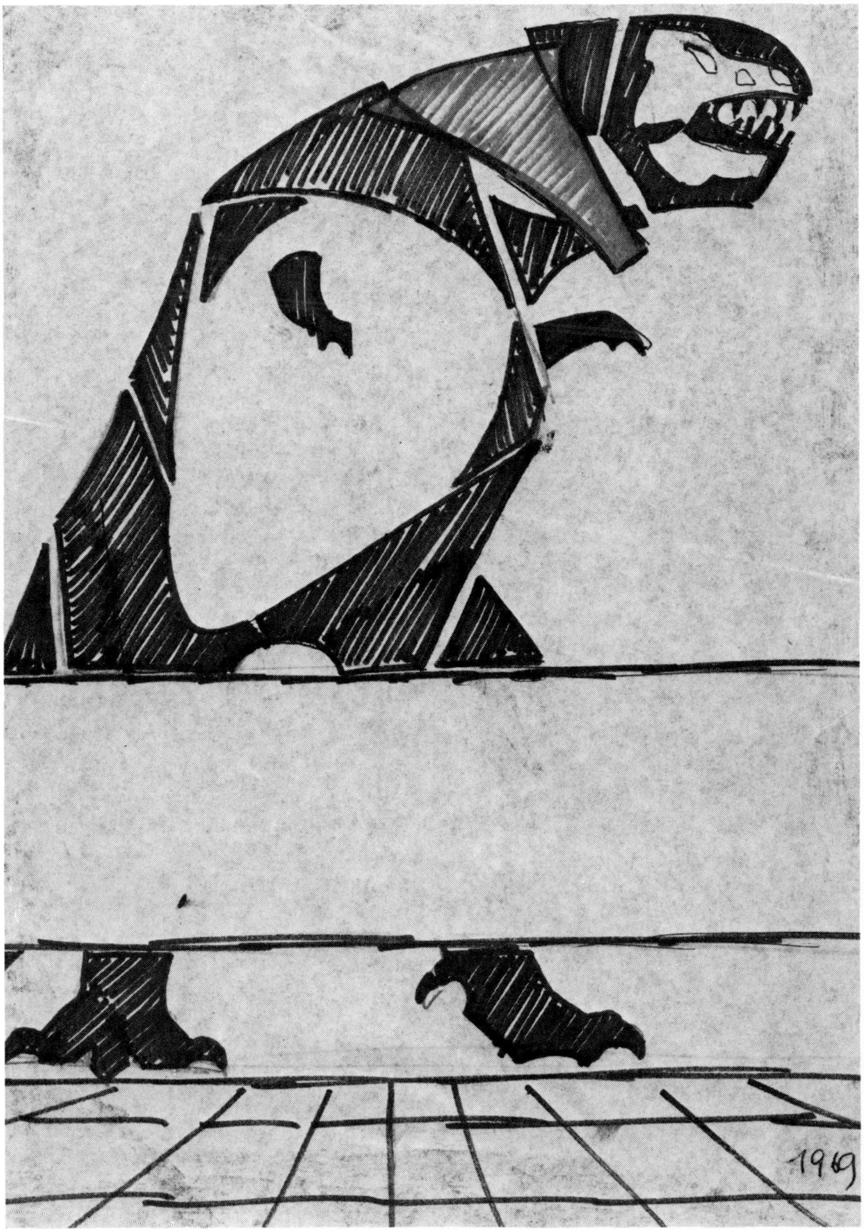

Wie auch immer: der zukünftige Befruchtungsakt des erwachsenen, sessilen Tieres muß dadurch gewährleistet sein, daß die einzelnen Individuen in der Sozietät eng beieinandersitzen. Dieses notwendig gedrängte Leben sessiler, Panzer tragender Organismen verlangt also organisiertes Wachstum (Korallenstock, Seepocken-Siedlung, Abb. 56).

Wachsen und Panzerbau in Hinblick auf den Nachbarn und in Hinblick auf die Vermehrung der an der Sozietät beteiligten Individuen bedeutet Panzer-Umbau. Seinsstufen bedeuten hier Konstruktionsstufen.

Für den Paläontologen sind diese Zusammenhänge nicht nur als Vorgang biologisch bemerkenswert; vielmehr ist die sessile Sozietät in vie-

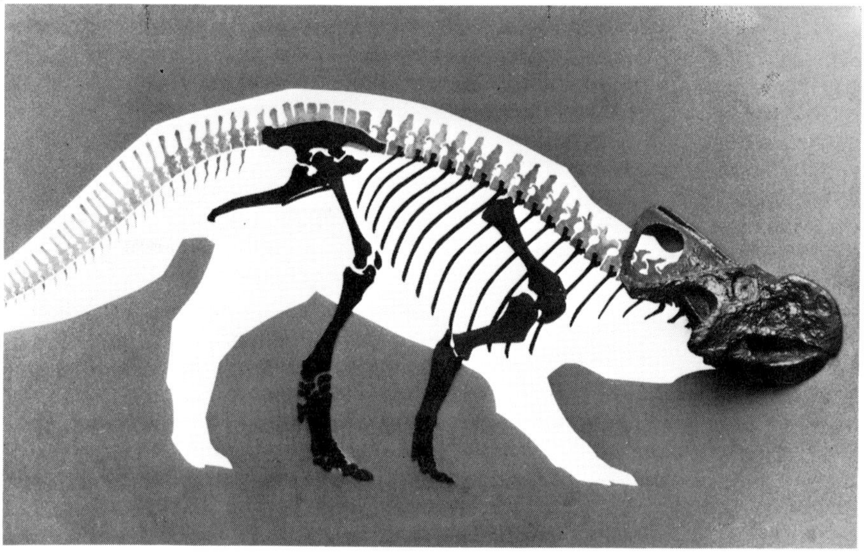

Abb. 114: Wirbeltiere, fossiles Reptil: Protoceratops andrewsi, Vordreihorn (Ob. Kreide, Äußere Mongolei). Rekonstruktion, Metall und Kunststoff, Schädel gegeben. Gesamtlänge = 2,5 m. – Original, Senckenberg-Museum.

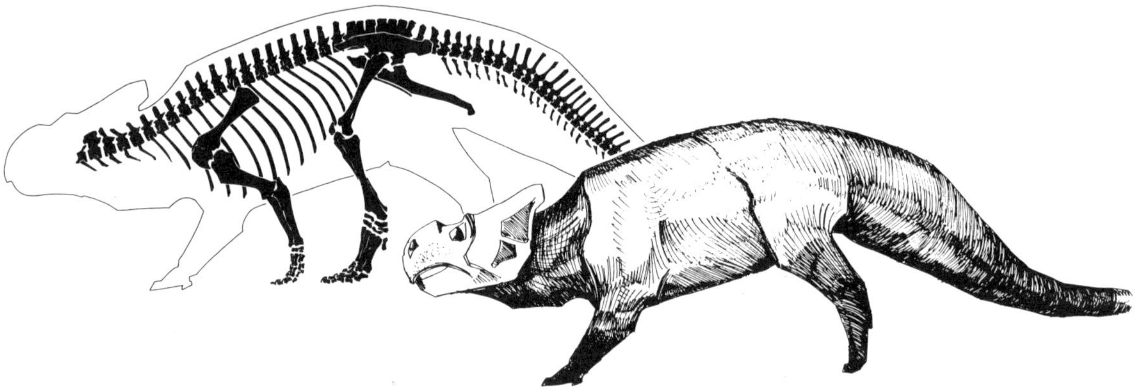

Abb. 115: Wirbeltiere, fossiles Reptil: Protoceratops andrewsi, Vordreihorn (Ob. Kreide, Äußere Mongolei). Rekonstruktionen. – Original, Senckenberg-Museum.

len Fällen auch Riff-bildend, sie ist Gebirgs-bildend. Das Studium von Korallenriffen aus Erdaltertum, Erdmittelalter und Erdneuzeit, wie es heute (aus gutem Grund) weltweit betrieben wird, ist

Studium der Hinterlassenschaften von Kalkbauenden, sessilen Sozietäten.

Da aber solche Kalk-bauenden Sozietäten Hartgrund-bildend sind und als solche sowohl im Leben wie als tote Körper und schließlich in Bruchstücke zerlegt, Biotop-bildend sind, so sind sie auch Ausgang für ortstypische Ökosysteme, und sie bauen – wegen ihrer meist hohen Lebensdauer – zahlreiche und sehr mächtige Biofaziesbezirke auf, die ihrerseits wieder Erosionskräften ausgesetzt sind (Forereef, Zentralreef, Backreef).

Riff-Analyse ist also dreierlei:

ist Studium sessiler, volkreicher Sozietäten im Wechsel ihrer Gestalt in der drangvollen Enge ihrer kritischen Situationen, ist Studium des Energie- und Formenhaushalts im Ökosystem und ist Abgrenzung von einzelnen Biofaziesbezirken.

IV. Paläontologie heute

Schien bisher alles das, was Aktuopaläontologie der letzten 50 Jahre in ihren funktionell-morphologischen, in ihren ökologischen und biofaziellen Bereichen forderte (und als Untersuchungsergebnis im Rezenten z. T. schon lange eigens für die Auswertung fossiler Fälle aus allen Erdzeitaltern bereit hielt), Zukunftsmusik, so hat inzwischen die Paläontologie vereinzelt diese Hilfen aus dem rezenten Geschehen (im besonderen auf ökologischem Gebiet) zunächst zögernd, aber nun entschlossen ergriffen (Ziegler 1972).

1. Palökologie

Heute ist Aktuopaläontologie und insbesondere ökologische Forschung am rezenten und gleichzeitig am fossilen Objekt Wirklichkeit geworden;

noch mehr, die vier obengenannten Projektbereiche, welche Aktuopaläontologie ausmachen, das heißt Funktionelle Morphologie, Fährten- und Spurenkunde, Todes- und Einbettungslehre und Biofazieskunde, erweisen sich fast in unveränderter Form in einer Palökologie als tragbare Basis.

Besonders durch den Sonderforschungsbereich »Palökologie«, dem »SFB 53«, hat sich in diesem Lande unsere Wissenschaft die aktuopaläontologischen Modellfälle und die daraus fließenden Forderungen an den fossilen Fall zu eigen gemacht. In einer Breite – nämlich mit einer großen Zahl beteiligter Wissenschaftler und technischer Kräfte, die zu einem Team zusammengeschlossen sind, mit modernem Gerät, in Kontinuität, mit Publikationsmöglichkeiten – also in einer Breite, in der noch selten vorher ein wesentlicher Teilbereich der Paläontologie bearbeitet werden konnte, läuft hier auf der tragenden Basis der Aktuopaläontologie ein Programm ab, welches es im nachhinein mit gutem Gewissen erlauben wird, unser Jahrhundert, auch durch die Inhalte paläontologischen Forschens, das ökologische zu nennen.

Sehen wir, wie dieses palökologische Forschungsprogramm des SFB im einzelnen aufgebaut ist und inwiefern es symptomatische Züge hat – ich meine Züge im Hinblick auf die geistesgeschichtliche Situation der Paläontologie als Wissenschaft im 20. Jahrhundert.

Das SFB hat sich die Aufgabe gesetzt, die Palökologie, genauer die ökologischen Momente in der Paläontologie, systematisch zu entwickeln. Die für mehrere Jahre projektierte Aufgabe, an der eine größere Zahl von Wissenschaftlern beteiligt ist, wurde in vier Projektbereiche: Konstruktionsmorphologie, Fossillagerstätten, Fossildiagenese, Fossilvergesellschaftungen gegliedert.

Diese vier Fragengruppen schließen sich dem Inhalt nach nahtlos an die aktuopaläontologischen Fragestellungen, wie sie schon für das rezente Bereich gestellt waren, an; spiegelt sich doch in diesen Fragegruppen (und auch gerade in einer Konstruktionsmorphologie = Funktionelle Morphologie) alles ökologische Geschehen. Es überlappen sich zudem in dieser Palökologie nicht nur die Einzelfragen und Einzeldisziplinen, es wird auch ein breites Spektrum von Organismengruppen, Erdzeitaltern und Lebensräumen erfaßt, und es finden die Grundwissenschaften, die wir eingangs definieren konnten, hier nun ihr Feld.

Dieses Sonderforschungsbereich will im übrigen auch als Instrument erdwissenschaftlicher, geologisch-mineralogischer, biologischer und urgeschichtlicher Forschung und praktischer Anwendung dieser Disziplinen verstanden werden. Wiederum ausgehend von den heutigen Verhältnissen, findet es – eben letztlich einer histori-

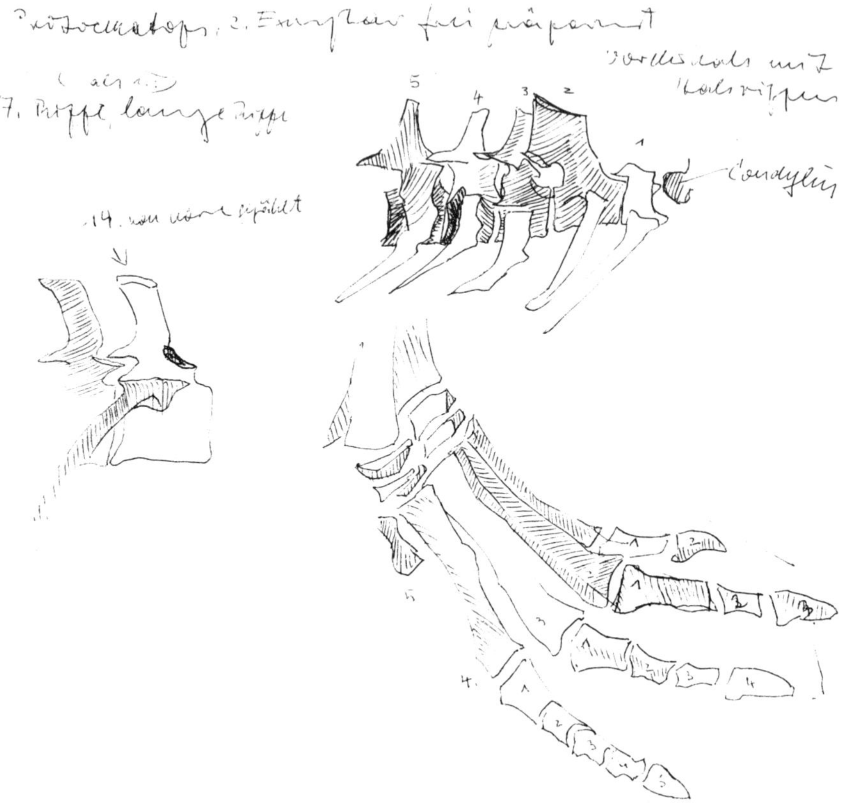

Abb. 116a u. b: Wirbeltiere, fossiles Reptil: Protoceratops andrewsi, Vordreihorn (Ob. Kreide, Äußere Mongolei). Skizzen zur Halswirbelsäule und zum Fuß (nach Objekten in American Museum of Natural History New York). – Original, Senckenberg-Museum.

Abb. 117: Wirbeltiere, fossiles Reptil: Triceratops prorsus (Ob. Kreide, Montana, USA) Skelettrekonstruktionen, Tiere in der Bewegung, Gesamtlänge 6 m. – Zeichnung J. Wirth, Senckenberg-Museum.

schen Disziplin verhaftet – auch Zugang zu grundsätzlichen Abweichungen von den heutigen Umwelten, was die ökologisch wirksamen Momente der Wasserstände, Wassertemperaturen, Klimate, Kontinent-/Ozeanverteilung und alle Biotope dort und auf den Festländern betrifft. Mit anderen Worten: Die Erde als Himmelskörper im Raum beginnt unter solchen Gesichtspunkten der Zusammenschau, in ihrer Dynamik – d. h. im Wechsel tektonischer, sedimentologischer, biologischer, geochemischer Vorgänge und im Wandel der Zeiten bis hin zu Fragen der Menschheits- und Kulturentwicklung – in unserer Vorstellungswelt zu einem Ganzen in Raum und Zeit zu werden.

Hier verbinden und durchdringen sich die Maßnahmen zur Analyse der Entstehung von

Fossillagerstätten, von Anreicherungen und Vergesellschaftungen von Organismen mit Fragen nach dem Energiehaushalt, den Kreisläufen und der Selbstregulation in rezenten, vor allem ozeanischen Groß-Lebensräumen. Denken wir nur an die gegenwärtigen Bemühungen der Meeresforschung (BUNDESMINISTER FÜR BILDUNG UND WISSENSCHAFT 1972), die großen Energieströme im Auftriebwasser des östlichen Atlantik zu bestimmen. Hier werden die engen Beziehungen zwischen Aktuopaläontologie und Palökologie sichtbar, und es wird auch deutlich, wo im theoretischen Ansatz Unterschiede in der Betrachtung zutage treten.

Das Bedürfnis, eine Wissenschaft als Ganzes mit ihren Verkettungen zu Nachbardisziplinen darzustellen –

d. h. unter den besonderen Bedingungen der Gegenwart Inventur zu machen – ist in den letzten Jahren mehrfach und in mehreren Disziplinen notwendig geworden. Dies gilt besonders auch für die größere Schwesterwissenschaft »Zoologie«. Hier hat sich eine Arbeitsgruppe der Deutschen Zoologischen Gesellschaft in Abstimmung mit der Deutschen Forschungsgemeinschaft – lesenswert für jeden Paläontologen – der Aufgabe unterzogen, die Zoologie, wie sie heute in ihren vielen Zweigdisziplinen mehr oder weniger voneinander getrennt existiert und an den Hochschulen vertreten wird, als eine historisch gewachsene Ganzheit darzustellen und daraus Forderungen an den Zoologen und an die finanziellen Träger zu ihrer Förderung abzuleiten. Konsequenterweise zeigen die dort besprochenen Arbeitsgebiete ihrerseits über das biologische Geschehen in der Gegenwart hinaus; es weitet sich der Blick in ein evolutives, d. h. Vergangenheit, Gegenwart und Zukunft einschließendes Geschehen (RATHMEYER 1975); dies allerdings ganz ohne Erwähnung paläontologischen Forschens und Mühens in den letzten 200 Jahren. In diesem Nichterwähnen drückt sich besonders deutlich aus, wie fern sich doch die beiden am gleichen Objekt und am gleichen Phänomen, dem Organismus, arbeitenden Disziplinen zum Schaden der Sache im Grunde sind.

Sicherlich ist es kein Zufall, sondern eine in der Zeit liegende Notwendigkeit, daß sich ganz unabhängig davon, aber ebenfalls in diesem Jahr 1975, ein Paläontologe daran gemacht hat, in einer Gesamtdarstellung seine Wissenschaft und ihre Beziehungen zu den Nachbardisziplinen

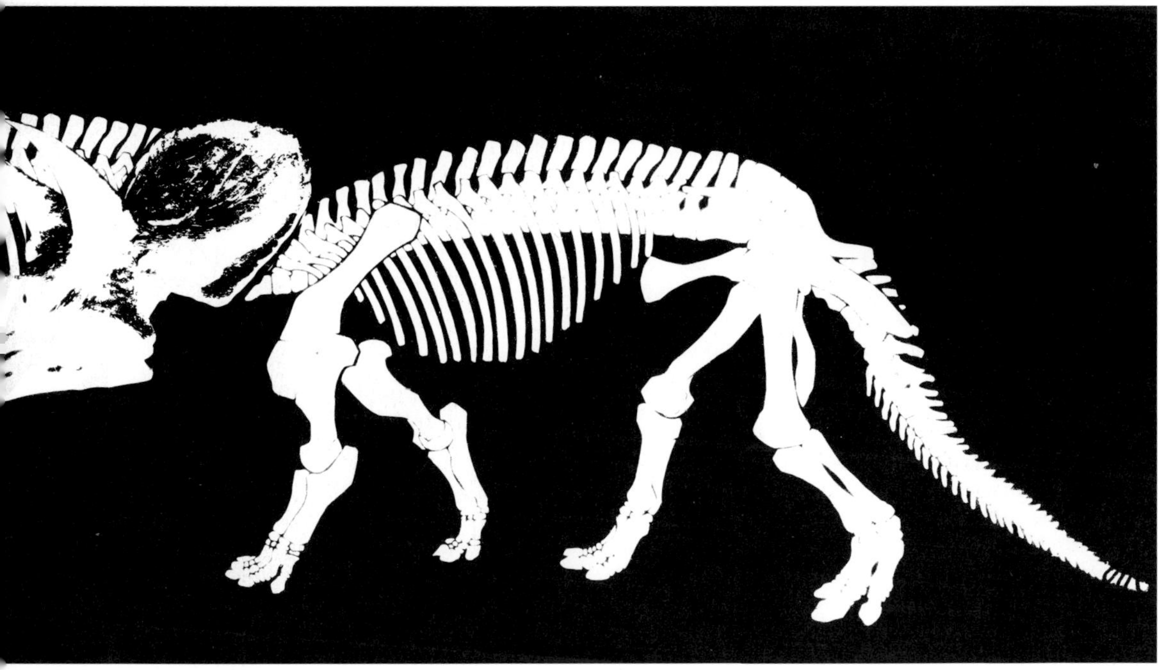

(und darin ebenfalls vergangenes, heutzeitiges und zukünftiges Leben in einem Blick zu sehen) dem Leser vor Augen zu führen (H. K. ERBEN 1975).

2. Formen des Fortschritts in den Naturwissenschaften

Bleibt aufs Ganze gesehen die Frage, in welcher Weise der geschichtliche Ablauf einer Wissenschaft sich darstellt:

Ist der Verlauf der Erkenntniszunahme ein kontinuierlicher, stapelt sich sozusagen Stein auf Stein, Analyse auf Analyse im ständigen Gleichlauf der geistigen Einzelereignisse als summativer Prozeß?

Oder gründen vielmehr diese Analysen und die Art, wie sie vom Forscher angesetzt werden, auf einigen wenigen planend-ordnenden Leitgedanken, auf Theorien, auf einzelnen, grundlegenden, kreativen Erkenntnisprozessen, die jeweils für eine bestimmte Zeit ihre anregende und ordnende Kraft haben? Diese werden aber schließlich in einem »revolutionären« Prozeß durch eine neue Gedankenordnung, ein neues Erklärungsmodell, das wiederum für eine geraume Zeit die Art und Weise der Einzelanalysen und ihre Ordnung bestimmt, ersetzt. Diese Vorstellung hat vor einiger Zeit der englische Wissenschaftshistoriker THOMAS S. KUHN (1976) vorgetragen.

KUHN bezeichnet diesen Vorgang als »Paradigmenwechsel«.

Der neue Gedanke, der dem Paradigma innewohnt, ist – so ist KUHN wohl zu verstehen – meist bezogen auf eine Gruppe von Fachleuten eines größeren oder engeren Spezialgebietes und wird von dieser getragen. Oder – umgekehrt ausgedrückt – Paradigma ist das, was einer wissenschaftlichen Gemeinschaft gemeinsam ist. Der neue Gedanke, der in seinen Ausmaßen und Wirkzusammenhängen anerkannt wird, ist also das bestimmende, das selektive Moment. Solche tragenden Gemeinschaften sind nach KUHN verschieden umfassend; reichen in verschiedene Ebenen, z. B. von der Gemeinschaft aller Naturwissenschaftler bis zur kleinsten Gruppe. Daher hat nach KUHN jede Untersuchung paradigmatisch gelenkter Forschung mit der Charakterisierung der in diesem Falle tragenden, d. h. Paradigma-formenden oder Paradigma-zerstörenden Menschengruppe zu beginnen.

SEILACHER (1976 a) sieht für das Ganze der Paläontologie nicht diesen Entwicklungsmodus. Die Paläontologie sei vielmehr in ihren wesentlichen Teilgebieten vor allem durch den stetigen Zustrom neuen Beobachtungsmaterials, durch Er-

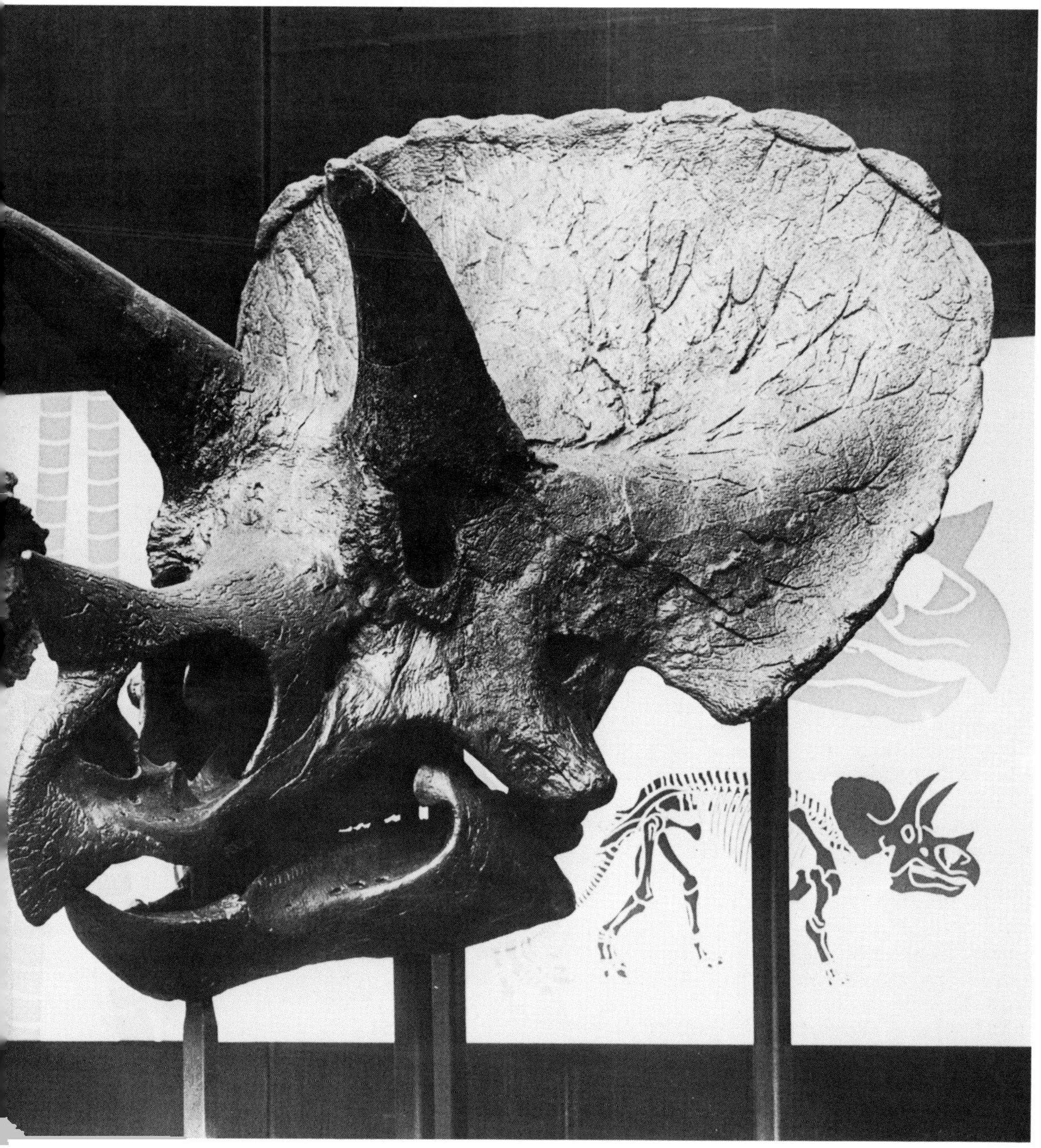

schließung neuer Fundgebiete, auch durch den Einsatz neuer Untersuchungs- und Präparationsmethoden gekennzeichnet; dies alles sei nicht Selbstzweck, wohl aber verfeinere es das phylogenetische und biostratigraphische Bezugssystem.

Abb. 118: Wirbeltiere, fossiles Reptil: Triceratops prorsus (Ob. Kreide, Montana, USA). Zwei Schädel, rechter Schädel mit Nackenschild, sagittale Länge des Schädels = 1,50 m. — Aufn. E. Haupt, Senckenberg-Museum.

Abb. 119a u. b: Wirbeltiere, fossiles Reptil: Triceratops prorsus (Ob. Kreide, Montana, USA). Skizzen zur Rekonstruktion: Beckenlage, Hinter- und Vorderextremität, rechts. — Original, Senckenberg-Museum.

»Wissenschaftliche Revolutionen«, wie sie KUHN beschreibt, hätten jedoch in der Paläontologie in jüngerer Zeit nicht stattgefunden. Vielmehr hätten sich die grundsätzlichen paläontologischen Fragestellungen in den letzten 100 Jahren kaum geändert, wiewohl Paläontologie bei mehreren Flurbereinigungen auf Nachbargebieten (Turbidit-Theorie, Plattentektonik, Geophysik) wesentlichen Anteil genommen habe. Es fehle – wie er sagt – das einheitliche System, in welches die Einzelbefunde eingeordnet werden können.

In der Tat, ist Paläontologie – wie wir oben mit MEYER-ABICH für die Biologie im ganzen sagten – nur die Summe mehrerer, oft sehr divergierender Grundwissenschaften, also keine systematische Einheit, dies sieht SEILACHER richtig. So kann auch unsere Suche nach Vorgängen eines Paradigmenwechsels nicht dem Gesamten der Paläontologie gelten. Tatsächlich sehen wir dort nur ein Kontinuum in aller Epik. Auch THENIUS (1966), der für die Wirbeltier-Paläontologie die in den letzten Jahren erfolgten Fortschritte (er sagt »Ergebnisse und Probleme«) darstellte, zählt Einzelphänomene, wie sie aus gegenwärtiger Sicht fließen müssen, auf. Nichts also von Methodenänderung, nichts von neuen Forschungsgebieten, nichts von Neuland, das die Wissenschaft der Paläontologie als Ganzes betrifft; sie ruht vielmehr auf Einzelergebnissen und auf der Fortentwicklung schon in Angriff genommener Fragen.

Wenn wir jedoch in den einzelnen divergierenden und weitgehend selbständigen, paläontologischen Grundwissenschaften und ihren Folgewissenschaften, welche die Ganzheit der Paläontologie erst ausmachen, nach solchen Vorgängen des Paradigmenwechsels suchen, so werden wir sehr wohl fündig.

In unserem Schemabild (Abb. 86) stellen die einzelnen rechteckigen Kästen die oben beschriebenen Grundwissenschaften und ihre Folgewissenschaften dar (und zwar sieben solche von der Biologie hergeleitete und zwei solche von der Geologie hergeleitete). In diese auf die Grundwissenschaften und ihre Folgewissenschaften in der Paläontologie bezogenen Kästen sind jeweils die Autoren (mit Lebensdaten) eingetragen, welche diese Disziplin einzeln oder als Gruppe in entscheidender, in richtunggebender Weise (paradigmatisch = durch ein neues Erklärungsmodell) gefördert haben. Auf Seite 15 haben wir bereits die die Paläontologie aufbauenden Grundwissenschaften mit ihren Folgewissenschaften aufgezählt.

Aus dem Schemabild (Abb. 86) mit seinen jeweils zugeordneten und einen Paradigmenwechsel bewirkenden Autoren ist zu entnehmen (siehe die ausführliche Betextung des Schemabildes), daß

(1.) Paläontologie in doppeltem Bezug existiert: 7-fach in bezug zur Biologie und 2-fach in bezug zur Geologie; daß

(2.) für mehrere Grundwissenschaften und Folgewissenschaften der Paläontologie die Gegenwart eine Epoche des Paradigmenwechsels zu sein scheint; daß

(3.) damit Paläontologie gegenwärtig durch diese ihre paradigmatischen Ansätze in mehreren Grundwissenschaften und ihren Folgewissenschaften nicht nur fachspezifische, vielmehr als Bildungsträger allgemeine Bedeutung erhält; daß

(4.) Aktuopaläontologie in Zukunft integrierte Teildisziplin der Paläontologie sein muß, soll die Mehrzahl ihrer übrigen Grundwissenschaften und ihrer Folgewissenschaften eine Zukunft haben und sich paradigmatisch wandeln können.

3. Wissenschaftlicher Fortschritt und Fortschritte in der Paläontologie

Der Gedanke des Wissenschaftstheoretikers Th. S. Kuhn (1976) von einem Paradigma-Wechsel konnte nur – darüber müssen wir uns klar sein – in einer geistigen Umgebung entstehen, die fraglos davon überzeugt ist, daß diese Welt (wie sie als Natur und wie sie als Menschenwelt sich darstellt) der Zeit unterworfen ist; anders gesagt,

daß sie mit allem, was sie beinhaltet, an einem Fortschritt beteiligt ist.

Diese Vorstellung von einem Fortschritt existiert erst seit einigen Jahrhunderten; das Altertum kannte diesen Gedanken noch nicht; es dachte – wie oben schon gesagt – in Kreisprozessen, dem alles Geschehen unterworfen sei; es dachte statisch (siehe S. 15). Für das Mittelalter aber lagen Fortschritte im Sinne eines Besserwerdens nur im Jenseits. Erdendasein war Leben im Jammertal. Jetzt aber sollte dieser Fortschritt schon hier auf Erden und in der Gegenwart statthaben; eine revolutionäre Idee, alles umwendend und nun als Fortschrittsideologie auch politisch verstanden. Gegen das Versprechen, Fortschritt zu geben, zieht bis heute kein Argument.

So war für das Altertum und auch für das Mittelalter »Wissenschaft« nicht in eine Kontinuität gebunden. Jeder Forscher begann von vorne und war im Grunde Autodidakt. Nicht ohne Grund stützt sich das Mittelalter in seinen naturwissenschaftlichen Bedürfnissen nur auf Aristoteles. Für beide Zeitabschnitte, Antike und Mittelalter, galt das aristotelische (im Grunde geschichtslose) Wissensgut. Noch für einen Nicolaus Steno (1638–1686) bedeutete (obwohl er die organische Natur der Fossilien erkannt hatte, obwohl er über die ursprüngliche, die horizontale Schichtenlage sich im klaren war, obwohl er aus seinen Beobachtungen heraus eine Gebirgsgenese betrieb) Geologie Gebirgsbau und noch nicht Erdgeschichte in unserem historischen Sinn.

Das, was wir als »Fortschritt der Wissenschaft« bezeichnen, diese Vorstellung stammt aus jüngster Vergangenheit, ist Errungenschaft der Aufklärung (vgl. Carr 1977). Erst in diesen Jahrzehnten des 17. und 18. Jahrhunderts zeigen die europäischen Wissenschaften (und vorab die aufblühenden Naturwissenschaften) ihre wahre Methodik, die ihnen – wie wir heute wissen – die Weltherrschaft eingetragen hat: die Vorstellung davon nämlich, daß jede neue Erkenntnis auf (bewiesenen) Erkenntnissen eines oder vieler Vorgänger aufbaut, die ihrerseits schon auf gesichertem Grund standen. Schritt für Schritt wächst das Gebäude der Wissenschaften in die Höhe und in die Breite. Tiefster Sinn aller Nachwuchserziehung ist weltweit und alle Kulturkreise überspringend die Erzeugung dieses Gefühls, Zug um Zug nach bewährter Methode voranzuschreiten in eine noch aufgeklärtere Zukunft. Daran hat jede Wissenschaft teil, so daß deren Ergebnisse für eine Nachbarwissenschaft fraglos und ohne neue Nachprüfung ihres Wahrheitsgehaltes benutzt werden können. Teamarbeit vieler Fachrichtungen wird dadurch erst möglich. Die wissenschaftlichen Ergebnisse aber stapeln sich abrufbereit in unseren Bibliotheken; sie sind durch Organisation und durch Geräte des maschinellen Stapelns und Abrufens geschliffene In-

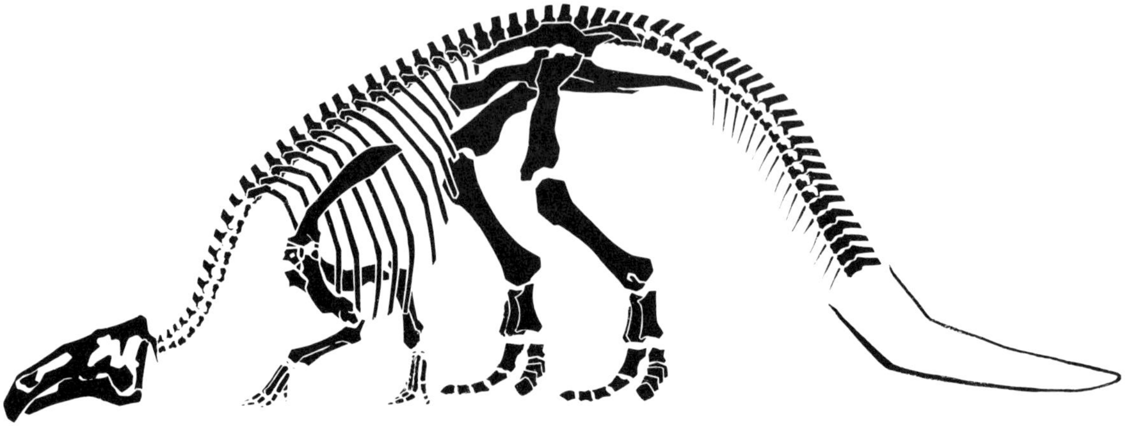

Abb. 120: Wirbeltiere, fossiles Reptil: Anatosaurus annectens, Schnabeldrache (Jüngere Kreide, Wyoming, USA). Rekonstruktion (das Tier war auch fähig, sich auf die Hinterbeine aufzurichten). Weichpflanzenfresser in Flußniederungen, Gesamtlänge = 7 m. — Zeichnung RENATE KLEIN-RÖDDER, Senckenberg-Museum.

Abb. 121: Wirbeltiere, fossiles Reptil: Anatosaurus annectens, Schnabeldrache (Jüngere Kreide, Wyoming, USA). Blick ins Innere des Brustkorbes, vom Rücken her von Gestein eingehüllt. — Aufn. E. HAUPT, Senckenberg-Museum.

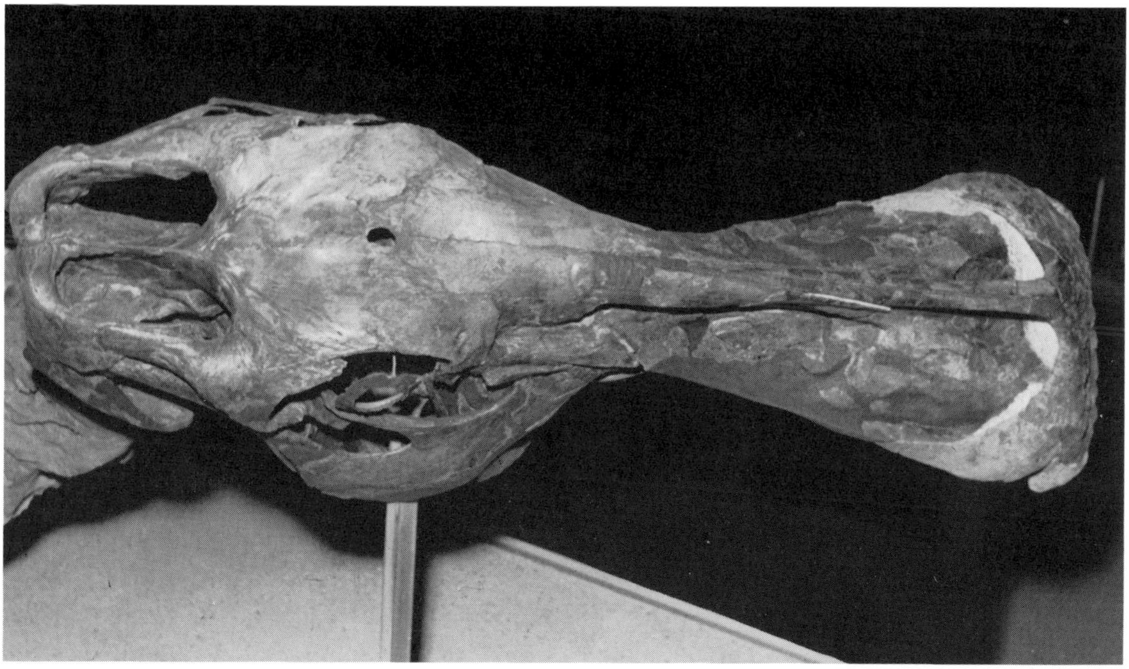

Abb. 122: Wirbeltiere, fossiles Reptil: Anatosaurus annectens, Schnabeldrache (Jüngere Kreide, Wyoming, USA). Schädel mit Entenschnabel von oben, Gesamtlänge des Schädels = 1,10 m. Weichpflanzenfresser in Flußniederungen. — Aufn. E. HAUPT, Senckenberg-Museum.

strumente der gleichen Methode, die das jeweils vorhandene Wissen jedermann verfügbar macht und den »Fortschritt« verbürgt. Es ist der Fortschritt unter dem Signum der Vernunft (vgl. R. W. MEYER 1969).

Wissenschaft unter dieser Herrschaft bestimmt unsere ganze Welt, sie macht vor allem moderne Technik erst möglich;

es entsteht der Fortschritt in Potenz: denn nicht nur erzeugt Wissenschaft Technik, sondern nun auch umgekehrt Technik Wissenschaft.

Mit dem Fortschrittsgedanken in der Neuzeit als einem erstrebenswerten Fortgang der Dinge und sichtbar auf ein in der Zukunft besseres Weltgebäude gerichtet und angelegt, wurden auch schon die warnenden Stimmen laut. Spricht zwar BACON noch (FETSCHER in seiner Konstanzer Universitätsrede 1976) aus einem Fortschrittsglauben heraus von der zunehmenden Macht der Menschen über die Dinge (sie beruhe allein auf Kunst und Wissenschaft; denn nur durch Gehorsam werde die Natur beherrscht), so nennt FETSCHER in ROUSSEAU auch die Gegenstimme (der Fortschritt gehe auf Kosten der Sittlichkeit der Individuen und damit zugleich zu Lasten des sozialen Zusammenhalts). GOETHE sagt in Hinblick auf seine Ernennung zum Korrespondierenden Mitglied der Senckenbergischen Naturforschenden Gesellschaft 1820 der jungen Gesellschaft warnend: »Wer Kunst und Wissenschaften fördert, bereitet grenzenlose Folgen vor« (16. V. 1821).

Durch das ganze 19. und 20. Jahrhundert hindurch sahen die einzelnen Generationen Technik und diesen Vorgang der eingespielten wechselseitigen Bedingungen zwischen Wissenschaft und Technik verschieden. Die frühen Generationen des 19. und des beginnenden 20. Jahrhunderts sahen trotz Gegenstimmen das Geschehen, das sich vor ihren Augen abspielte, voll Besitzerfreude; die nächsten Generationen im 20. Jahrhundert voll Stolz und Übermut; unsere sieht Fortschritt (und die Folgen eines ungehemmten Fortschritts) mit einem Mal mit Skepsis. Denn Fortschritt auf

a

Dauer, Fortschritt geplant und ausschließlich in der Hand des Menschen führte – so die Beobachtung – bisher keineswegs zu einem erstrebten Idealzustand. Liegt doch in der unlöslichen Verbindung von Wissenschaft und Technik unversehens ein ökologisches Problem, also ein solches des sich regulierenden Gleichgewichts zwischen den gewollten Pluseffekten und den nicht gewollten, aber mitentstehenden Minuseffekten. Nicht von ungefähr spricht der Theologe HANS SCHMIDT in unserem Zusammenhang von der Dreiheit: »Ökofülle«, »Ökostolz« und »Ökoplage« (vgl. auch Abb. 174). Da aber Wissenschaft und Technik in der Potenz durch vielfach erzeugte Güter und durch allen Komfort bis in die Lebenserwartung jedes einzelnen Menschen hinein Vermehrung der Menschheit auf der Erde und gänzliche Abhängigkeit von Technik (und damit auch von Wissenschaft) erzeugt, ist dieser Fortschritt durch Wissenschaft und Technik nicht mehr zu lassen oder gar rückgängig zu machen (SCHÄFER 1971).

Neuen Fortschritt, als wissenschaftlichen und als technischen Fortschritt, überhaupt überlebbar zu machen, ist daher neue, bisher niemals so gestellte

Abb. 123a–c: Wirbeltiere, fossiles Reptil: Anatosaurus annectens, in Flußniederungen der Jüngeren Kreide (Wyoming) lebend. Dort gute fossile Erhaltungsmöglichkeiten, weil rasch wechselnde Wasserstände mit viel wind-gefrachtetem Feinsand und sengendem Sonnenlicht zur Trockenliegezeit. In den Trockenliegezeiten der Flußaue Neigung zur Mumifizierung der Leiche oder von Leichenteilen. Hier: (a) Mumifizierte Rückenhaut, (b) mumifizierte rechte Vorderextremität (Innenseite), (c) Anatosaurus in der Großvitrine. — Aufn. E. HAUPT, Senckenberg-Museum.

Aufgabe von heutiger und zukünftiger Wissenschaft.

Vor diesem Hintergrund verstehen wir Paläontologie, die sich ja mit Lebensräumen, Lebenszeiten und Lebensdauer seit je beschäftigt, erst richtig. Paläontologie so betrachtet, ist sogar doppelt an diesen Entwicklungsgedanken gebunden:

Als Wissenschaft nimmt sie teil an der geschilderten, allgemein herrschenden Fortschrittsidee und benutzt für sich die geschaffenen Methoden und organisatorischen Hilfen;

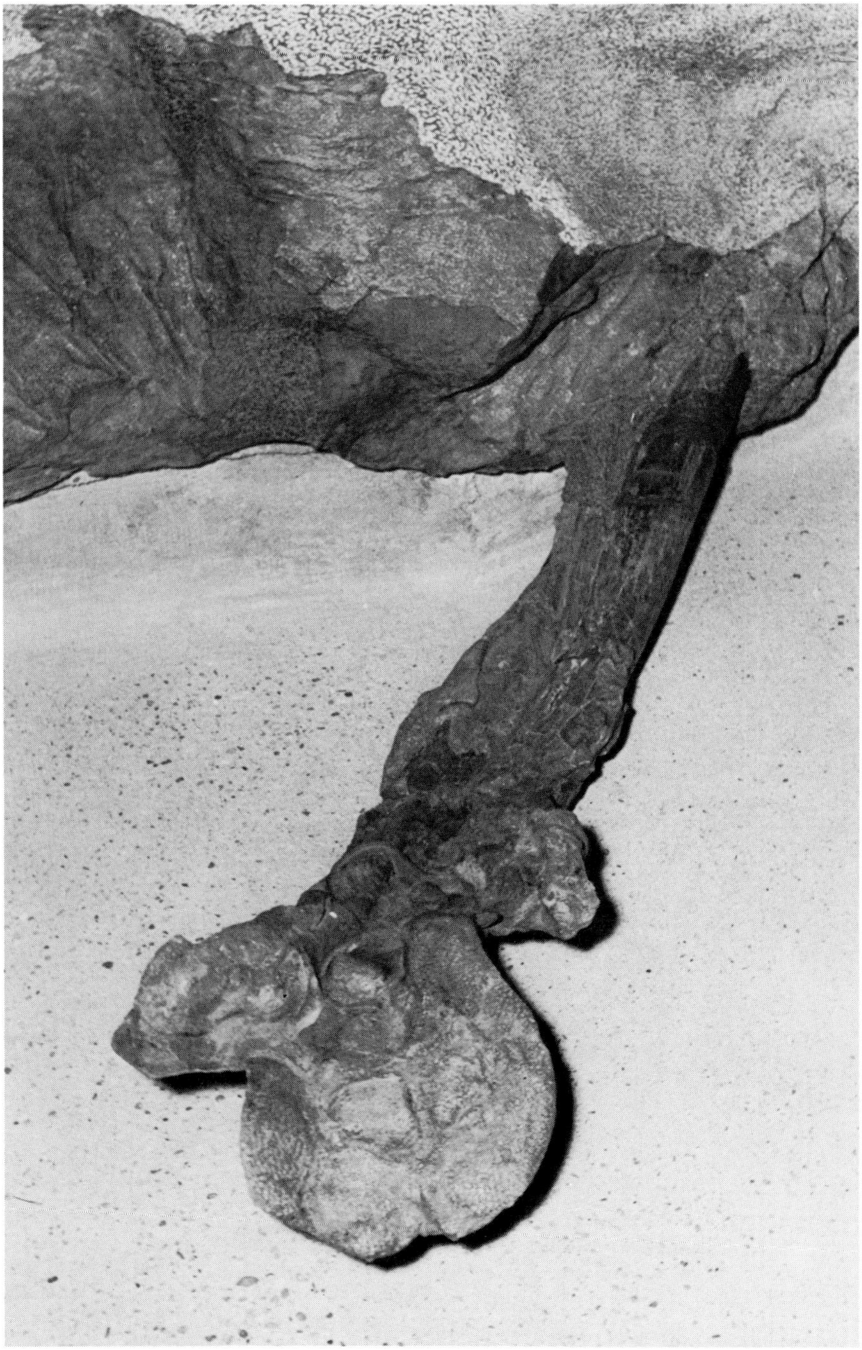

b

als historische Naturwissenschaft, die den Fortschritt im Organismenreich von der präkambrischen Prozyte bis zum Menschen in der Gegenwart wie keine Wissenschaft sonst zu ihrer eigentlichen Frage gemacht hat, ist Paläontologie auch von ihrem speziellen Inhalt her an die Vorstellung von Fortschritt gebunden. So verstehen wir im nachhinein, daß Paläontologie im Alter-

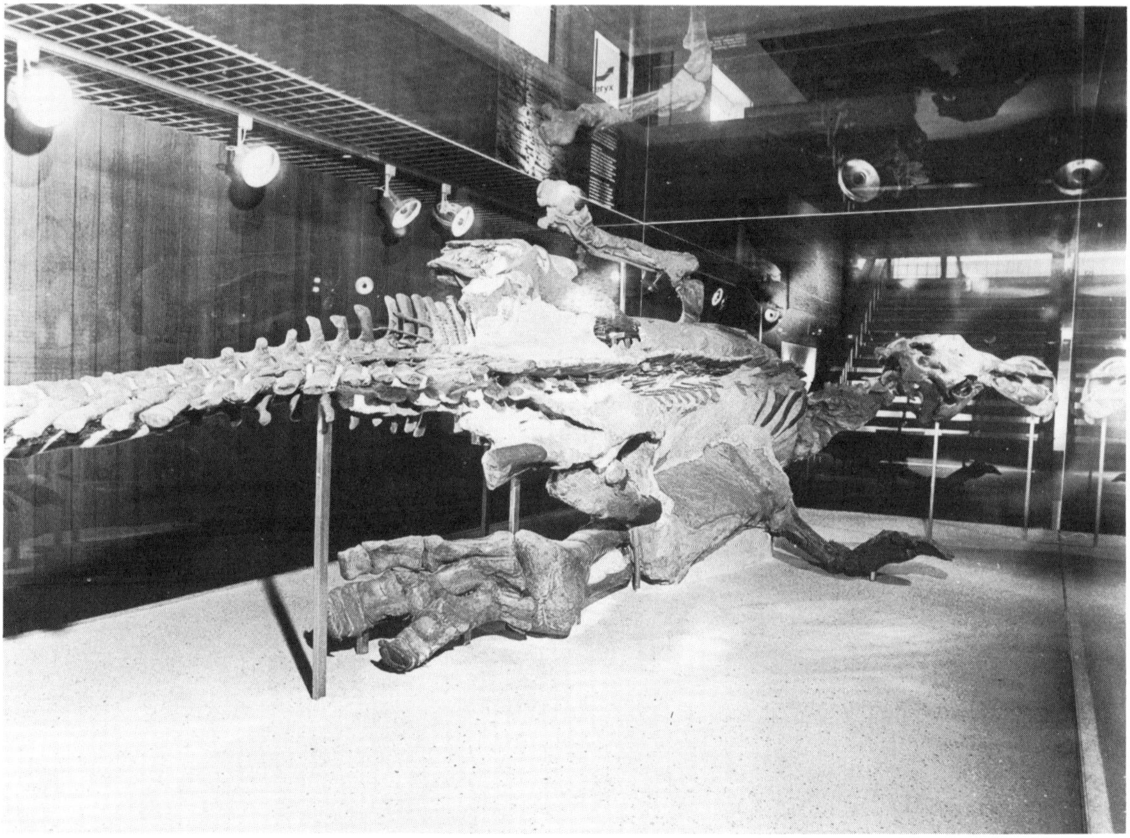

c

tum, dem dieser mobilisierende Fortschrittsgedanke fehlte, nicht entstehen konnte, ebenso noch nicht in der Renaissance, die zwar »Zeit« als mathematische Größe entdeckt hatte (Astronomie) und leere Unendlichkeit philosophisch abhandelte, und die den Gedanken der Irreversibilität nicht auf die Natur zu übertragen vermochte. Wir verstehen nun, daß aber sehr wohl das 18. und das 19. Jahrhundert, für welche nun der Faktor »Zeit« historische Zeit war, die Idee einer paläontologischen Wissenschaft wachsen lassen konnte.

Wie jede andere Naturwissenschaft schuf sich moderne Paläontologie auch ihre eigenen Methoden:

Sie hatte sich bereits früh mit Hilfe der in ihrem Auftreten geordneten Fossilien die relative Zeit als stratigraphischen Maßstab zur ersten Ordnung der vielen Kilometer Gestein der Erdrinde erarbeitet.

Die Nachbarwissenschaft Physik entwickelte in neuester Zeit durch die Entdeckung der radioaktiven Elemente und durch die Beobachtung ihrer Zerfallsunabhängigkeit von äußeren Bedingungen eine absolute Zeitenskala, die sich im Raum des Schichtenpaketes der Erdrinde und ihrer Fossilien (mitsamt der menschlichen fossilen Hinterlassenschaften) nun benutzen läßt;

die Untersuchungsmethoden (optische, chemische, mechanische) wurden verfeinert; ebenso die Ausgrabungstechniken und die dabei angewendeten biofaziellen und ökologischen Fragestellungen am Ablagerungsort;

die Fülle des aktualistischen Wissens aus allen Erdgegenden hat das Verhältnis des Paläontologen zu seinen Untersuchungsobjekten grundlegend geändert;

die moderne Meeresforschung mit der Fülle spezifischer Methoden (Lotröhre, Kastengreifer, Sedimenthärtungsverfahren, Schliff von Sedimentblöcken und die Kenntnis besonderer Bedingungen am Grunde der Ozeane etc.) hat die

Abb. 124: Wirbeltiere, fossiles Reptil: Museumsbau, Museumseinrichtung und Umgang mit Großfossilien ist praktische Architektur. Hier: Montage und Transport von Anatosaurus annectens. — Aufn. E. HAUPT, Senckenberg-Museum.

gegebenen Möglichkeiten meerischen Geschehens deutlich gemacht;

die Zahl der heute bekannt gewordenen Fossilien aus allen Erdzeitaltern und aus allen Kontinenten hat sich in den letzten Jahren um ein Vielfaches vermehrt;

die Idee der Wanderung der Kontinente (ALFRED WEGENER) läßt auf eine neue Weise die Verbreitung der Fossilienwelt deutlich werden; umgekehrt macht gerade die weltweite Verbreitung von Fossilien auf den Südkontinenten die bloße Annahme der Kontinentaldrift erst zur Gewißheit.

Diese Voraussetzungen legen die Frage nach dem Erkenntnisstand heute (wir können auch sagen, nach dem Fortschrittsstand) der Paläontologie nahe. In einer kaum 30 Seiten starken Mitteilung hat Emil Kuhn-Schnyder (1977) und 10 Jahre vorher an anderen Orten bereits schlüssig eine solche Übersicht über eine ganze Wissenschaft gegeben. Am Beispiel der soweit heute bekannten Entwicklungsgeschichte der fossilen Wirbeltiere weist diese Abhandlung, zwar sehr wohl die Einzeltatsache heranziehend, in die Schilderung des Prinzipiellen einer Wissenschaft. Indem diese Abhandlung ihre Erkenntnisse in die Biographien der an diesen Fortschritten beteiligten Forscher bettet, macht Kuhn-Schnyder diese Abhandlung solcherweise zu einem Stück Geistesgeschichte des 19. und des 20. Jahrhunderts.

Er erwähnt fast nebenbei, daß in der Gegenwart die »physiologische Seite der Stammesgeschichte« zunehmend an Interesse gewinnt und er erwähnt in diesem Zusammenhang die Bedeutung der Rekonstruktion.

Hier, so scheint mir, liegt das eigentliche zukünftige Arbeitsfeld paläontologischer Grundlagenarbeit.

Denken wir zurück: Die Paläontologie trat an, indem sie im Fossil-Vergleich ordnete und ein System aufbaute. Diese Methode des Formvergleichs genügte für die stratigraphische Verwendung der Fossilien. Denn wo es um die Kennzeichnung und um das Wiederfinden von Schichten geht, ist die Frage nach dem Wie und nach dem Wozu einer Form Nebensache. Dieser Vergleich von Form mit Form versagt, wo Formen funktionell gedeutet werden sollen und wo Form nach Form in eine Reihe und in Richtung einer Zeitenabfolge gestellt werden soll, wo also nach der Evolution und ihrer Stellung in einer Biofazies gefragt wird.

Vorab am Wirbeltierkörper, dessen Skelett aus vielen einzelnen Elementen zusammengesetzt ist, leuchtet das einzelne Skelettstück in seiner so gegebenen Form erst ein, wenn es im Verband eines Organes und die Organe im Rahmen eines belebten Ganzen als Entwickeltes und in seinen Montageprinzipien sich darstellt. Das heißt Rekonstruieren jedes einzelnen Fossils zu einer Ganzheit ist – wie auch Kuhn-Schnyder deutlich macht – die Voraussetzung zum Entwurf einer Evolution von Organismen als in sich funktionierenden und in einer Umwelt fungierenden Ganzheiten (vgl. S. 26).

War also früher Rekonstruktion (besonders am Wirbeltier) Zutat und diente sie vor allem der Befriedigung historisierender Phantasie, so sollte Rekonstruktion des Wirbeltierfossils heute Grundverrichtung als Mittel für den Aufbau einer Stammesgeschichte sein (siehe S. 199ff). Denn erstrebte stammesgeschichtliche Reihung baut – wie oben auseinandergesetzt – nicht auf Ähnlichkeiten einzelner Teile, sondern auf funktioneller Logik ganzer und belebter Körper auf.

Übrigens, wenn vom Konstruktiven die Rede ist und sich das Hydroskelett zum Ausgang des Entwicklungsgeschehens (jedes Entwicklungsgeschehens, des stammesgeschichtlichen und des embryonalen) erweisen sollte (Otto 1978), dann wird in diesem Fortschritt auch das Studium des konstruktiven Wandels vom Hydroskelett zum knöchernen Stützskelett in allen seinen nur histologisch zu fassenden Schritten als wesentliches Element einzubauen sein. Dann wird erst recht deutlich werden, daß dieser auch für die Paläontologie bedeutsame Schritt – in der Stammesgeschichte und in der Embryonalgeschichte gleicherweise auftretend – in der letzteren nicht Rekapitulation, sondern jeweils funktionelle Notwendigkeit ist.

»Fortschritte der Paläontologie« – sie sind nach Kuhn-Schnyder mit Recht vorerst Arbeit an einer stammesgeschichtlichen Ordnung der Organismen (hier der Wirbeltiere). Aber er nennt noch zwei andere Gebiete:

Die Anfänge des Lebens auf der Erde und die Stammesgeschichte des Menschen. Beide Fragen sind wesentliche Eckpunkte paläontologischer Forschung, sind »Fortschritte« im Sinne eines Paradigmenwechsels,

zeigen sie uns doch, was Leben ist und was Leben vermag. Sie weisen außerdem bei aller Fachbedeutung, die ihnen zukommt, auf die Grundwerte menschlichen Eigenverständnisses überhaupt. Sie sind zwar Wissensfragen, sie sind aber auch Bildungsfragen.

Abb. 125: Wirbeltiere, fossiles Reptil: Brachiosaurus brancai, Goliathechse. Ob. Jura, Ostafrika. Linke Vorderextremität. Reptiloide Krümmung von Ellenbogen und von Hand nach außen. Um dies zu verdeutlichen, trägt die Vorderextremität einen getriebenen Messingmantel, der dort durchbrochen ist, wo Einblick in die Lage der Skeletteile gegeben werden soll, Gesamthöhe der Skulptur = 6,50 m. – Original, Senckenberg-Museum.

Denn auch der Laie sollte sich klarmachen: Vor dem Hintergrund erdgeschichtlicher Entwicklung im Ganzen bedeutet die gut überschaubare und in der Gegenwart noch nicht abgeschlossene, letzte Phase der Entwicklung des Lebens auf der Erde mit allen ihren seit dem Kambrium gelebten, zahllosen Pflanzen- und Tierarten (Kambrium bis heute = ca. 600 Millionen Jahre) nur ein vergleichsweise kurzer Abschnitt gegenüber dem (auch schon Leben tragenden) Präkambrium. Die Form des Lebens, wie wir sie heute kennen, beginnt mit dem Kambrium als der Einleitung eines für uns verstehbaren Abschnittes in der Gesamt-Lebensgeschichte; wir gehören ihm selbst dadurch an, daß hier im Kambrium die Wurzel der primitiven Wirbeltiere zu suchen ist.

Noch grundlegender erscheint es für die so erfolgte Lebensentwicklung, daß hier im Kambrium erstmals Organismen auftreten,
die alle der Verwandtschaft heutiger Meeresbewohner entstammen,
die in vielen ihrer Vertreter nun erst über ein meist kalkiges, geformtes und festes Skelett verfügen, und
die dem sich bildenden irdischen Sedimentgestein erstmals diese kalkigen Hartteile als funktionell geformte Hinterlassenschaften nach ihrem Tode einzeln oder gehäuft oder gar gebirgsbildend (Ordovicium) hinzufügen. Die Sedimentgesteine werden seitdem mit diesen eingestreuten Überbleibseln des sich entwickelnden Lebens zeitlich geordnet. Sie sind als identifizierbares Hinterlassenes die eigentlichen Träger der paläontologischen Wissenschaft überhaupt.

Wir sind beeindruckt von der Artenfülle und von der Organisationshöhe (vor allem Gliedertiere) der im Kambrium und besonders zu seinem Ausgang und im folgenden Ordovicium auftretenden Meerestierarten (Foraminiferen, Kalkschwämme, Brachiopoden, Korallen und Mollusken), die plötzlich auftretend und als reich spezialisierte Faunen in jedem Falle wohl eine lange Entwicklung nötig gehabt haben. Dieser Umstand der scheinbar plötzlichen Existenz ist einstweilen nur dadurch zu deuten, daß auf eine besonders rasche stammesgeschichtliche Entwicklung beim Übergang Präkambrium/Kambrium geschlossen werden muß. Denn die aufgefundenen präkambrischen spärlichen Lebensreste können in ihrer Fremdartigkeit und absoluten Skelettlosigkeit kaum die unmittelbaren Vorläufer sein.

Die wesentlich längeren Zeiten des Präkambriums (mehrere Jahrmilliarden) sind in ihren Fossilien (»eobionth«) als Bakterie, später als einzellige, als vielzellige Alge, Stromatolithe) dagegen deutlich abgehoben von allen uns vertrauten Formen. So weist der in der Besiedlung fast plötzliche Übergang vom Präkambrium zum Kambrium auf Bedingungsveränderungen für das Leben auf der Erde hin. Als chemische Evolution ist dieser Schritt von grundsätzlicher Bedeutung. In der biochemischen Entwicklung wird denn wohl auch der eigentliche Beitrag zur Lösung des Präkambrium-Kambriumproblems liegen. Biogene Gesteine reichen

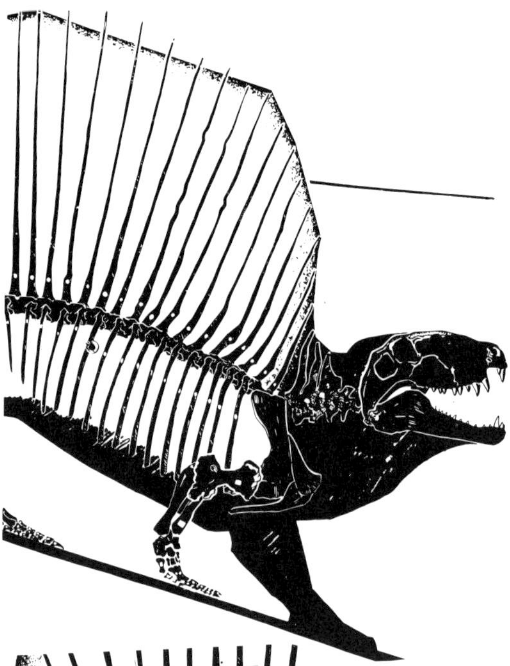

Abb. 126a u. b: Wirbeltiere, fossiles Reptil: Dimetrodon limbatus, Perm (Texas, USA). Entwürfe zur Montage auf schräger Unterlage, die von den jeweils nach vorn gerichteten Extremitäten stemmende Bewegungen verlangt. Kopf und Hals sind zur sicheren Gewichtsverteilung des Körpers auf der Schräge aufwärts gehalten. Die einzelnen, mit Nummern versehenen Skelettelemente sind lose auf den gezeichneten Körperumriß aufgesteckte Papierattrappen. Originalzeichnung im Maßstab 1:1, Gesamthöhe = 1,80 m. — Original, Senckenberg-Museum.

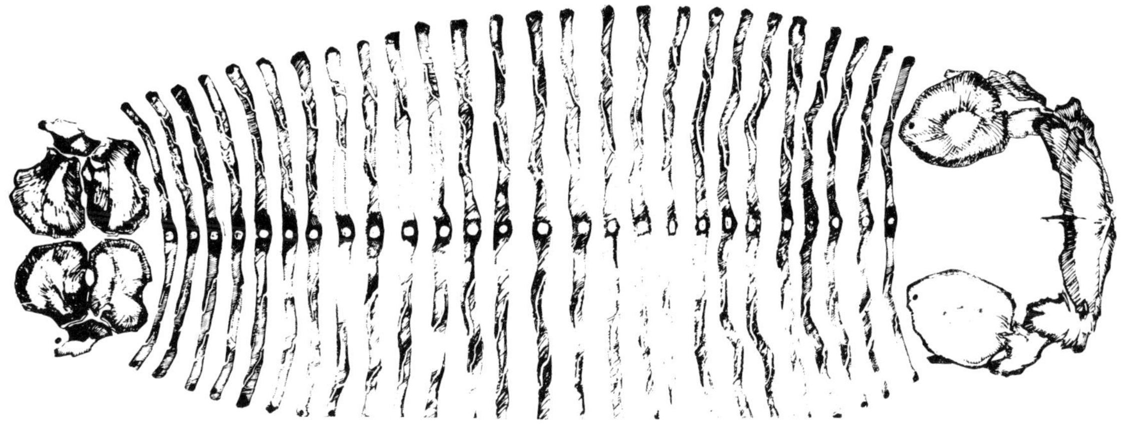

b

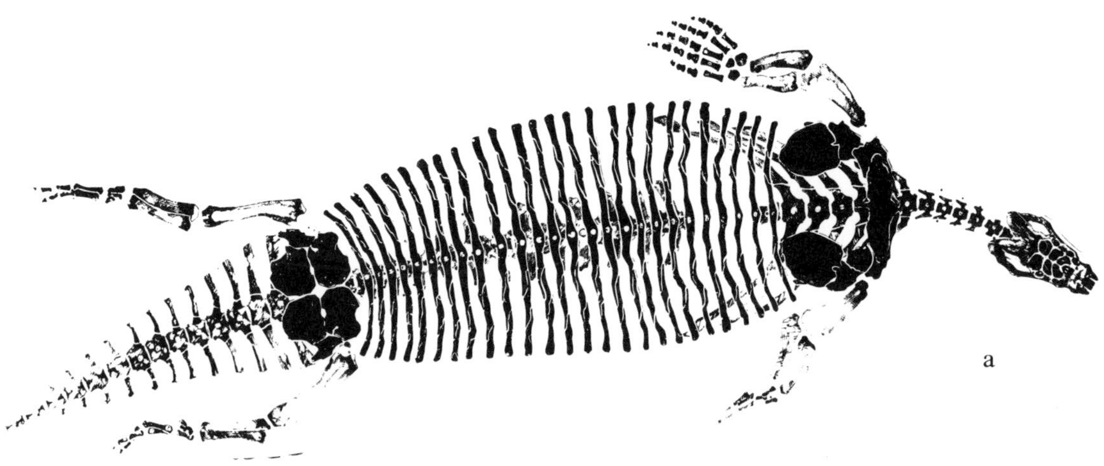

a

Abb. 127a u. b: Wirbeltiere, fossiles Reptil, Placodus gigas, Pflasterzahnechse (Trias, Ob. Muschelkalk, Steinfurth bei Heidelberg). Bewohner der flachen Triasmeere Europas. (a) Ansicht von der Bauchseite zur Demonstration der Bauchrippen und der Gaumenseite des Schädels mit den zum Zerkleinern von Muscheln dienenden breiten Gaumenzähnen. In dieser Montage sind nur wenige Rippen der Rückenseite dargestellt. Sog. Steckpräparate. Die in Karton in natürlicher Größe geschnittenen Skelettelemente sind im Sinne des Ganzen aufgesteckt und durch Umstecken in ihrer Lage variabel. Diese Methode des praktischen Rekonstruierens garantiert eine lebenswahre Darstellung in den richtigen Proportionen und ermöglicht die Montage vieler Körperstellungen in gleichem Maßstab in kurzer Zeit. (b) Bauchpanzer mit Sternalapparat = vorne und Becken = hinten, Gesamtlänge des schwimmenden Tieres = 3 m. — Original, Senckenberg-Museum.

wohl auf der Basis einer Photosynthese bis tief in das Präkambrium; diese Gesteine dürften sich bereits auf charakteristisch geformte, meist mikroskopisch kleine, kugelige oder napfförmige Gebilde beziehen. Allein die Tatsache ihrer Formung ist wichtiges, an Organismen gebundenes Kennzeichen. Besonders hatte wohl die Entwicklung der Atmosphäre (anaerobe Phase, photosynthetische Phase, oxygene Phase) großen Einfluß auf den Gang organischer Entwicklung (vgl. auch PFLUG 1974).

Kaum zu sagen, daß alle aktualistische Methodik besonders kritisch und nur bezogen auf das einzelne zeitlose physikalische Gesetz (aber um so souveräner gehandhabt) hier zur Anwendung gelangen sollte.

Am anderen, am oberen Ende der geologischen Zeitenfolge, der jüngsten Vergangenheit und der Jetztzeit,

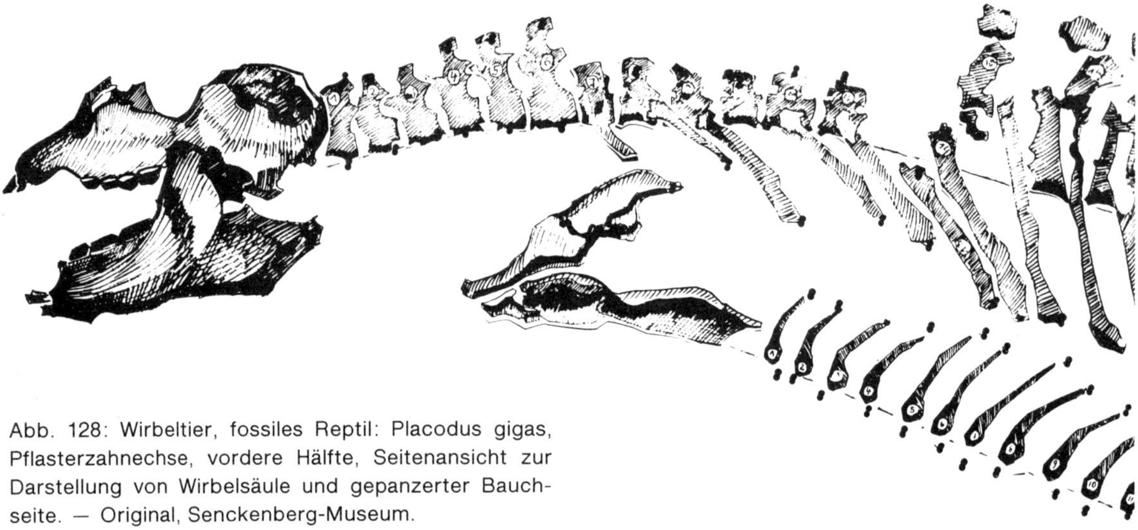

Abb. 128: Wirbeltier, fossiles Reptil: Placodus gigas, Pflasterzahnechse, vordere Hälfte, Seitenansicht zur Darstellung von Wirbelsäule und gepanzerter Bauchseite. — Original, Senckenberg-Museum.

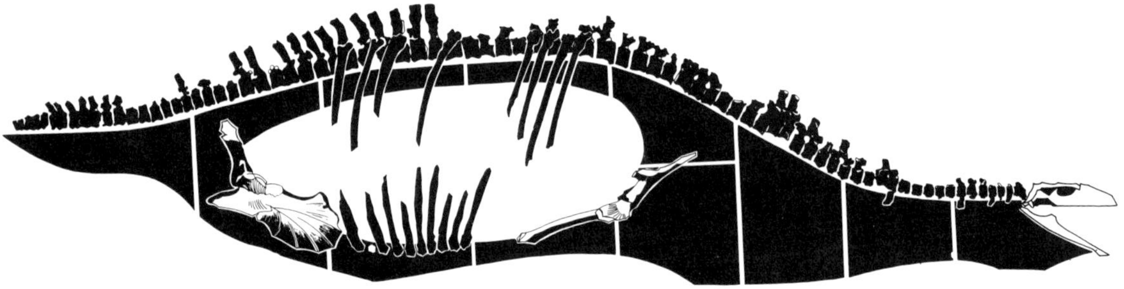

Abb. 129: Wirbeltiere, fossiles Reptil: Cryptocleides oxeniensis (Ob. Jura, Oxford, Peterborough in England). Guter Schwimmer, Meer-lebend, Fischfresser, 5 m lang. Körperfläche und Umriß in einzelnen Metalltafeln dargestellt. Brust- und Leibeshöhle als Loch ausgespart, der Eingeweideraum wird damit in Lage und Umfang verdeutlicht. Die Metalltafeln tragen die vorhandenen Skeletteile und machen sich in der Strenge ihrer Anordnung als rekonstruierende Zutat deutlich; Flossenextremitäten fehlen noch. — Original, Senckenberg-Museum.

stehen wir vor dem anderen, oben angedeuteten Ereignis, dem der Menschwerdung. Es ist eng gekoppelt mit dem Auftreten der Säugetiere, die im frühen Tertiär in zahlreichen Familien und Gattungen die bewohnbaren (und auf Grund ihrer Organisation besseren Anpassungen bisher unbewohnbare) Festländer zu beherrschen beginnen. Spezialisierung in Nahrung, Gebiß und Bewegung führen zur schnellen Ausbreitung. Vor allem sind es die Eroberung der sich neuentwickelnden Grasländer, die für die zahlreichen Pflanzenfresser und Nagetiere die Lebensräume der Säuger bestimmen. Jedoch auffallend gering gegenüber den Vorfahren spezialisiert, erweist sich eine Gruppe, die Primaten. Es herrscht immer noch die alte Fünffingrigkeit und Fünfzehigkeit und das unspezialisierte Skelett. Sie zeichnen sich aber schon früh, wie es das Baumleben verlangt, durch die Tendenz zur aufrechten Körper- und Kopfhaltung aus. Dieses freie Kopftragen geht einher mit der Verkürzung des Gesichts, der Wölbung der Schädelkalotte und mit der Zunahme des Gehirns. Aus zahlreichen Funden ist diese Gehirnzunahme abzulesen. Es besteht heute kein Zweifel mehr: Aus einem Ast des Primatenstammbaums hat sich belegbar Schritt für Schritt der moderne Mensch entwickelt. Die Größenzunahme in der Gehirnentwicklung hat den Homo sapiens, den Primaten körperlich zwar so nahe verwandt, nicht nur quantitativ aus der tierischen Reihe herausgehoben, sondern hat den Menschen qualitativ in einer einzigartigen Psychogenese zu einem nicht vergleichlichen Geschöpf werden lassen. Führte die Spezialisierung der Wirbeltiere bis zu den Säugetieren zu einer immer größeren Unabhängigkeit von der Umwelt, so ist mit der Menschwerdung ein Faktor erstmalig entstanden, der nicht in der Natur, sondern der Natur gegenüber steht. 150 Jahre Wissenschaftsgeschichte und 150 Jahre Kulturgeschichte waren nötig, diese Erkenntnis eines so großartigen Geschehens zu einem allgemein akzeptierten Bildungsgut zu machen.

Wie wir heute auf Grund immer zahlreicher vorliegenden Fundmaterials ersehen, liegt dieser Augenblick der Menschwerdung auf der Wende Tertiär – Quartär. Die Definition dessen, was menschliche Merkmale seien, entscheidet über den Zeitpunkt des Eintritts in die Erdgeschichte als neuer Faktor. Dieser Faktor betrifft nicht allein körperliche Merkmale, sondern unsere materielle und geistige Kultur im ganzen.

Die »Anfänge des Lebens« und die »Stammesgeschichte des Menschen« nannten wir »Eckpunkte paläontologischer Forschung«. Sie eröffnen sich in ihrer Bedeutung für unser Verständnis von der Geschichte der Erde – das ist wohl aus der Skizzierung beider Themen klar geworden – nicht im einfachen Kontinuum paläontologischer Methodik. Vielmehr sind sie beide Male im Wechsel des Standpunkts, in der veränderten Einsicht und in der sicheren Konsequenz auf unser ganzes Dasein (und damit in der Weise zu forschen) »Fortschritt« im Sinne eines Paradigmawechsels.

V. Über das Historische in den biologischen Naturwissenschaften

Hier erscheint es angebracht, über das Wesen des Historischen überhaupt etwas auszusagen: Was eigentlich ist das Merkmal des Historischen, mit dem wir oft so leichtfertig umgehen?

In der Literatur vorhandene Definitionen des Historischen zeigen, daß solche Begriffsbestimmungen – und dies sollten Paläontologen stets bedenken – nur dem Menschen das Kriterium der Geschichtlichkeit zubilligen.

Immer vom Geisteswissenschaftler formuliert, heben sie als solche sehr häufig vor dem Hintergrund »des Tieres« die grundsätzlich andere Wesensart des Menschen als einem »historischen Wesen« ab. Diese, von Geisteswissenschaftlern formulierten (und allerdings auch vom Biologen zu unterschreibenden) Definitionen zeigen in der Tat ganz klar: Menschliche Geschichte beruht auf summierten Erfahrungen, die gewonnen werden durch originale Gedanken und Leistungen, verwirklicht auf eigene Rechnung und Gefahr. Geschichte ist für den Kulturhistoriker wie es CARL JASPERS (1883–1969, Abb. 221) ausdrückte (1956), »die Überlieferung durch Autorität und darin eine Kontinuität durch den erinnernden Bezug auf das Vergangene«. Die Einzigartigkeit des Menschen und der menschlichen Gesellschaft drückt sich in der Nichtauswechselbarkeit und in der Einmaligkeit von Individuum und geschichtlichem Ereignis am bestimmten Ort zu einer bestimmten Zeit aus (vgl. auch HOFER & ALTNER 1972).

In einer vergleichenden Psychologie hat, nun von biologischer Seite her, BUYTENDIJK (1958) den grundlegenden Wesensunterschied zwischen Mensch und Tier herausgearbeitet. Er sagt, Tiere haben eine Umwelt, und er fährt fort, daß das Beziehungsgefüge zwischen Tier und seiner Umwelt uns vor allem UEXKÜLL

(Abb. 215) deutlich gemacht habe. Das Tier sei an eine artspezifische Umwelt durch seine Sinnesorgane gebunden (Merkwelt), in der es in einer ganz bestimmten Weise zu wirken vermag (Wirkwelt). Bekannt sei sein Bild: »Tier und Umwelt passen wie Schloß und Schlüssel zusammen«. Der Mensch aber lebe solcherweise nicht in einer Umwelt, sondern in seiner Welt, in der er sich frei, in aller Aktivität und als Herr seiner Entschlüsse bewegt. Sein Tun sei Leistung, er habe die Wahlfreiheit in seinen Entscheidungen. Menschsein sei eine Weise des leiblichen In-der-Welt-Seins, in dem in

Abb. 130: Wirbeltiere, fossiles Reptil: Cryptocleides oxeniensis (Ob. Jura, Oxford, Peterborough in England). Als Metallplastik montiert, im Hintergrund: Skelett in wirrer Lage. – Aufn. E. HAUPT, Senckenberg-Museum.

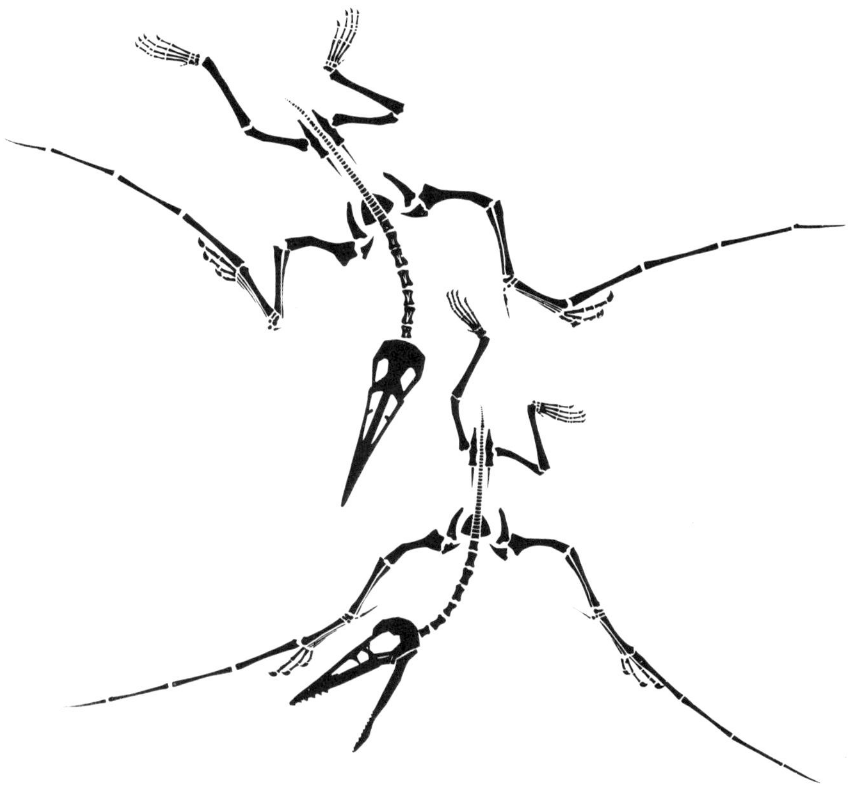

Abb. 131: Wirbeltiere, fossiles Reptil: Pterodactylus, Flugsaurier (Solnhofer Plattenkalke von Eichstätt, Ob. Jura). Rekonstruktionszeichnung, zwei Tiere im Flug, taubengroß. – Original, Senckenberg-Museum.

jedem Verhältnis ein erkennender Geist sich in seiner Lage verwirklicht.

Unter der Frage »Was ist Geschichte«, weist neuestens HERMANN RUDOLPH (1978) auf das, wie er sagt, »zentrale Problem allen Geschichtsverständnisses« hin; er stellt die »Wirksamkeit der individuellen Entscheidung« der Vorstellung vom »Prozeßcharakter der Geschichte« (Massenphänomene, Konjunkturabläufe und Revolutionen) als den beiden gegebenen, geschichtsbildenden Faktoren gegenüber. Hier wird recht deutlich: Sowohl individuelle Entscheidung wie der Prozeß (als langfristig verfolgte ökonomische Entwicklung) können von ihrer Anlage her allein menschliche Geschichte betreffen.

Die tierischen Organismen jedoch sind – so stellen auch wir als Biologen und Ethologen fest – weitgehend instinktgesichert und umweltgebunden und damit für den Biologen in ihren Reaktionen »verläßlich«.

Auf dieser Verläßlichkeit baut jedes biologische Experiment wie jede Möglichkeit aktuopaläontologischer Forschung auf. Tiere handeln in der gleichen Situation immer auf die gleiche Weise. Sie sind deshalb mit Recht Objekte biologischen Studiums. An Einzeltieren, an Lebensgemeinschaften (und auch an Tiersozietäten) sind also Gesetzmäßigkeiten zu studieren; und das gleiche gilt auch für jedes Fossil; Faziesgestaltung durch einst in der Fazies lebende Tiere ist naturwissenschaftlich in Aktion und Reaktion deutbar. Z. B. ist Ichnologie (Spurenkunde) nicht, wie man einmal gemeint hat, angewandte Psychologie (Deutung einer Psyche durch Deutung der Fährten); Ichnologie ist vielmehr Gesetzeswissenschaft, und Fährten sind naturwissenschaftlich interpretierbar.

Es fehlt in den Handlungen der Tiere die Möglichkeit der freien Entscheidung und – was den »Prozeß« als Agens betrifft – so hat dieser in der Natur immer nur allgemeinen Charakter.

Wir erkennen: In ihren Individuen sind die Tiere (und daher auch die Lebensgemeinschaften und auch die tierische Sozietät) zunächst Fall eines Allgemeinen und nicht Fall eines Einmaligen. Sie sind – bei allem Variieren – »ungeschichtlich«. Überspitzt (allerdings wohl auch ohne Kenntnis der Ergebnisse der modernen Ethologie) sagt der Kulturgeschichtler FRIEDELL (1878–1938; 1927/31): Beim Studium der Tiere stehen wir vor »ein paar Refrains, welche die Natur nicht müde wird, zu rekapitulieren«. Nach

Abb. 132: Wirbeltiere, fossiles Reptil: Pterodactylus, Flugsaurier (Solnhofer Plattenkalke von Eichstätt, Ob. Jura). — Aufn. E. HAUPT, Senckenberg-Museum.

WINDELBAND (1848–1915; 1892) und RICKERT (1863–1936; 1925) ist zwischen den »nomothetischen« (gesetzgebend, allgemeingültig arbeitenden) Naturwissenschaften und den »ideographisch« (auf das Besondere bezogen) arbeitenden Geisteswissenschaften zu unterscheiden. Wir haben bereits gehört, daß diese ausschließende Unterscheidung für die phylogenetische Frage nicht gilt; denn diese verbindet – und darin liegt das Besondere – echt naturwissenschaftliche mit hi-

Abb. 133: Wirbeltiere, fossiles Reptil: Peloneustes philarchus, Plesiosaurier-Schwarm, Fischräuber, 6–7 m lange Meer-lebende Reptilien. Rekonstruktionszeichnungen: Durch starke Rippen von oben und durch Sternal- und Beckenverbreiterungen und von Bauchrippen von unten her ist der Rumpf ein stabiles Ganzes. Schwimmende Vorwärtsbewegung durch die langen, sehr beweglichen und zu Flossen gestalteten vier Extremitäten. — Original, Senckenberg-Museum.

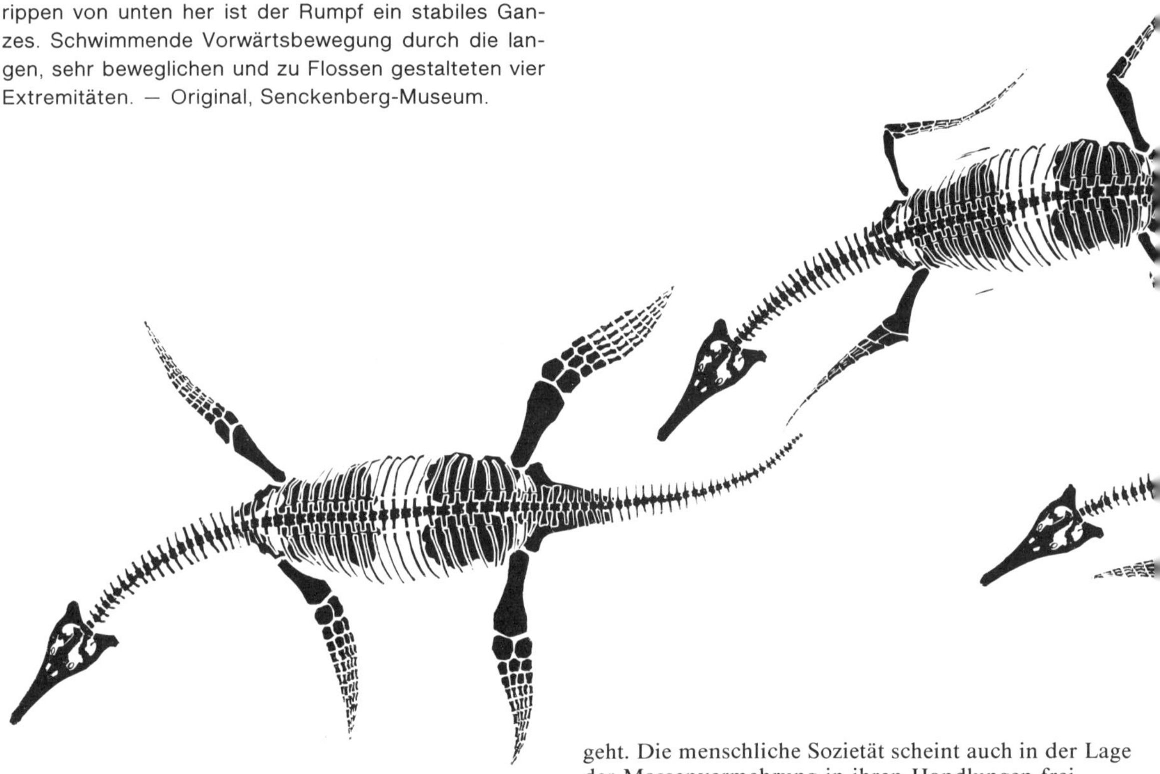

storischen, mit idiographischen Elementen, sie stellt gerade darin als Teil einer Universalgeschichte eine echte Verbindung zwischen Organismengeschichte und Menschheitsgeschichte dar.

Solche Abhebungen menschlichen Verhaltens von tierischem Verhalten in der Sozietät werden erst recht deutlich im Verhalten beider Sozietäten im Zustand der »kritischen Situation«, ausgelöst durch starke Vermehrung der Individuenzahl im gleichgroß gebliebenen Raum (vgl. S. 147ff). Sind doch – und dies besagt das Gesetz der »kritischen Situation« im kritischen Raum – nicht nur die Organisationsformen in der Sozietät, die eine Tierart hervorbringt, immer die gleichen; auch beim Vorgang der Massenvermehrung einer solchen tierischen Sozietät und in Reaktion auf diese, zeigen sich in jedem einzelnen Fall die gleichen Formen in Organisation und technischer Leistung, und es zeigt sich darüberhinaus, daß eine solche in Massenvermehrung begriffene tierische Sozietät nur eine bestimmte, kleine Zahl von Seinsstufen fähig ist zu durchlaufen und daß, steigt die Zahl der an der Sozietät beteiligten Individuen weiter, die Sozietät in einer »Katastrophe« untergeht. Die menschliche Sozietät scheint auch in der Lage der Massenvermehrung in ihren Handlungen frei.

Indessen, es sollte an diesem Platz in unserer Betrachtung auf ein wesentliches Phänomen eingegangen werden, das zu wenig beachtet wird:

Für den Biologen – dies gilt bei allem Abgrenzungsstreit – pflegt bei historischen Betrachtungen nicht das Individuum, sondern die Tierart (die Spezies) in ihren einzelnen Vertretern Untersuchungsobjekt zu sein (vgl. S. 44ff). In einem Fall allerdings nimmt der Biologe auch das Individuelle am Tier ernst: Bietet doch das, was Tiere an Individuellem nach Form, Funktion und Verhalten an sich haben, in seinen Winzigkeiten unter bestimmtem Umstand den Ansatz zu einer Selektion und damit zur Artbildung und den Zugang zu allem Phylogenetischen.

So weit – so gut.

In der Tat bindet sich in der Paläontologie »Geschichte« nicht an das Individuum.

Denn alles an diesem Individuum ist, wie wir hörten, Norm, ist trotz aller Ausnahmen im einzelnen grundsätzlich zählbar und meßbar und damit »nomothetischer« Beurteilung unterworfen.

Schreiten wir aber vom Individuum zur Tierart (Spezies), so wird der Fall anders: Hier ist – und dies tut der Paläontologe bei seiner wissenschaftlichen Arbeit tagtäglich – von Einmaligem die Rede; nicht Individuen, sondern Spezies tragen das Individuelle und sind in den biologischen Naturwissenschaften historische Gestalten, einstmals so geworden und nach ihrem Aussterben so niemals mehr auftretend.

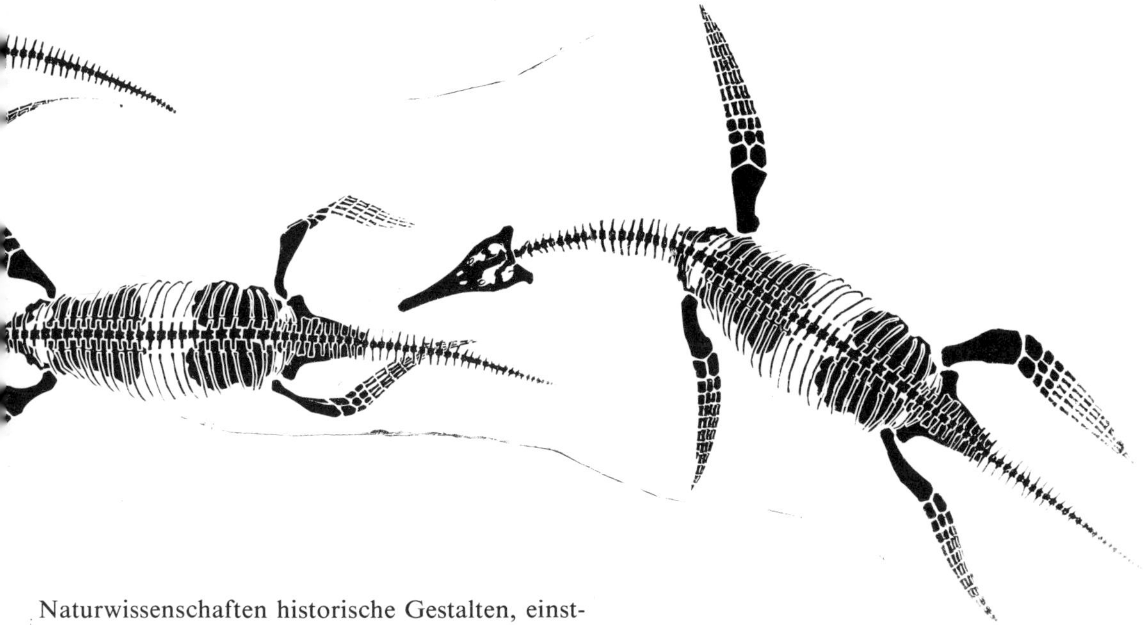

Die Auseinandersetzung mit solchen Lebensdaten und Lebensräumen ist echter, historischer Inhalt der Paläontologie. Diese Merkmale des echt Historischen, die Bearbeitung von in ihren Akteuren nicht austauschbaren Größen, von nicht umkehrbarer und an bestimmte Zeit und an bestimmte Orte gebundene Organismengeschichte und Umweltengeschichte, sind Beitrag der Erd- und Lebenswissenschaften zum Historischen in der Welt. Nun verstehen wir Otto Schindewolf (1963; Abb. 223) erst richtig, wenn er sagt: »es gibt Ereigniswissenschaften und es gibt Gesetzeswissenschaften« ... »Erd- und Lebensgeschichte als Ereigniswissenschaft ist nicht berechenbar und ist als eine Folge von Besonderheiten naturwissenschaftlich nicht ableitbar und ist damit für die Zukunft nicht voraussagbar«.

Dies sollte gerade in einem Augenblick deutlich werden, in welchem sich Paläontologie daranmacht, mit Hilfe aktuopaläontologischer Wissenschaft durch neue Methoden und durch neue Geräte neue Bereiche der Forschung zu erobern; in einem Augenblick, in welchem sie also beginnt, mit diesen Mitteln Naturwissenschaft im üblichen Sinn, nämlich »Gesetzeswissenschaft« oder noch deutlicher: »Wissenschaft von Gesetzmäßigkeiten« zu werden. Möge aber, was Paläontologen auch als experimentierende Naturwissenschaftler tun, das zeitliche, das »historische« Gefüge im Ablauf naturwissenschaftlich determinierter Ereignisse und der dort einmalig agierenden Art-Gestalten in ihrer Arbeit immer deutlich bleiben! Das ist »Geschichtsschreibung« im besten Wortsinn. Dies sei hier besonders betont, zeigen doch gerade aktuopaläontologische Studien in bezug auf ein vergangenes Geschehen immer von neuem, daß sie zum Verständnis erd- und lebensgeschichtlicher Vergangenheit nur die eine Seite sind.

Dieses Verhältnis von Organismengeschichte einerseits, welche eine Spezies- und eine Umweltengeschichte ist, zu Menschheitsgeschichte andererseits, welche Individual- und Sozialgeschichte ist, wird dort von grundlegender Bedeutung, wo

die Paläanthropologie, eine der paläontologischen Folgewissenschaften (Abb. 86) beginnt, vom Vormenschlichen zum Urmenschlichen und zum Menschlichen Brücken zu schlagen;

d. h. in unserem Zusammenhang: danach zu fragen, wo der uns alle immer von neuem bewegende Augenblick liegt, in welchem Speziesgeschichte in Individualgeschichte und Sozialgeschichte umzuspringen sich anschickt, wo ein Organismus nicht als biotop-gefesseltes Wesen in einer »Umwelt«, sondern befreit in einer »Welt« lebt, wie wir oben mit Buytendijk (1958) sagten, wo eine stammesgeschichtliche Entwicklung ein Wesen entläßt, das Historie im menschlichen, d. h. im kulturhistorischen Sinn hat.

Darin, in diesem Aspektwechsel vom Geschick der Spezies in der Erdgeschichte zum Geschick des Individuums in der humanhistorischen Zeit, liegt die bleibende Frage der Paläanthropologie gebettet. Diese Wissenschaft hat ihre Heimat in der Paläontologie als naturwissenschaftlicher Disziplin mit allen Beziehungen zum fossilen Säugetier und hat ihren Bezug zur Urgeschichte als einer Geisteswissenschaft mit allen Beziehungen zum Artefakt.

So hat auch das Sonderforschungsbereich SFB 53 (Palökologie) in konsequenter Weise in die Liste seiner Einzelmaßnahmen eine Bearbeitung aufgenommen, die Beziehungen zwischen Urmensch und Umwelt für die Zeit des ausgehenden Pleistozäns und des beginnenden Holozäns deutlich macht. Hier ergab sich – und dies ist die Fortführung der Diskussion zur Systematisierung von Biofaziestypen (vgl. S. 135ff) –, daß das Klima den Biotop des frühen Menschen im südwestdeutschen Raum steuert (Albrecht et al. 1976).

Wir sprachen oben vom »Umspringen«. Natürlich ist dieser Akt nicht Geschehnis von einer Generation zur nächsten. Werner Helwig (1978) sagt so: »Im Zwang der Entwicklungen, die über das Geschehen ›Welt‹ verhängt sind, kam auch für das Wesen ›Mensch‹ an einigen Stellen seines Vorhandenseins der Moment des Umschlags. Aus vegetativer, tiernaher Geborgenheit riß es ihn in das Stadium der Selbstbewußtwerdung und dann des Abstandnehmens von dem elementarischen Kräftespiel, das ihn ermöglichte.« Dieses Phänomen des Umschlags ist es ja wohl auch, welches alle Urgeschichtsforschung heute (wie noch einmal Helwig sagt) zu »unseren stärksten Drogen« gemacht hat. »Wir suchen sie, weil uns die Gegenwart fraglich wurde. ... Immer bestürzender ergreift uns, was wir da zutage fördern. Es ist, als ob wir vorne an Zukunft verlören, was wir hinter uns an Vergangenheit bewußt machen.«

Abb. 134: Wirbeltiere, fossiles Reptil: Plesiochelys latiscutata, Schildkröte (Ob. Jura, Solnhofener Plattenkalke, Eichstätt), Gesamtlänge des Panzers = 28 cm. – Aufn. E. Haupt, Senckenberg-Museum.

Noch einmal ist Rickert (1925) zu zitieren. Wenn er in Hinblick auf den Vergleich von Tier – Mensch an anderer Stelle vom »relativ Historischen« in der Natur und dem »absolut Historischen«, das allein der vollentwickelten menschlichen Sozietät offensteht, spricht, so trifft dies wohl am besten die Sachverhalte. Denn Tradition und sich bewußte Gedanken- und Handlungsfreiheit als Kriterium für eine wahre Geschichtlichkeit hat der tierische Organismus bei aller Einmaligkeit der Spezies in der Erdgeschichte und bei aller Nichtumkehrbarkeit der Ereignisse doch nicht aufzuweisen.

Zusammenfassend wird aus dem Gesagten klar: Geschichte als Ganzes (und erst recht menschliche Geschichte) in ihrem tatsächlichen Verlauf ist nicht berechenbar; berechenbar ist nur das Mechanische im menschlichen Tun, ein zwar wichtiger Aspekt, aber nur Teilaspekt. »Historische Mechanik« (SCHÄFER 1971) (z. B. Bevölkerungszahlen, Raumgrößen, Wegentfernungen, Klimate, Seuchen, Witterungen, Körpergrößen, Ausmaße der biologischen Leistungsfähigkeit für bestimmte Organe, Baumaterialien, verfügbare Werkstoffe, bearbeitbare Metalle etc.) ist in ihrer Wirksamkeit, d. h. ist in eine historische Rekonstruktion einsetzbar (TOYNBEE 1949).

Solche Kenntnis eingesetzt, ist übrigens nicht Biologismus: jener abwegige Versuch, welcher die Welt des Physisch-Organischen als Inbegriff der Wirklichkeit absolut setzt.

Auch hier wird erneut deutlich: Die viel beargwöhnte Aktuopaläontologie ist es, der durch ihre tägliche Erfahrung der doppelte Auftrag allen historischen Studiums vor Augen steht, daß nämlich historische Arbeit (und auch Erd- und Lebensgeschichte) immer zweierlei sein sollte: Hie Studium des Physikalischen als dem Gesetzmäßigen und immer Geltenden und da Studium des Ereignisses, z. B. in der menschlichen Historie oder auch in der in den Zeitenablauf gebetteten Tierspezies, als einem einmaligen Geschehen. Beide machen erst ein Ganzes, nämlich das Verständnis für bestimmte Zeit und für bestimmte Ereignisse darin, ausgelöst durch die Tätigkeit von Organismen.

VI. Über die Bildungsinhalte der Paläontologie

Mag Paläontologie als Fachwissenschaft ihre Stellung im Kreis beschreibender Naturwissenschaften einnehmen, mag sie zur technisch-wirtschaftlichen Nutzung der Güter der Welt ihren Teil beitragen und mag sie überall dort unentbehrlich sein, wo es gilt, zu einer chronologischen Gliederung der auf der Erde vorhandenen Sedimentgesteine, die ihrerseits wichtige Bodenschätze tragen, zu kommen; hüten wir uns aber davor, diese Wissenschaft aus der Sorge, daß sie nicht genug respektiert werde, nur fachwissenschaftlich zu sehen und gar nur danach zu beurteilen, welchen wirtschaftlichen Faktor sie durch ihre prospektiven Leistungen darstellt.

Eine Wissenschaft wie diese lebt nicht allein aus dem begrenzt Fachlichen und aus technischen Anwendungsmöglichkeiten, und sie darf nicht nur unter ständigen materiellen Erfolgszwängen stehen;

das ruiniert auf Dauer jede Wissenschaft. Sie ist vielmehr gerade so lebendig, und sie dient dem Menschen, selbst dem homo oeconomicus, gerade so viel, wie sie Wissensgut in Verbindung mit Bildungsgut zu formen vermag und damit unser Leben im ganzen betrifft. Theoretischer und zu Bildungsfragen hinführender Unterbau also – das wird hier besonders deutlich – ist nicht fernes

Abb. 135: Wirbeltiere, fossiles Reptil: Trionyx messelianus. Weichschildkröte, Mittel-Eozän (Tertiär), Ölschiefergrube Messel bei Darmstadt, Gesamtlänge mit Schädel = 40 cm. — Aufn. J. L. FRANZEN, Senckenberg-Museum.

Abb. 136: Wirbeltiere, fossiles Teptil: Diplocynodon darwini, Alligator, adult, 110 cm lang. Mittel-Eozän (Tertiär), Ölschiefergrube Messel bei Darmstadt. – Aufn. J. L. FRANZEN, Senckenberg-Museum.

und von der Wirklichkeit abgerücktes Gedankenexperiment, sondern ist tragende Stütze auch für eine Pragmatik.

In unserem Fall, welcher das Verhältnis des modernen Menschen zur organischen Natur und ihrer Geschichte betrifft, bedeutet der cartesianische Dualismus, also die fast unüberbrückbare Trennung der res cogitans von der res extensa eine Vorbelastung. Wer in diesem Gegensatz befangen ist, wird nur zu leicht Natur und ihre fossile Hinterlassenschaft nicht zu allererst in ihren Qualitäten, vielmehr als zählbare und als beliebig verwendbare Materie nehmen.

Wenn wir Paläontologie aber von ihrer Bildungsfunktion her sehen, so ist sie – das sei im einzelnen begründet – eine Naturwissenschaft mit besonders weitreichenden und vielschichtigen Bildungsinhalten. Allerdings,

Bildung ist nicht Kenntnis eines Wissensgutes für die Praxis des täglichen Lebens. Bildung steht allem materiellen Erfolgsdenken fern, und sie ist nicht Freizeitangelegenheit. Bildung entsteht

Abb. 137: Wirbeltiere, fossiles Reptil: Camptosaurus browni (Oberjura, Wyoming, USA). Tier zum bipeden Lauf fähig, jetzt auf die Vorderbeine niedergelassen, Gesamtlänge des Tieres = ca. 6 m. – Aus: American Museum of Natural History, New York. Original, Senckenberg-Museum.

nicht durch Anhäufung von Analysen, sie ist nicht totale Information und nicht die Summe der Einzelfakten; bei aller Bewegung sind die Grenzen zwischen Bildung und Wissenschaft doch nicht zu verwischen.

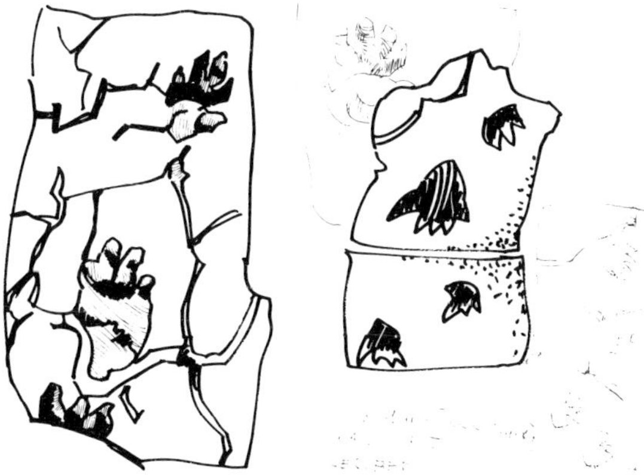

Abb. 138: Wirbeltiere, fossiles Reptil: Skizzen zur Fährtenplatte (mit Trockenrißmarken) von Chirotherium barthii (Buntsandstein, Hessberg, Thüringen). – Original, Senckenberg-Museum.

Bildung, welche allerdings immer auf logischen Bezug drängt, ist zweckfrei, dies in Gegensatz zu zweckgebundener Ausbildung. Bildung braucht synthetisch-historisches Denken, denn Bildung ist Ausdruck einer Tradition und ruht in ihr; sie umschließt das Gestern und Heute, ist Kultur in Richtung auf ein Ganzes, meint also niemals das Teil, sondern immer das allgemeine Wesen einer Sache und führt in die Abstraktion. Bildung richtet sich nach Wahrheiten, nicht nach aktuellen Erkenntnissen. Bildung ist Prozeß des Selbstverständnisses unseres Daseins, ist Weltdeutung und führt zu sittlicher Ordnung. Bildung hat ein schöpferisches Verhältnis zur Kultur, und ihre Inhalte wandeln sich oft schon von Generation zu Generation und sie gelten, bis »Wahrheiten« durch neue Erkenntnisse, die die Grundlage für neue »Wahrheiten« geben, überholt werden.

Den Ausdruck »Bildung« gibt es erst seit etwa 200 Jahren, wiewohl das Bemühen, die Erfahrungssumme einer Zeit oder eines Zeitalters auf eine höhere Ebene des Verständnisses zu transponieren, schon vor 2500 Jahren lebendig war. Der Ausdruck »Bildung« entwickelte sich in der Vorstellungswelt des Geisteswissenschaftlichen (HEGEL, HERDER, W. v. HUMBOLDT) und ist stets ideengeschichtlich bezogen. Mit dem Heraufkommen neuzeitlicher Wissenschaft aber tritt neben die humanistische Erfahrung immer umfassender das Realwissen über die Dinge der Welt.

Bildungsfunktion erhalten nun auch Inhalte aller in den Zeitablauf gebetteten Naturwissenschaften, voran solche der historischen Naturwissenschaften, wie vorab, so sei betont, der Ergebnisse der Paläontologie. Denn Bildungsgut und geformtes Leben mittels Bildung liegt vor allem in den Phänomenen der Gestalt und des Historischen. Neuzeitliche Kultur – so stellt es EUGEN FINK (1978) dar – ist heute Wissenschaftskultur (nicht mehr Kultur aus einem Mythos heraus); sie ist »forschende Durchdringung der uns umgebenden Wirklichkeit« im Wandel menschlicher Erkenntnis und menschlicher Bedürfnisse. Damit ist Bildung nicht mehr ererbter Besitz; sie ist heute vielmehr »lebenslanges Lernen«, wie FINK fortfährt, ist somit lebenslanges Erwerben und immerwährende Gestaltung.

Wenn unsere Kultur eine »Wissenschaftskultur« ist, so sollten wir bedenken, daß Wissenschaft, wie sie heute existiert, in ihrer allgemeinen Bedeutung absolut neues Faktum ist und so auch besondere Bedeutung für einen sich entwickelnden Bildungsbegriff hat.

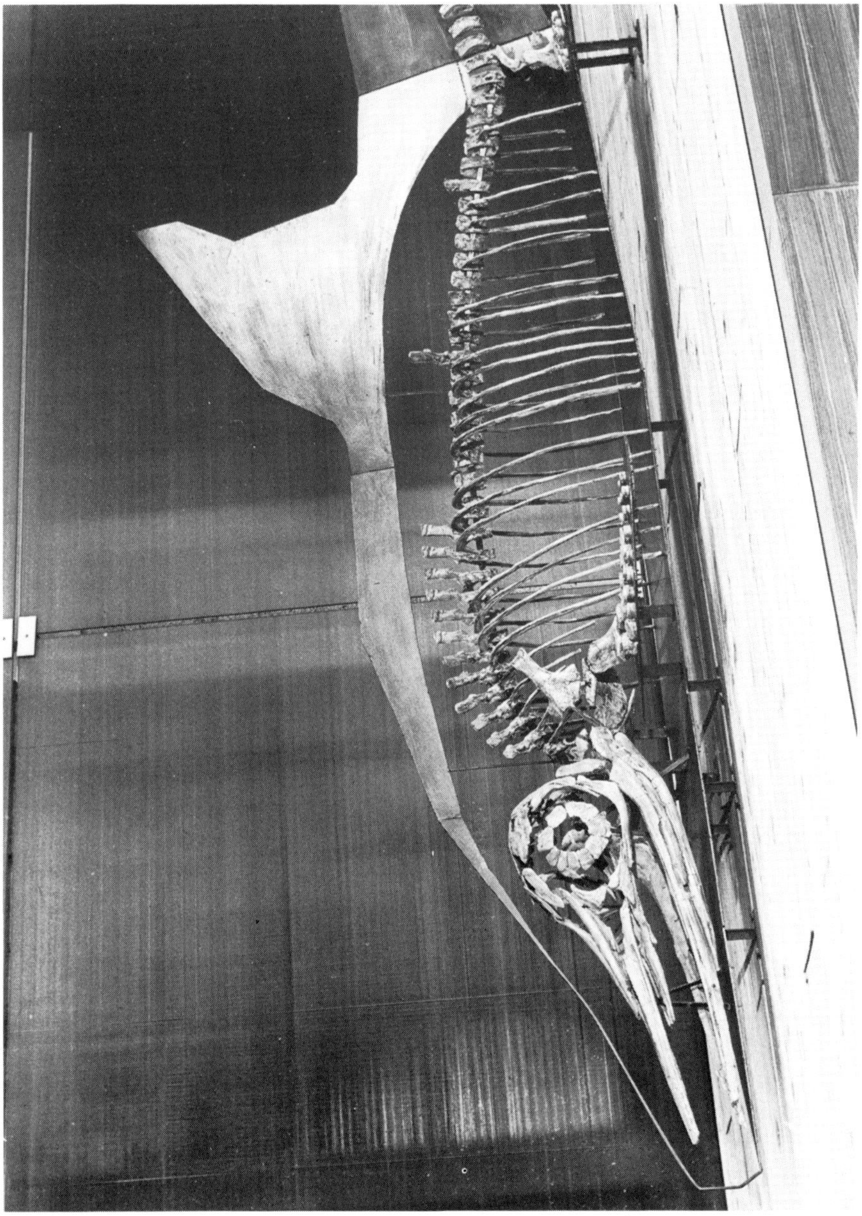

Abb. 139: Wirbeltiere, fossiles Reptil: Original-Skelett in Metallplastik. Der 4 m lange Fischsaurier Ophtalmosaurus icenicus (Ob. Jura, Oxfordtone, England). — Aufn. E. HAUPT, Senckenberg-Museum.

In ihren tausend Verzweigungen ist Wissenschaft in unserer Zeit Leitweg der materiellen und geistigen Lebensgestaltung geworden und, auf unser Bildungsgefüge zutiefst einwirkend, ist sie in ihren Ergebnissen nicht mehr rückgängig zu machen: wie Wissenschaft durch Technik, durch die internationale Zivilisation und deren Begleiterscheinungen oftmals einerseits Werte zerstört (BINSWANGER, GEISBERGER & GINSBURG 1978), so ist sie andererseits auch nicht aufzugeben. Auf Grund dieses Zwanges unserer Zeit zu der Erkenntnisform, wie sie Wissenschaft bietet, muß solche wissenschaftliche Sacherkenntnis in alle Verzweigungen hinein gesucht werden; sie führt zu unserer Welterkenntnis als dem eigentlichen Sinn von Bildungsinhalten heute. Umso mehr sollte danach gesucht werden, wie Naturwissenschaft und welche ihrer Fakten zu einer tragenden Bildungssubstanz, destilliert für unsere Zeit, beitragen kann; dies wäre der einzige Weg übrigens, das Phänomen Wissenschaft lenkbar und beherrschbar zu machen (s. S. 172).

Fragen wir also für unseren Fall konkret: Was sind in den historischen Naturwissenschaften – insbesondere in der in Rede stehenden Paläontologie – Bildungsinhalte als Richtmaß für jeden einzelnen und für die moderne Gesellschaft im ganzen? Was ist herauszuholen und umzusetzen aus der Summe paläontologischer Erkenntnis; was sind in unserer Wissenschaft nennbare Bildungsinhalte als Beitrag zum Aufbau eines durch ein Lebensbild geprägten Weltbildes für unsere Zeit, und was wird aus der Summe paläontologischen Erkenntnispotentials vom modernen Menschen dringend gebraucht, um die Beziehungen zu seiner Welt zu klären und zu festigen.

Er muß – so meinen wir – vier Gedanken aus dem Inhalt paläontologischen Forschens in seine Vorstellungswelt einbauen:

1. Die Planhaftigkeit des Organismus, wie und wann er auch immer auftritt, ob präkambrisch als Prozyte, ob gegenwärtig als Mensch;
2. die Funktionsmäßigkeit des Organismus als System in seinen Teilen zueinander und gegenüber einer Umwelt;
3. die Geschichtlichkeit der Organismen, und dies heißt Einmaligkeit als Individuum und als Spezies mit allen Weiterungen der Nichtumkehrbarkeit geschichtlicher Entwicklung, der Endlichkeit und der Prozeßhaftigkeit organischen und geologischen Geschehens;
4. die Unentrinnbarkeit für Organismen auf der begrenzten, ebenfalls geschichtlich zu verstehenden Erde als einer Kugel im Raum; das Gestein an ihrer Oberfläche aber wird (aufgrund der Geschichtlichkeit von Organismus und Erde) lesbare Urkunde.

Solche Erkenntnisse – wie sie hier aufzuzählen waren und wie sie aus der paläontologischen Wissenschaft entspringen – sind nicht allein Fachwissen, das den Nichtfachmann nichts angeht, es ist vielmehr biologisches und erdgeschichtliches Bildungsgut und Grundwahrheit, die jedermann unverlierbar im Bewußtsein tragen sollte, damit er sich selber als Teil dieser organischen Welt, ihrer Umwelten und der Geschichtlichkeit, in die er unentrinnbar verwoben ist, besser kennenlerne, und daß er dieser Erde mit allen ihren Lebewesen mit Respekt begegne. Daß Naturwissenschaft in ihrer heutigen Allgegenwart – wie oben gesagt – beherrschbar gemacht werden muß und daß übrigens diese Notwendigkeit allgemein erkannt ist, das zeigen auch die Generalthemen, die der 16. Weltkongreß der Philosophie (Tagungsort Düsseldorf, 16. 8. 1978) neben anderen formuliert hat: Die Idee des Universums; die Herausforderung der Philosophie durch die moderne Biologie; Bewußtsein, Hirn und Außenwelt; wissenschaftliche und nichtwissenschaftliche Rationalität; die Beherrschung des wissenschaftlich-technischen Fortschritts.

Versteht Paläontologie ihre Stellung, den Zeitgeist und die Bedürfnisse, die nur sie befriedigen kann, nur recht und sagt sie nur verständlich über ihren Forschungsgehalt aus,

so liegt die eigentliche Chance der Paläontologie darin, daß ihre Erkenntnisse als Ergebnis aus historisch-naturwissenschaftlicher Betrachtung unmittelbar den Menschen in seiner gegenwärtigen Existenznot auf eine neue Ebene des Verständnisses seiner selbst (als einem Glied der organischen Welt) zu heben vermögen.

VII. Über das Visuelle in der Paläontologie

So umfassend ihre Aussage ist,

Paläontologie hat im Laufe ihrer Geschichte niemals den Anspruch gestellt, im geistigen Leben der Menschheit Führungsfunktion zu übernehmen.

Sie hätte – und gerade heute – die geistige Substanz dazu.

Umso mehr möchte ich von einer Seite der Fossilien sprechen, die der Disziplin Paläontologie weite Kreise erschließen und Strahlungskraft verleihen kann, die aber im allgemeinen wie ein pures Nichts behandelt zu werden pflegt. Lassen Sie mich so argumentieren:

Was auch der Paläontologe tut – so hatten wir gesagt –, er beginnt seine Arbeit mit Hammer und Meißel und holt seine meist vollkörperlichen Objekte aus dem Gestein. Er hat also wohl ein besonderes Verhältnis zu allem Gestalteten, er erwirbt sich im Laufe seines Lebens ein bildhaftes Sehen, ein räumliches Denken, und das führt hin bis in die Rekonstruktion bruchstückhaft überlieferter Objekte oder in die Rekonstruktion von Ausschnitten aus einer Biofazies. Paläontologie ist Umgang mit Formen und Gestalten.

In dieser Wissenschaft stehen, um mit Hermann Glockner (1963) zu reden, auf das Visuelle bezogene Wahrnehmungsfragen im Vordergrund, und hier ist von Anschauungsganzheiten die Rede. Das ist – schon im ersten Hinsehen, im Erkennen und im Verstehen – allemal kreativer Prozeß, das ist Zueigenmachen, das ist Einordnen in ein System. Damit sind die Objekte, die Fossilien für den Paläontologen nicht irgendwelche mit Akribie zu sammelnde und technisch nutzbare Gegenstände, sie sind vielmehr gewachsene, sichtbare und zu deutende Formen, welche als funktionelle Gestalten die Geschichte unserer Welt in sich tragen.

Es ist uns von vielen Erfahrungen her klar, daß aller Umgang mit paläontologischen Objekten, der zu Erkenntnissen führt, mit Sinneseindrükken als einem ersten erkennenden und ordnenden Erlebnis beginnt. Aus Sinnesdaten formen wir im neuralen Apparat Wahrnehmungen; durch Wahrnehmung erhalten wir Einsicht in eine Form, in eine Struktur, in eine von Anfang her funktionelle Gestalt; denn Gestalt und Form haben Struktur, und zur Form- und zur Gestalterkenntnis gehören Struktur- und Funktionsverständnis.

Methode der Paläontologie ist Urteilen durch Wahrnehmen aufgrund von einzelnen Beobachtungen und Beobachtungszusammenhängen.

Ohne Sinnesdaten und Wahrnehmungen wüßten wir nichts von den Gegenständen, die im eigentlichen unsere Wissenschaft ausmachen. Gestaltwahrnehmungen sind in der Paläontologie immer erste Quelle wissenschaftlicher Erkenntnis. Selbst dann, wenn Konstruktionen vorgedacht, gleichsam projektiert werden, sind solche Ansätze als Erkenntnis nur relevant, wenn sie sich mit vorhandenen morphologischen Gestalten in Beziehung setzen lassen. Erst nach Erfassung von Form und Gestalt spaltet sich unser wissenschaftliches Bemühen auf in theoretische Funktionen, welche hie vor allem das Mittel des rationalen Denkens in Quantitäten einsetzt und welche von dort her den Bezug zum Qualitativen im Reinen pflegt.

So sehr wir die Gegensätze empfinden und unterscheiden, nämlich

einerseits Sinnlichkeit bezogen auf den individuellen (paläontologischen) Fall, und andererseits Intellekt bezogen auf das Allgemeine, oder

einerseits Bemerken der Vielfalt der Dinge und andererseits reiner Denkvorgang des Prinzips, oder

einerseits Betrachtung der qualitativen Werte einer Sache und andererseits Betrachtung ihrer quantitativen Fakten, oder

einerseits Auge und andererseits Verstand, oder

Abb. 140: Wirbeltiere, fossiler Vogel: Pachyornis elephantopus, links, und Dinornis maximus, rechts, zwei der ca. 20 Moa-Arten (Dinornithidae), die vom Obermiozän in einzelnen Arten bis zur Gegenwart die Nord- und die Südinsel Neuseelands belebt haben. Sie waren in ihrem Habitus Straußen-ähnlich und waren Pflanzenfresser (Pachyornis — Gesamtgröße 2,30 m). Sie wurden in ihren letzt-überlebenden Arten vom Menschen ausgerottet. — Originale, Senckenberg-Museum.

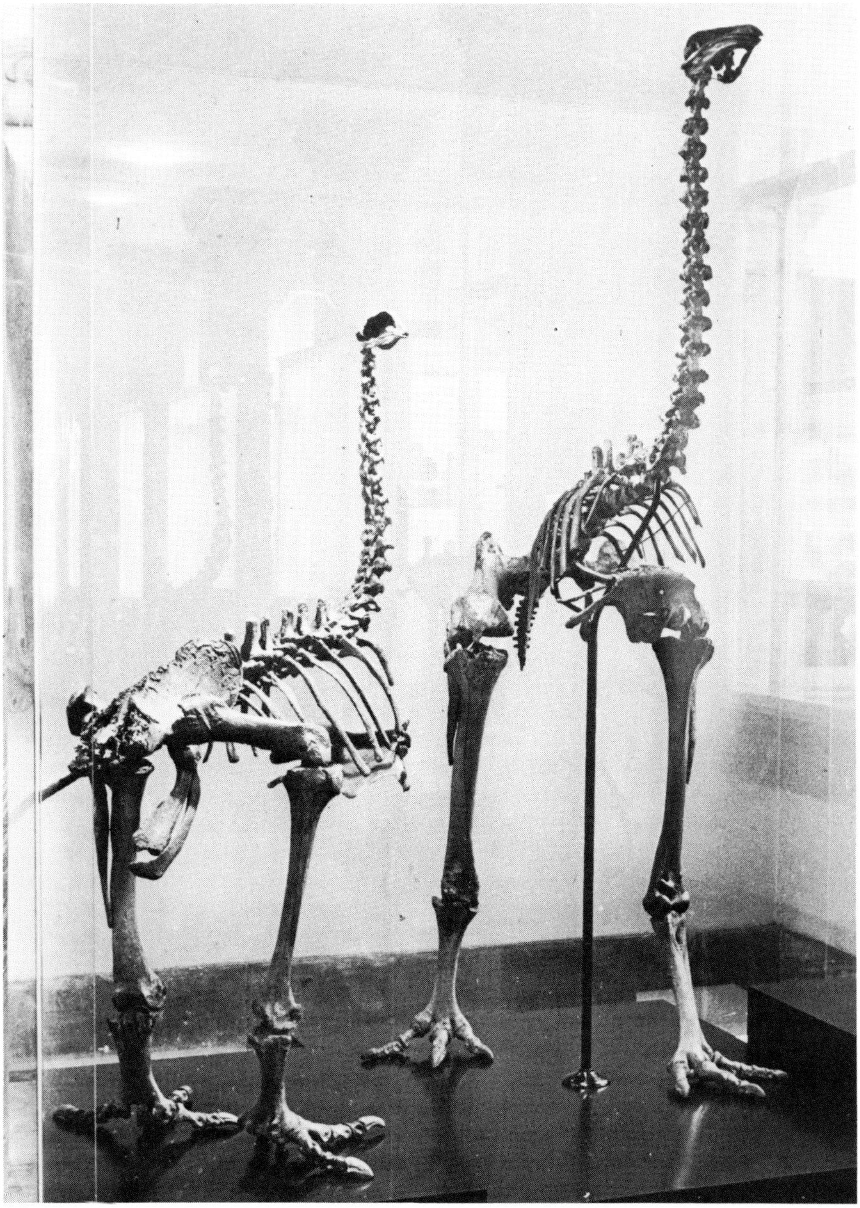

einerseits Gegenständlichkeit und Ausdehnung und andererseits synthetisches Denken;

alle diese das gleiche Phänomen betreffenden Gegensätze brechen seit zweieinhalb Jahrtausenden, seitdem es Wissenschaft gibt, immer von neuem auf. Abstraktes Denken als das Eigentliche wurde allzu oft von der bloßen sinnlichen Wahrnehmung unterschieden und getrennt, und nur zu häufig sahen sich alle visuellen Aspekte im Denken vernachlässigt oder gar ausgeklammert. Und dies galt auch in der Paläontologie, obwohl wir doch auch hier unsere Kenntnis vom Allgemeinen nur über das Besondere herleiten. Heute ahnen wir, gerade auch durch die negativen Folgen der Vernachlässigung alles Qualitativen aufmerksam gemacht, daß zwischen Sinn und Ver-

Abb. 141: Wirbeltiere, rezente Vögel: Struthio camelus massaicus, ostafrikanischer Strauß, Skizzen nach dem Leben. — Original, Senckenberg-Museum.

stand, die ja beide an das eine Nervensystem gebunden sind, ein Gleichgewicht besteht. Erst durch Wahrnehmungen (und so stellen es auch Agnes Arber 1960, und Rudolf Arnheim 1969 dar) wird uns gezeigt, womit wir es überhaupt zu tun haben, welches die räumlichen Zusammenhänge der Dinge sind und welche Vielseitigkeit, welche Vielzahl der Dinge, welche faktischen Bezogenheiten, welche Individualitäten die Wirklichkeit bereit hält. Andererseits sollte abstraktes Denken gerade im Vorgang des Anschauens nicht vernachlässigt werden, denn erst abstraktes Denken ordnet die wahrgenommenen Phänomene und urteilt über sie. Es ist kein Zweifel: Begriffliches und bildliches Denken sind nicht Gegensätze, sie machen erst zusammen ganze Wahrnehmung, formen wahre Erkenntnis und führen uns in die Welt. Also im fortlaufenden Prozeß des Wechsels von der sinnlich-qualitativen zur abstrakt-quantitativen Denkweise formt sich ganze Erkenntnis, und erst gestalthafte Erfahrung ist Grundlage des Denkens. Wie Gonella (1976) sagt, »seit Kant ist die Diktion gebräuchlich: Begriffe ohne Anschauung sind leer, Anschauung ohne Begriffe ist blind«. Und Hermann Glockner (1969) sagt: »Es gibt keine Erkenntnis ohne Anschauung und es gibt keine Anschauung ohne Erkenntnis.« Denn die Form als Phänomen baut sich erst diesen Beziehungszusammenhang von sinnlicher Wahrnehmung hier und von Logik da in Reinheit auf. Was aber ist Form? Homma (1958) sagt uns, für das Leben sei nicht nur materielle Substanz in aller ihrer physikalisch und chemisch erfaßbaren Vielfalt wichtig, sondern eben auch Struktur und Form dieser materiellen Substanz. Hierin liege die eigentliche Antithese.

Sinnlichkeit und Intellekt, so haben wir also verstanden, gehören zusammen, sie sind eines. Es sollte aber noch von einer anderen Dualität die Rede sein: von dem sinnlich wahrzunehmenden funktionellen Objekt einerseits und von dem Ästhetischen am Objekt andererseits, als zwei vor-

Abb. 142a u. b: Wirbeltiere, rezente Vögel: Vogelflügel, Ausbreitemechanismen. Zwei Handzeichnungen von LEONARDO DA VINCI (1452–1519).

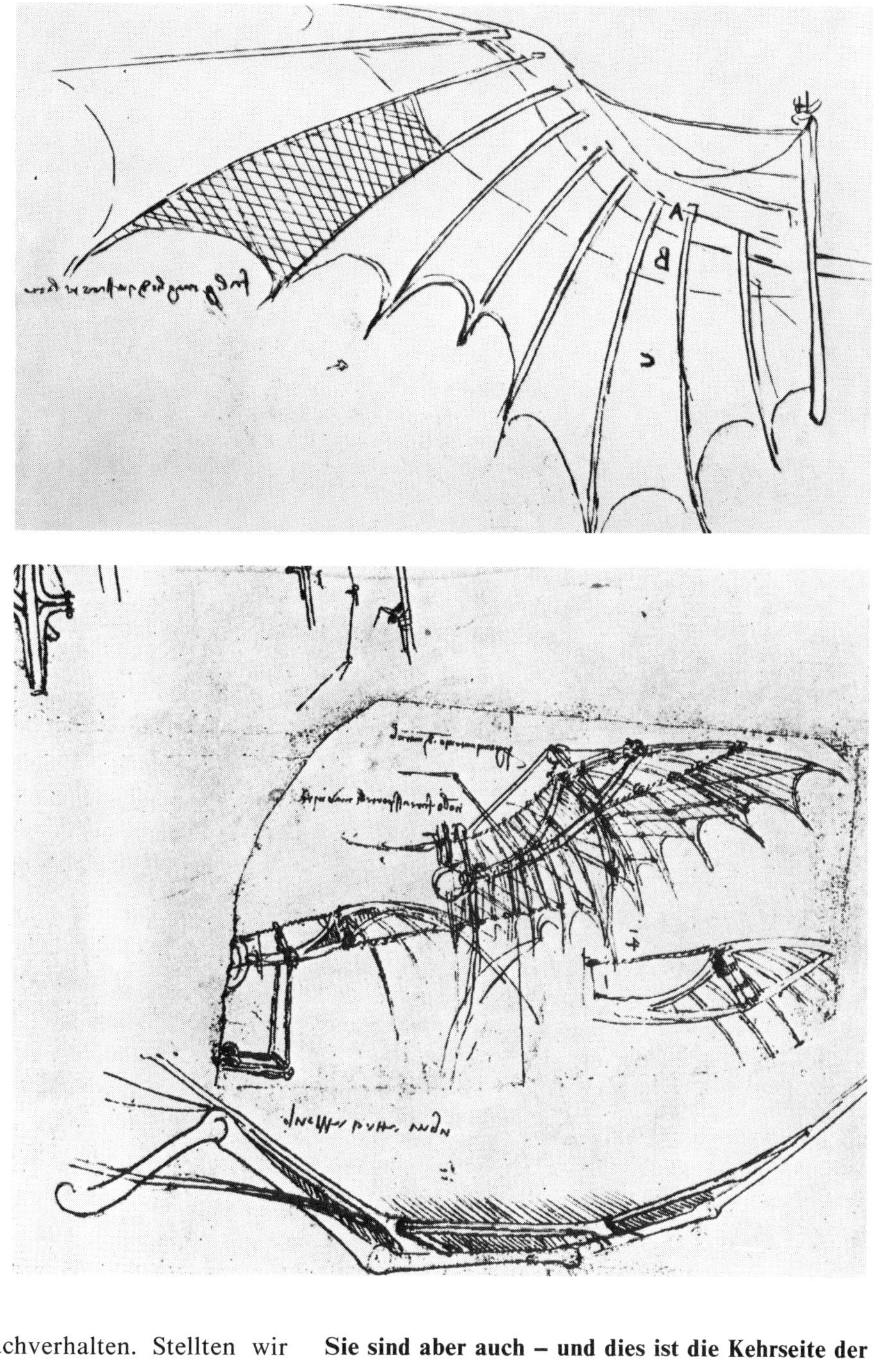

erst zu trennenden Sachverhalten. Stellten wir doch eben fest, daß

die paläontologischen Objekte auf der einen Seite eine physikalische Wirklichkeit darstellen und so mit Recht von der wissenschaftlichen Paläontologie seit langem genommen und beurteilt werden. Sie sind aber auch – und dies ist die Kehrseite der gleichen Medaille – eine ästhetische Wirklichkeit,

also im zweiten Fall für den Menschen eine Realität des reinen Ausdrucks und nicht der rational zu fassenden Sachmitteilung. Als solche gibt sie durch Wahrnehmung und Intellekt Informationen auf einem für das paläontologische Objekt bisher nicht gefragten Gebiet. Dient sie doch so der Bewußtseinsbildung, nicht etwa in einer Scheinwelt, vielmehr in unserer real gelebten Wirklichkeit.

Allerdings beide Seiten, die der physikalischen Wirklichkeit einerseits und die der ästhetischen andererseits, sollten – bei aller Verschränkung im Faktischen – immer klar als zwei legitime, jede in ihrer Weise notwendige und nicht zu vermischende Größen gesehen werden, sonst sinkt die Gestaltenlehre, die vielstrapazierte Morphologie, kaum daß sie neu – nämlich phylogenetisch bezogen – gesehen wird, nur zu leicht in typologisch gefärbte, idealistische Gedankengänge zurück. Wir wissen es nur zu genau: Alle aus dem Darstellenden kommende »reine Anschaulichkeit«, die immer von Qualitäten (von Graden des Ästhetischen) handelt, verführt dazu. Umso mehr sollten wir diese beiden Seiten, zwar gewarnt, in aller Reinheit als Realität stets sehen und auch auf jegliche Naturobjekte beziehen.

In einer Zeit, die nicht in lebendigen »Anschauungsganzheiten«, vielmehr fast ausschließlich in technomorphen Analysen des Anorganischen lebt und täglich so erzogen wird, sollten solche Beziehungen doch besonderes genannt und als real demonstriert werden.

Wo versucht wird – und dies ist eine legitime und heute zunehmend wichtigere Aufgabe paläontologischen Wissens –, paläontologisches Gedankengut über die Existenz fossiler Objekte als Teil und Inhalt eines Bildungsgutes lebendig werden zu lassen,

wo weite Gebiete der naturwissenschaftlichen Durchdringung der gegebenen Welt an Grenzen im Technischen, im Umgang und – davon abhängig – im Zivilisatorischen stoßen,

wo diese Grenzerkenntnis (oft erschreckend) existentielle Bedeutung für den Menschen erhält (Bevölkerungsdruck durch weltweite Bevölkerungszunahme, kritische Situation durch Minuseffekte, durch Zivilisation und technische Leistung hervorgerufen),

wo nach langer Vernachlässigung ein Empfindungsvermögen für optische Zusammenhänge des Ausdrucks erst wieder gelernt werden muß,

dort werden mit einmal Kategorien am Objekt bedeutungsvoll, die bisher für die paläontologische Wissenschaft zu übersehen waren, nämlich die qualitativen.

Ästhetische Realität – sehen wir es richtig – muß nicht im Nebulösen verweilen,

sie kann wie Naturwissenschaft und Technik durchaus analytisch behandelt werden (Bense 1965). Da aber Paläontologie mit ihren Einsichten, wie wir meinen, weit über wissenschaftliche Analyse hinaus durch die Realität ihrer an Zeiten und Räume gebundenen Objekte gerade in unserer Zeit und in die Zukunft hinein menschenbildende Funktion hat und so auch allenthalben heute meist unbewußt ergriffen wird,

sollte umso mehr diese ästhetische Realität dort, wo das Visuelle als reiner Ausdruck einer Sache eine Rolle spielt, besonders ernst genommen werden.

Das Visuelle dient gerade durch die festgestellte Dualität (nämlich Erkennen von Sachverhalten und Demonstrieren einer Ausdruckswelt) dem Weltverständnis im ganzen.

Überblicken wir die paläontologische Literatur: Seit je ist paläontologisches Publizieren in großen Teilen Abbilden, Rekonstruieren, graphisches Umsetzen, bildnerisches Abstrahieren, ist Gestalten, ist Verbildlichung im ursprünglichen Wortsinn, ist also – ob gewollt oder nicht gewollt, ob gekonnt oder nicht gekonnt – Umgang auch mit visueller Realität. Ist ja doch Abbilden nichts anderes als eine besonders intensive Form des Beobachtens und Beschreibens. Von diesem »Beschreiben« durch Abbilden, welches die Welt des Ausdrucks einbezieht, lebt auch alle Systematik und Vergleichende Anatomie; Beschreiben durch Abbilden ist Ordnen einer gebotenen Vielfalt und Beschreiben durch Abbilden ist auch Grundlage aller stammesgeschichtlichen, d. h. historischen und d. h. hier auch kausalen Durchdringung. Das konkrete Beschreiben mit dem Stift kommt vor aller Abstraktion und vor jedem Experiment. Im übrigen: Historie anhand von Objekten treiben, das ist – wie auch immer – Imagination. Große Zeiten paläontologischen Forschens waren meist auch Zeiten imaginativen Ausdrucks dieser Wissenschaft.

Warum diese zwar selten ausgesprochenen, aber seit je vorhandenen Bezüge zwischen paläontologischer Wissenschaft und den bildnerischen Tätigkeiten? Dies alles liegt eben in der engen Bindung dieser Wissenschaft an alles Morphologische (sei es eine statische Morphologie

Abb. 143: Wirbeltiere, fossiler Vogel: Rackenvogel, Mittel-Eozän (Tertiär) Ölschiefergrube Messel bei Darmstadt. Skelett mit Schädel, Gefiederreste und Mageninhalt. — Aufn. E. Haupt, Senckenberg-Museum.

ehedem oder sei es die dynamische heute), und wer kein bildnerisches Denken hat, lasse lieber, weil offensichtlich in der Wahrnehmungsbereitschaft morphologischer Größen verarmt, unfähig zum Gestalten-Sehen und frei von Formgedächtnis, die Finger von dieser Wissenschaft. Denn hier steht das Visuelle, was auch geschieht und wieviele Geräte mit Stolz und im Fortschrittsglauben auch eingesetzt werden mögen, an erster Stelle, und

alle paläontologische Arbeit beginnt als wägende und urteilende Augenarbeit, sie beginnt damit, real Verborgenes real sichtbar zu machen, Fragmentarisches zu vervollständigen, Lagebeziehungen in der Fläche und im Raum zu erkennen und zu verdeutlichen:

Paläontologie ist zwar Umgang mit technischen, mit biomechanischen Größen, ist aber als solche auch Architektur im Wandel der Zeit, kennt Stilelemente, ist Umgang mit Skulpturen, ist Sichtbarmachen einer Welt der Gestalten. Paläontologie ist nicht zuletzt Konstruieren und Aufbauen, ist Ergebnis von Konstruktionen, ist aber auch Beherrschen tierischer Ausdruckswelt und darin produktiver Akt. Daß diese Demonstration des Ausdrucks biologische Erkenntnis zugleich ist, hat uns die Verhaltensforschung (Ethologie) an vielen Beispielen in den letzten Jahren erst gezeigt.

Über diese angeborene Fähigkeit, Objekte als Gestalten wahrzunehmen, verfügen der Mensch, aber auch wahrscheinlich viele Wirbeltiere. Kennen wir doch Merkmale der Gestaltwahrnehmung (Lorenz 1959, 1965) als Mittel im Daseinskampf unter Artgenossen und Fremden, in der Gattenwahl, gegenüber Feinden; Gestaltwahrnehmung, durchaus mit ästhetischen Merkmalen verbunden, ist im Tierreich wahrscheinlich eine weitverbreitete Fähigkeit. »Ästhesie« ist die Fähigkeit zur Wahrnehmung von Objekten und Phänomenen. Ästhesie des Ästhetischen, so sagt Otto (1978, 1979), bezöge sich beim Betrachten materieller Objekte insbesondere auf das einprägsame Image extrem »gutgewachsener Artgenossen«, auf gutgewachsene Individuen anderer Arten und auf viele weitere Objekte der lebenden Natur. Es könne vermutet werden, daß es mit großer Wahrscheinlichkeit eine angeborene Ästhesie des Ästhetischen gibt, die über das Funktionelle hinausgehe. Daß diese Demonstration des Ausdrucks des Organischen biologische Erkenntnis ist, ist in den letzten Jahren deutlich geworden. Wohl an Vögeln untersuchte man erstmals das weite Feld der der Kommunikation dienenden »Ausdrucksbewegung« bei höheren Wirbeltieren (Heinroth) und machte über das vielgestaltige Gebiet der »Signale« und ihre Bedeutung unter Artgenossen Mitteilung (Lorenz & Leyhausen 1969, Portmann).

Zu diesem Thema sagt Buytendijk (1958): »Beide, Mensch und Tier, sind empfindlich für den Ausdruckscharakter des Wahrgenommenen, seien es Licht oder Farbe, Geräusch oder Laut, Geruch oder Geschmack, seien es Formen oder Dinge, ihre manigfaltigen Zusammenhänge als Situationen oder Landschaften. Beide empfinden die Helligkeit einer Farbe, ihre Wärme oder Kälte, die Höhe und Stärke eines Tones, das Reizende oder Berauschende eines Geruchs, die Schmackhaftigkeit oder das Ekelhafte der Speisen, das Eckige eines Dreiecks, die Rundheit eines Kreises ... Jedenfalls hat man durch zahlreiche Versuche nachgewiesen, daß die Gestaltsgesetze besonders der optischen Wahrnehmung der Tiere in gleicher Weise wie jener des Menschen zugrunde liegen. ... Die tierische Wahrnehmung beruht auf Gestaltsprinzipien. Sie wird weiter bestimmt von den artspezifischen unbedingten Bedeutungen und den durch Erfahrung bedingten Bedeutungseinheiten, die bei den höheren Tieren oft so isoliert erfaßt werden, als ob es ›Gegenstände‹ wären.«

Aus dem allem wird deutlich: Wirbeltier-Paläontologie und dazu alles Rekonstruieren von ausgestorbenen Tierformen bedeutet

das Entwerfen einer Wirklichkeit; ist Tun, das hinstrebt zum Bild, zur Objektivierung, ist ordnende Kraft, die zu einem Daseinsentwurf hinführt und die eben nicht eine Anhäufung von Worten, Zahlen und Maßen bleibt.

Nach Aristoteles ist künstlerisches Schaffen nicht Nachahmen der fertigen Dinge in der Natur, sondern ist Nachahmung der ursprünglichen Schaffenskraft der Physis, und die Kunst führe – Zitat nach Frenzel (1958) – das in der Natur unfertig Gebliebene zur Vollendung. Das also, so sehen wir die Zusammenhänge heute, ist der tiefere Sinn aller imaginativen Auseinandersetzung mit den Formen aus der Natur, in unserem Fall mit den körperlich überlieferten und zu gestaltenden Fossilien.

Abb. 144: Wirbeltiere, fossiler Vogel: Einzelne Vogelfeder, Flaumfeder, mikroskopische Aufnahme. Mittel-Eozän (Tertier), Ölschiefergrube Messel bei Darmstadt. – Aufn. J. L. Franzen, Senckenberg-Museum.

Abb. 145: Wirbeltiere, fossiles Säugetier: Propalaeotherium messelense, frühtertiäres Urpferd (Mitteleozän, Ölschiefergrube von Messel bei Darmstadt). Dieses Fossil (ca. 50 cm Gesamtlänge) wurde in seinen Maßen zu der Rekonstruktion in Abbildung 146 verwendet. Beachte den noch erhaltenen (trockenrissigen) Mageninhalt. — Aufn. E. HAUPT, Senckenberg-Museum.

Wer also – vorab dem Laien – über das Wesen der Objekte dieser Wissenschaft und die Entwicklung des Lebendigen auf der sich ohne Unterbrechung umgestaltenden Erde, wer die Stellung des Menschen in dieser unserer Welt deutlich machen will,

wer sich Rechenschaft darüber ablegen will, wie Erdgeschichte, Organismen- und Menschheitsgeschichte letzten Endes doch ein Ganzes sind,

und wer in seinem Tun so erst in die rechte Relation zu Zeit und zu seiner eigenen Geschichte geraten und also wahres Bildungsgut, das allemal gestalterische Reaktionen freisetzt, liefern will, der wird sich vor allem durch das Nachformen von vorgegebenen Formen und durch Gestalten als eine Weise des Beschreibens ausdrücken.

Die Menschheit hungert wieder – nach einer Zeit der Bevorzugung des nur Analytisch-Physiologischen und eines bild- und gegenstandslosen, ausschließlich rationalen Intellekts – nach Formen und Gestalten, seien es Artefakte oder seien es gewachsene Naturgegenstände. Das beweisen die sich ins immense steigernden Besucherzahlen in den Museen und Ausstellungen und das Bedürfnis, die geistigen Ordnungsmomente zu einer Theorie des Museumswesens zu erarbeiten (Deutsche Forschungsgemeinschaft 1974). Leben wir doch auch nicht zufällig in einer Zeit des intensiven Bestand-Aufnehmens organischer Formen der Erde, und ist weltweit eine neue Weise der Auseinandersetzung mit dem Objekt – sei dieses Artefakt oder sei es Gegenstand der Natur, beide unter dem Gesetz der Erscheinung stehend – im Werden begriffen.

Unsere Kultur, die so lange dem reinen Vorgang und dem Nichtgegenständlichen verschrieben war und die alles das, was nicht quantifizierbar war, vielmehr sich in reinen Qualitäten äußerte, negierte, braucht auf Dauer – sollen nicht schlimme Ausfall-Phänomene seelischer Qualität die menschliche Gesellschaft belasten – die Welt natürlicher Gestalten. Von hierher, nämlich aus der Qualität der Sinneseindrücke,

aus dem Sehen umfassender Ganzheiten, die eine bestimmte Bedeutung haben, nehmen alle geistig-seelischen Kräfte als der wahren Heimat allen Ausgleichs und alles Gestalterischen ihren Ausgang.

So rückt Paläontologie – verbindet sie doch, wie kaum eine andere Wissenschaft, Erkenntniswerte mit optischen Erlebniswerten und setzt sie Maßstäbe auch für unser tägliches Tun – ins Zentrum der Menschenbildung und Menschenformung unserer Zeit.

Sie ist darin die wahre Schwesterwissenschaft zur klassischen Archäologie als der »Erdwissenschaft« unter den Geisteswissenschaften; auch diese weist seit je diese Doppelfunktion von Sehen, Wissen und Erkennen, wie von Impulsen zum Nachschaffen und zum Neuschaffen und damit zu einer echten Kreativität auf. Auch sie setzt in den Gestalten, mit denen sie es zu tun hat, Maßstäbe für unsere Existenz.

VIII. Paläontologische Museen

Wo aber – so ist zu fragen – begegnet die Menschheit paläontologischen Objekten, wo findet sie die Grundlage eines so geforderten Bildungsgutes, und wo wird sie mit dem Objekt, dem fossilen Überrest des Tieres und der Pflanze und ihrem faktischen Inhalt konfrontiert? Wo zeigt sich Paläontologie als Wegbereiter eines neuen Verständnisses des Menschen von sich selbst?

Gewiß hat sich das bebilderte Sachbuch heute auch das Fossil als Gegenstand der Aussage erobert, und es gibt unter diesem Themenkreis anspruchsvolle Beispiele populärwissenschaftlichen Schrifttums; sie werden in mehreren Weltsprachen bereitgehalten (z. B. Fischer & Gayrard-Valy 1977).

Das Museum aber setzt durch sein reales Schaugut aus der Erdvergangenheit früher an, es will tiefere Schichten menschlicher Erlebniswelt erfassen. Es will vor aller Mitteilung und Belehrung Zustände vor Augen führen, den Weg in eine Welt des reinen Ausdrucks öffnen. Es will Seiendes demonstrieren, noch ehe eine Analyse begonnen hat. Das Museum stellt dem Menschen den versteinerten Zeugen aus geschichtlicher Vergangenheit in seiner ganzen Unmittelbarkeit gegenüber. Es ist im Idealfall, indem es das paläontologische Objekt in seiner überlieferten Wirklichkeit als wahren Seinsmodus der Natur in aller Schlichtheit und Reinheit behandelt, Mittler zwischen Mensch und Natur in ihrer Geschichtlichkeit. Es kann also auf diesem Weg von einer ganz ursprünglichen, und das ist von der bewußtseinsbildenden Seite her dem Menschen unserer Zeit entgegentreten. Noch mehr:

Durch das Instrument »Museum« erobert sich die Menschheit eine neue Dimension, die Dimension des Ausdrucks geschichtlicher, an einen ewigen Wandel gebundener Gestalten.

Museen sind die wahrhaften Schulen des Sehens. Durch sie wird Fossilgut weltweit Allgemeingut mit einem ganz bestimmten Sinngehalt, wird Kulturbesitz einer modernen Menschheit im ganzen. Dies gilt besonders für das ausgestorbene Wirbeltier, das in seinen erhaltenen Skeletteilen schon von seinen Dimensionen her ganz dem Privaten (und dem ausschließlichen Umgang mit einem Einzelnen) entzogen sein sollte. Verlangen doch überdies Konservierungsarbeiten und die geforderte Montage eines vielgliedrigen und oft tonnenschweren Ganzen einen solchen Aufwand an architektonischen, statischen und handwerklichen Voraussetzungen, daß nur auf solchen Verrichtungen spezialisierte Institutionen, nämlich die Museen, der Aufgabe auf Dauer gewachsen sind.

1. Über den Gestaltenhunger

Noch zu keiner Zeit –

und darin zeigt sich die Notwendigkeit der würdigen und sachgerechten Demonstration von Fossilgut als dem unübersehbaren Zeugen einer Geschichtlichkeit der Organismen und auch des Menschen –

schnellten in den naturwissenschaftlichen Museen die Zahlen der Besucherströme so in die Höhe, wie in der Gegenwart, drängten sich die Menschen zu Sonderführungen, wurden Laien zu ausgepichten Fossiliensammlern, und wandelten sich – mit allen Auswüchsen – Fossilien gleichwertig dem Artefakt zu vielgesuchten Objekten des Kunst- und Antiquitätenhandels. Dies ist nicht nur Mode mit allen Zufälligkeiten, sondern unterliegt einer bestimmten historischen Konstellation und hat – wie wir meinen – letzten Endes mehrere tiefgehende Gründe; sie stehen im Verhältnis des modernen Menschen zum Objekt, zum Objekt der Natur und zum Objekt der Kunst, dem Artefakt. Wir führen auf:

Abb. 146: Wirbeltiere, fossiles Säugetier: Propalaeotherium messelense, frühtertiäres Urpferd aus der Ölschiefergrube von Messel bei Darmstadt (Mittel-Eozän). Obwohl seit 1911 bekannt, hat dieses Urpferd noch niemals eine eingehende zeichnerische Rekonstruktion erfahren.
Hier: Die einzelnen Skelettelemente wurden in Originalgröße, in Karton flächig nachgebildet und rekonstruierend auf einer weißen Wand mit Stecknadeln befestigt. Jede einzelne Steckung wurde photographisch festgehalten (Ergebnis: Serien von Bewegungsweisen). Das gesteckte Bild ist die Funktionalisierung des in Todesstellung überlieferten Skeletts in der Körper-Sagittalen (Abb. 145). Leitbild für die Steckung war ein Lebensformtypus, wie er sich aus den Fundumständen in Messel ergab: Terrier-großes Säugetier, Waldbewohner (Laub fressend, vgl. Abb. 150), breitpfotig zum Begehen eines Sumpfbodens; vergleichbarer Lebensformtyp heute: Duckerantilope. Diese ist in den hier gegebenen Urpferdrekonstruktionen Vorbild für die Art der Wirbelsäulenkrümmung, für Halshaltung und Setzung der Extremitäten im Stand, im Trab und im Galopp. – Original, Senckenberg-Museum.

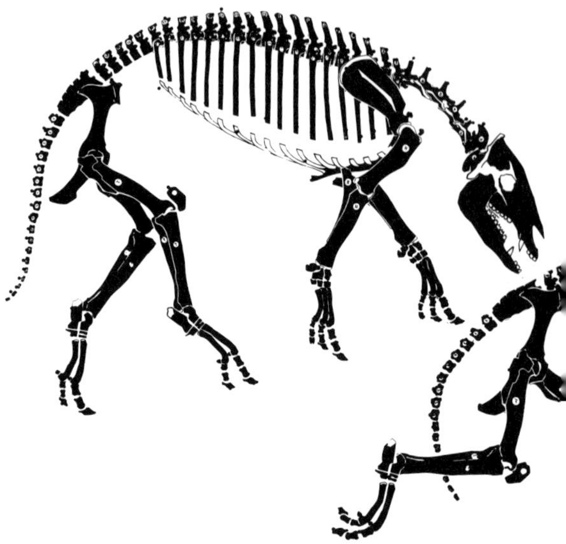

Abb. 147: Wirbeltiere, fossiles Säugetier: Propalaeotherium messelense, frühtertiäres Urpferd aus der Ölschiefergrube Messel bei Darmstadt (Mittel-Eozän). Rekonstruktionen, Urpferde in schneller Bewegung aus Skelettmodellen entwickelt. – Original, Senckenberg-Museum.

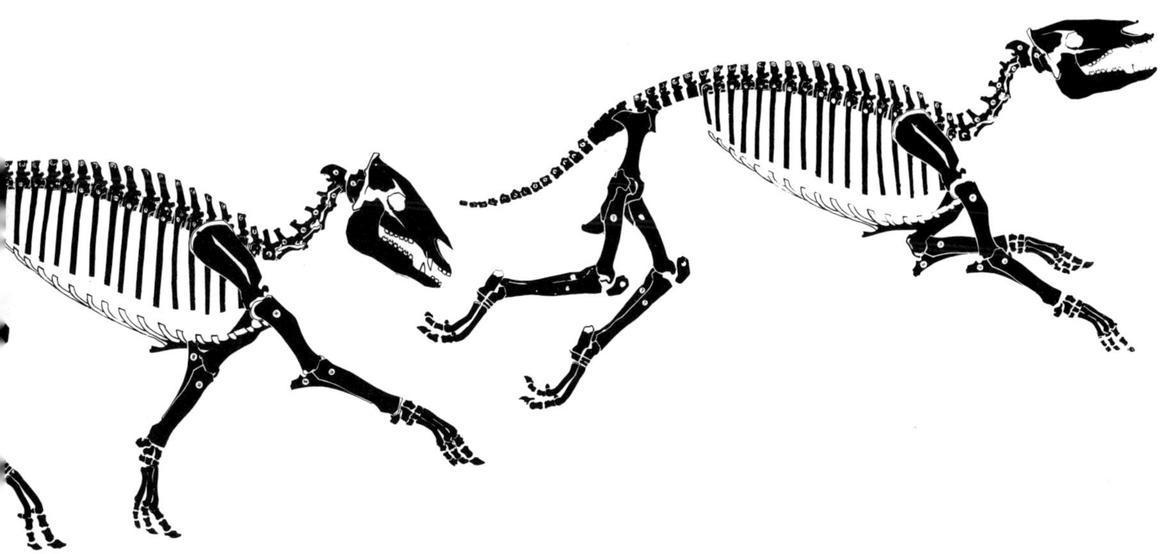

Abb. 148: Wirbeltiere, fossiles Säugetier: Propalaeotherium messelense, frühtertiäres Urpferd aus der Ölschiefergrube Messel bei Darmstadt (Mittel-Eozän). Gestaltgebende Oberflächenmuskulatur von Hals, Thorax und Vorderextremitäten. — Original, Senckenberg-Museum.

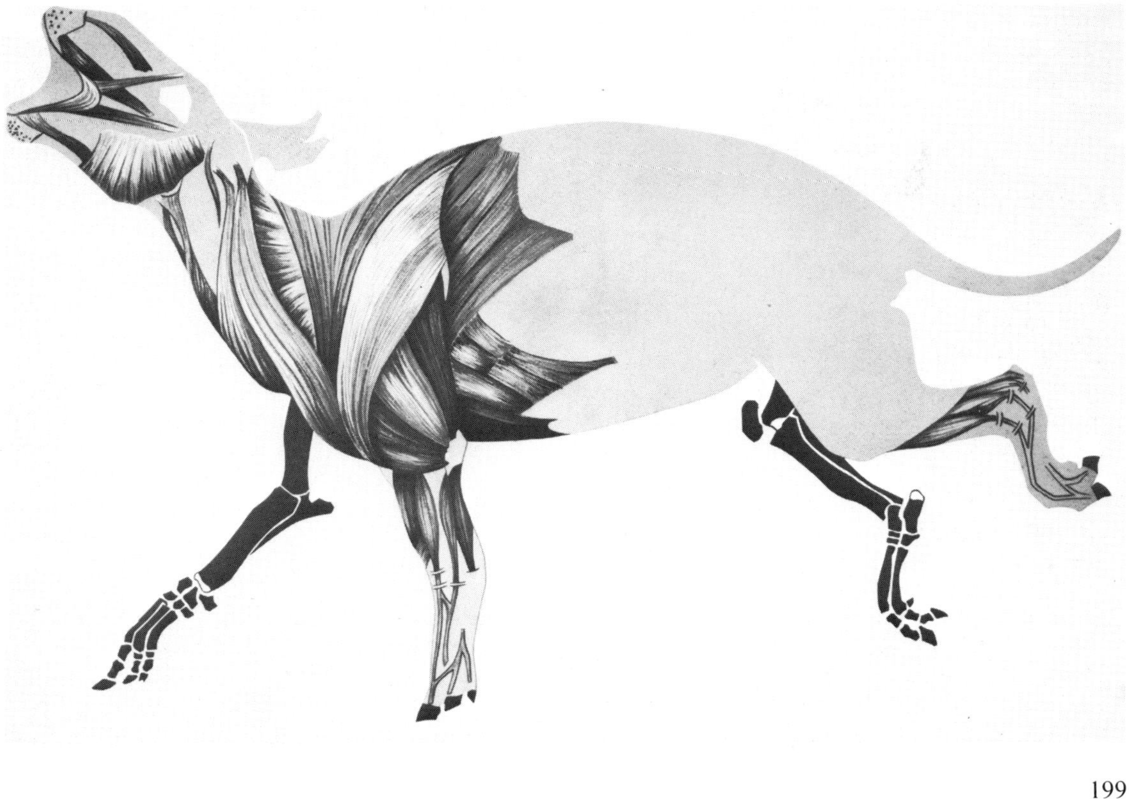

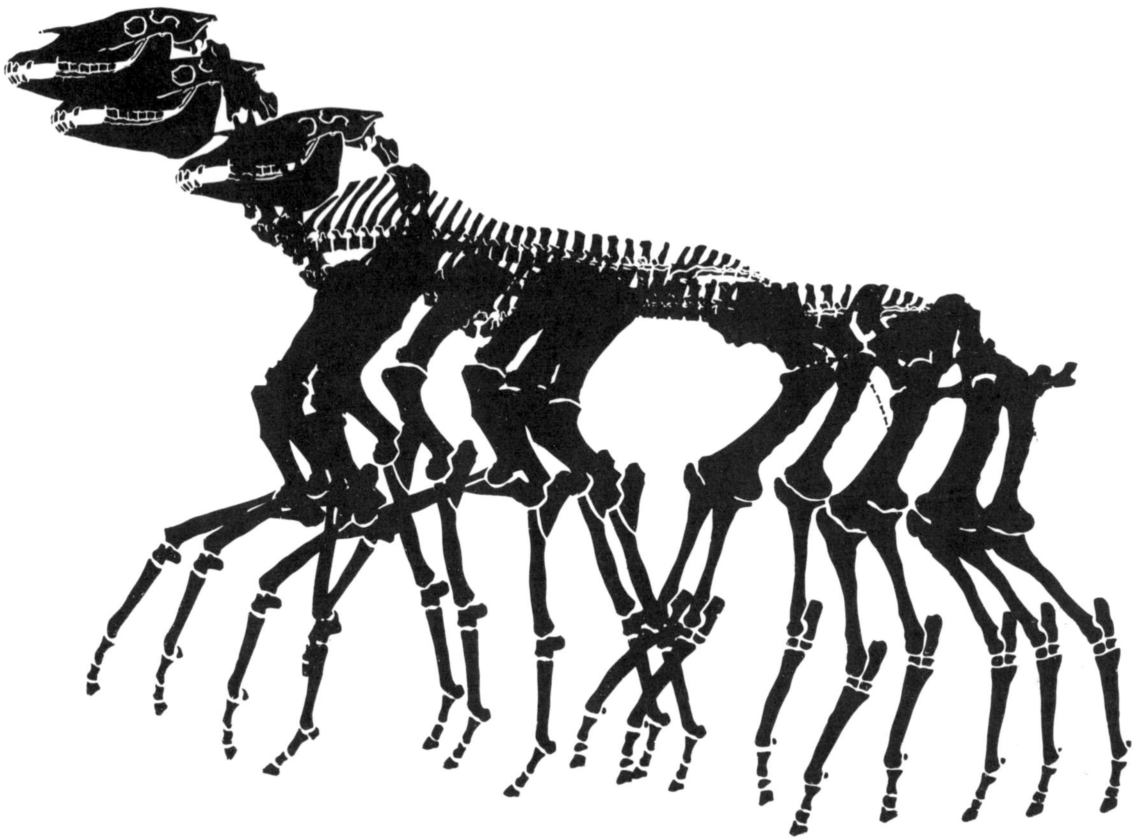

Abb. 149: Wirbeltiere, rezentes Säugetier: Equus grevy, Grevy-Zebra, Ostafrika (Steppenbewohner). Extremitäten des rezenten Zebras in der Bewegung (Schrittgehen). — Original, Forschungsinstitut Senckenberg.

(1.) In den letzten 60 Jahren etwa hat sich Schritt um Schritt die bildende Kunst vom Gegenstand gelöst und führte schließlich hin zu einer entstalteten Welt. Dies gilt ebenso für alle Bereiche der Malerei, wie für die der Plastik. Ja, die Entwicklung in der ersten Hälfte des 20. Jahrhunderts führte zu einer offenen Feindschaft gegenüber allem Organisch-Natürlichen. SEDLMAYER (1970), der das gleiche Phänomen bespricht, zitiert APOLLINAIRES offene Ablehnung der Natur, er nennt FRANZ MARC, der von der »Häßlichkeit der Natur« und von ihrer »Unreinheit« spricht, und er erinnert an MONDRIAN, der von der »Stadt der vollendeten Technik, von Metropolis, der perfekten Gegennatur träumt«.

(2.) In der gleichen Zeit traten in den biologischen Naturwissenschaften alle Fragen nach

Abb. 150: Wirbeltiere, fossiles Säugetier: Blattausschnitt einer Lauracee (Lorbeergewächs) als unverdauter Mageninhalt von Propalaeotherium messelense (bestimmt nach Zellenform und Form der Spaltöffnungen). Es ist daraus zu schließen: Das Messeler Urpferd war nicht grasfressendes Steppentier (wie die heutigen Pferde mit ihrem hochkronigen Gebiß), sondern Laubfresser und Waldbewohner (worauf auch das niederkornige Gebiß hinweist). — Aufnahme G. RICHTER, Senckenberg-Museum.

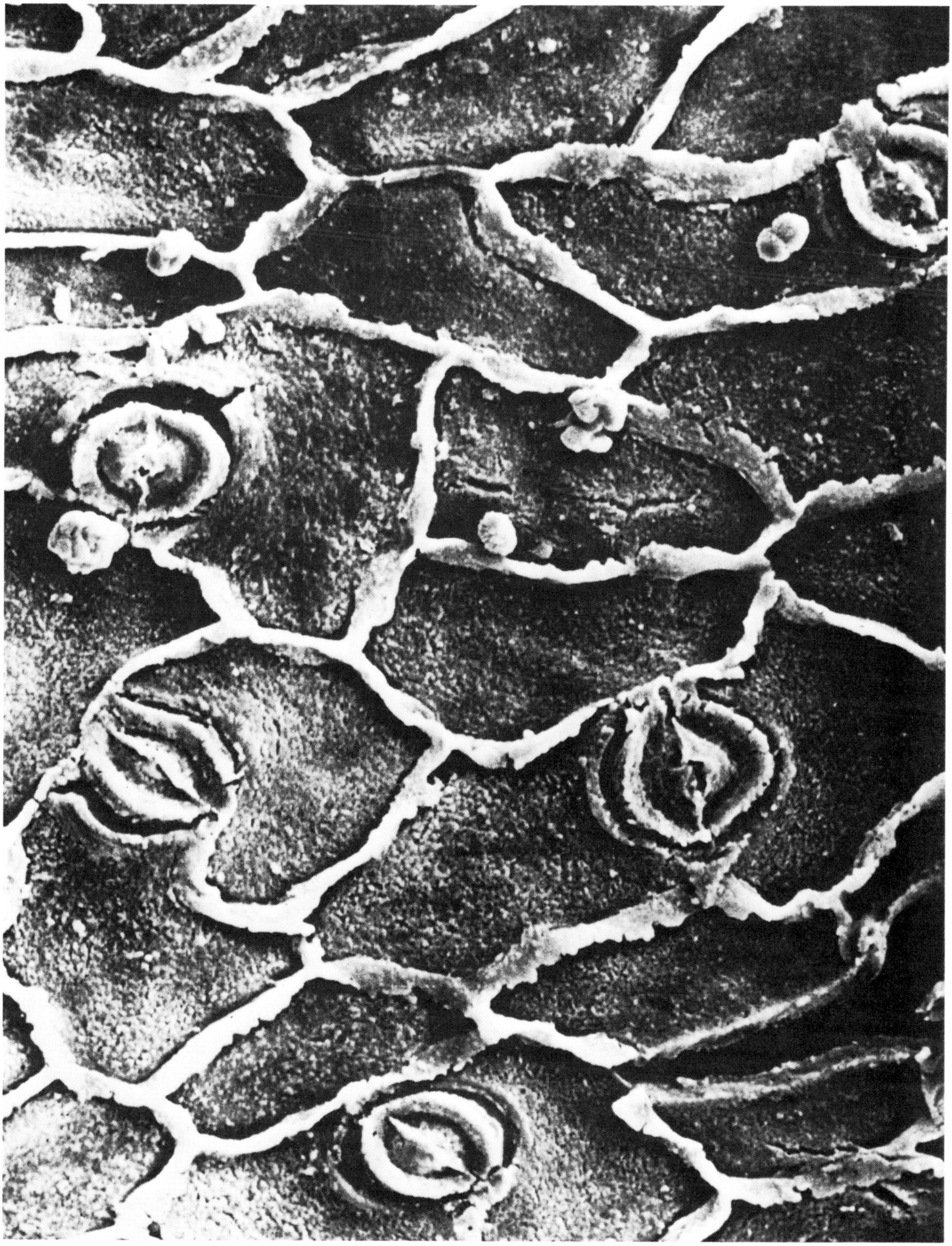

Abb. 151: Wirbeltiere, fossiles Säugetier: Elephas falconeri, Zwergelefant (Würm-Eiszeit, Sizilien). Schädel mit Hals- und vorderen Thorax-Wirbeln, Rekonstruktion. Fundort: die Höhle Spinagallo bei Syrakus/Sizilien. — Original, Senckenberg-Museum.

Abb. 152: Wirbeltiere, fossiles Säugetier: Halitherium schinzi, Seekuh. Tertiär Rheinhessen, Betonguß für Vitrinenausstattung. — Original, Senckenberg-Museum.

Form, Gestalt und realer Geschichte der Organismen – wiederum wie in (1.) mit allen Anzeichen der Ächtung des Gestalthaften – zurück und machten dem Studium des reinen Vorganges, wir sagen des »physiologischen Geschehens« und der Abstraktion Platz.

(3.) In der gleichen Zeit erlebte die naturwissenschaftliche Illustration, die es ja immer mit Gestalthaftem zu tun hat, einen Niedergang wie nie zuvor in ihrer mehrhundertjährigen Geschichte (Schäfer 1974 a). Erstarb doch wegen der nahezu totalen Hinwendung der Naturwissenschaften zu Formel, Zahl und Kurve in der ersten Hälfte des 20. Jahrhunderts jeder Auftrag an eine naturwissenschaftliche Graphik; die wissenschaftliche Graphik degenerierte mangels Auftrag und ernsthafter gestaltbezogener Fragestellung; sie muß heute wieder mühsam aufgebaut werden, nachdem eine hohe Tradition mit den Namen Leonardo da Vinci (1452–1519, Abb. 178), Andreas Vesalius (1514–1564, Abb. 180), William Harvey (1578–1657, Abb. 185), Jan

Swammerdam (1637–1680), Maria Sibylla Merian (1647–1717), Samuel Thomas Sömmering (1755–1830), Carl Gustav Carus (1789–1869, Abb. 200), John James Audubon (1785–1851) und vielen anderen, auch aus moderner Zeit, abgerissen ist.

(4.) In der gleichen Zeit löste sich durch eine Verstrickung in rein rationalen und ökonomischen Elementen die Beziehung des Menschen zu Landschaft, Tier und Pflanze als den eigentlichen Gestaltträgern einer natürlichen Umwelt.

(5.) Die technisch notwendige Beziehung zum Objekt übernahm gegen Ende des 19. Jahrhunderts die Photographie; sie zog einen Großteil der vorhandenen gestalterischen Kräfte ab. Das Bildgut der Photographie indessen hat – meist als Augenblicksbild und als Impression eines Vorgangs – unser Verhältnis zum Gegenstand nicht vertieft, vielmehr je länger in der Anwendung, desto mehr verflacht. Gibt sie doch nur den unmittelbaren optischen Eindruck, das die Kontur verwirrende Spiel des Lichts, und gibt sie selten den Konstruktionszusammenhang, unter dem ein Naturgegenstand steht, also das verstandene Bild.

Diese Aufzählung vermag wohl darauf hinzuweisen, wie es sich fünffach um das gleiche Phänomen handelt, nämlich um die totale Funktionalisierung in Kunst, in Wissenschaft, in der wissenschaftlichen Gebrauchsgraphik und im täglichen Leben. Funktionalismus aber ist hier totale Ent-Staltung der im Grunde gegenständlich angelegten organischen Welt; Gestalt und Form lösen sich schließlich auf in den reinen (mit Lichtsinnesorganen nicht mehr faßbaren) Vorgang. Verstehe man mich richtig: Dies ist kein Plädoyer gegen moderne Kunst. Ich beschreibe ein Phänomen: Die Kunst von heute wendet sich eben nicht, wie vergangene künstlerische Äußerungen, mittels realer Gestalten an Gefühle und an Emotionen und stellt Geschehenszusammenhänge dar;

sie ist nicht mehr das Mittel, über Objekte und Objektbeziehungen jeglicher Art, wie sie in der Umwelt vorgefunden werden, Mitteilung zu machen. »Natur« ist für den Großteil der modernen Menschheit nicht das Sichtbare an ihr, diese sei (nach Gehlen 1968) nur sichtbare Außenhülle der Natur, diese sei gegenüber den Ereignissen und Kräften in ihren Kernbereichen relativ belanglos. So kämpfe die moderne Kunst im Bunde zusammen mit den Naturwissenschaften (Physik, Chemie, physiologische Biologie, Genetik) gegen das, was viele Jahrhunderte lang und noch bei Goethe als »Natur« galt. Daher sei die unmittelbare Natur der Moderne nicht mehr darstellens-

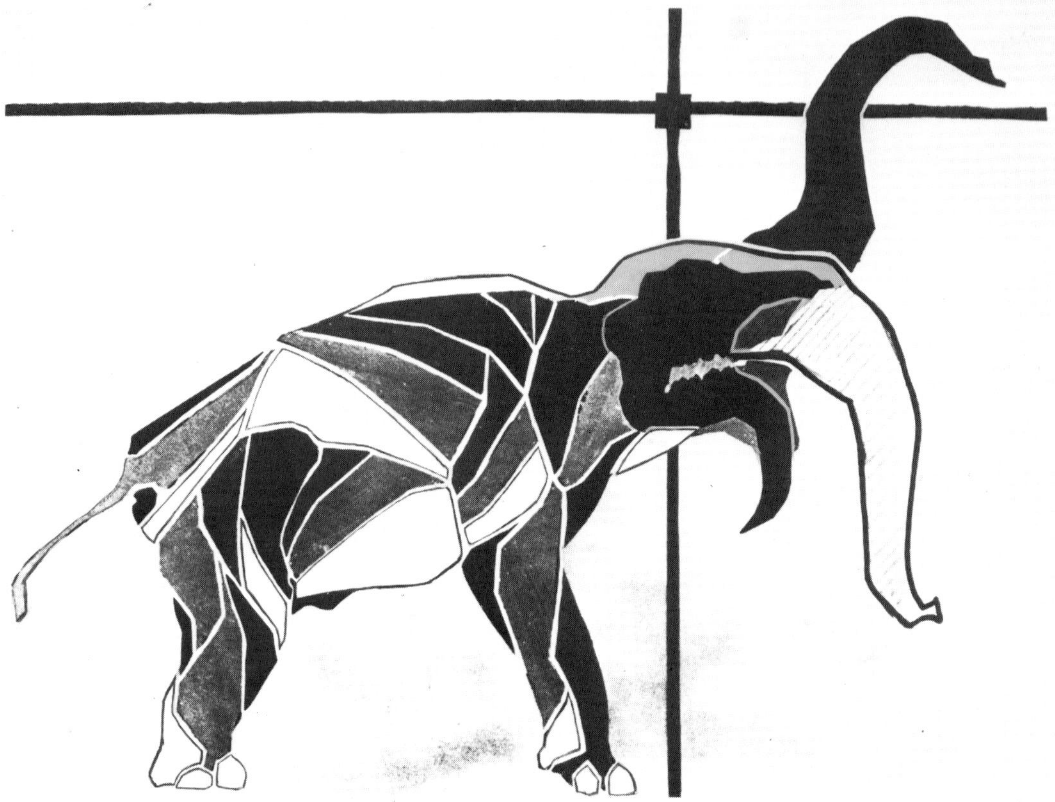

Abb. 153: Wirbeltiere, fossiles Säugetier: Dinotherium giganteum, fossiler Elefant, Rekonstruktion des Körpers, Oberflächenmuskulatur im Thorax-, Abdomen- und Extremitätenbereich, zwei Rüsselstellungen. – Original, Senckenberg-Museum.

wert. Sie richte sich gegen den Grundsatz der Naturnachahmung, und es werde daher als nötig empfunden, auf die »eigentliche« Natur (als einer ungegenständlichen Größe) zurückzugehen. Die Suche nach einer neuen Natürlichkeit beginne jetzt; womit also NEWTON gegen GOETHE zum Sieg verholfen sei. Wir verstehen nun: Sie reflektiert durch eine abstrakte Zeichensprache und durch bestimmte Informationen des Ausdrucks über Natur, wie man sie heute versteht und über menschliche Bewußtseinslagen. Damit können Begriffe und abstrakte Zusammenhänge durch Signale optisch sichtbar gemacht werden. Ihre Interpretationsmittel sind vor allem Symbole, nicht der Bericht des Auges von gestalthaft Gesehenem.

Dieser Prozeß der weltweiten Entstaltung, der einerseits den Zutritt zu neuen Dimensionen freigibt, hat heute aber andererseits ganz unabhängig von den Phänomenen einer Kunstbetrachtung als ethologisch zu interpretierendes Nebenergebnis unstillbaren Augenhunger nach unmittelbar Gestaltetem zur Folge. Mit »Gestaltenhunger« und »Hinwendung zum Gegenstand« ist nicht der naturhaft-naive Naturalismus in der Malerei und nicht Darstellung der Fassade der Wirklichkeit, nicht bloße äußere Richtigkeit im Bild gemeint; gemeint sind mit »Rückkehr zum Gegenstand« auch nicht die Auswüchse eines platten Photorealismus, gemeint ist vielmehr – auf Malerei ganz unbezogen – das Phänomen des offensichtlich unstillbaren Bedürfnisses der Auseinandersetzung des Menschen mit sichtbaren und betastbaren Gegenständen seiner Umgebung. Wie er dem Künstlerischen Ausdruck gibt, das ist jetzt nicht unsere Frage. Dies mußte jedoch fast zu deutlich gesagt sein, wird doch heute schon auf dieses Phänomen der Wiederentdeckung des Gegenstandes hin besorgt die Frage aufgeworfen, ob denn der platte Realismus mit allen Kennzeichen einer »veristischen Leidenschaft« und »Hinwendung zum Diesseitigen« Ziel zukünftiger Auseinandersetzung mit der Welt sein solle (SCHREIBER 1976). Dies alles nicht. Indessen:

Die spontane und die Menschheit heute im ganzen erfassende Rückbesinnung auf die sichtbare und begreifbare Gestalt verstehen wir als Aufbruch eines Gestaltenhungers unter bezeichnenden und nicht zu unterdrückenden Merkmalen.

Denn Umgang mit Gestalten läßt sich auf Dauer nicht negieren, ist Urbedürfnis menschlicher Psyche und berührt tiefere Schichten menschlichen Erlebens. PORTMANN (1973) spricht in diesem Zusammenhang der Entstaltung der Welt von einer »Atrophie des vergeistigten Sinneslebens«. Dieses Sinnesleben aber sei Voraussetzung jedes vollen menschlichen Tuns.

Was aber kann in dieser nicht rasch zu behebenden Misere besonderes Heilmittel gegen Gestaltenhunger sein, als Umgang mit Gegenständen aus der Natur und deren Verbildlichung im Sinne einer 500-jährigen Tradition wissenschaftlicher Graphik; in unserem Fall als Fossilien und gegenständliche Fossilbilder im Museum, dargeboten als reiner Ausdruck des Seienden in organischer Gestalt; nicht Fassade der Wirklichkeit und »platter Realismus«, sondern Merkmalsträger einer erd- und lebensgeschichtlichen Entwicklung. Wissenschaftliche Graphik, deren 500-jährige Geschichte uns heute in ihren Stilelementen etwas deutlicher vor Augen steht (HERDEG 1973, SCHÄFER 1951 u. 1974 a) und deren Ausdrucksmittel im allgemeinen ein Realismus (bisweilen ein Surrealismus) sein wird, zeigt in dem Bedürfnis ihrer wieder einsetzenden Pflege, daß wir hier tatsächlich Zeuge einer Wiedergeburt (LEPPIEN 1973) sind. Ihre Wiedergeburt – und deshalb betrifft uns überhaupt dieser Fragenkreis – ist untrügliches Anzeichen dafür, daß die bisher fast totgeglaubte (und oft, weil mißverstanden, geschmähte) Morphologie zur Zeit eine Renaissance zusammen mit allen ihren Hilfswissenschaften und den ihr gemäßen Ausdrucksmitteln erlebt. Wissenschaftliche Graphik ist heute Studienfach an vielen Kunsthochschulen; Morphologie (auch als Gestaltenlehre von den ausgestorbenen Organismen) rückt wieder ins Zentrum der Betrachtung.

Zu keiner Zeit menschlicher Geschichte war solche Erkenntnis – nämlich die Erkenntnis von der Gegenständlichkeit der Repräsentanten erdgeschichtlicher Überlieferung und vom engen Bezug dieser Repräsentanten zu unserer eigenen Gegenwart und zur menschlichen, wieder an Gestalten gebundenen Zukunft – wichtiger und gefragter als heute. Rückt doch die Menschheit durch ihre fast explosive Zunahme und durch eine moderne Technik, welche die menschlichen Kräfte und Funktionen ins Immense wachsen läßt, in neue und vorher niemals so geforderte und nur mit realem Wissen zu tragende Verantwortlichkeit hinein.

Paläontologie – und das ist die Lehre von der realen Geschichte lebendiger Gestalten – setzt, wird sie nur allgemein sichtbar gemacht, Maßstäbe im Zeitlichen und Räumlichen. Ich hoffe, hier wird empfunden,

daß mit einemmal von dieser paläontologischen Wissenschaft neben den lange vorhandenen, analytisch-wissenschaftlichen Aufgaben, neue Aufgaben, neue und keineswegs nebensächliche Zielbereiche gefordert werden, und wir verstehen,

daß – wenn schon in bezug auf Paläontologie von Bildungsfunktionen zu reden ist – neben die reine, den Einzelfall betreffende Erkenntnis und neben die technische Anwendung von geprüften Einzelfakten mit allem Ernst dann auch die Notwendigkeit tritt,

daß solche Erkenntnisse bewußtseinsbildend werden, und

daß gerade das, was Paläontologie zu sagen hat, mitten hineintrifft in die Problematik unserer gegenwärtigen Welt.

Beginnen doch die Veränderungen des Gesichts der Erdoberfläche und die Ausrottung von Tier und Pflanze, die als reale Gestalten alle ihre Millionen Jahre währende Geschichte haben und für die erdgeschichtliche Zukunft ihre Funktion hätten, vom Menschen forciert, Ausmaße anzunehmen, die als irreversibler Vorgang globaler Größenordnung durchaus in die Reihe geodynamischer und lebensgeschichtlicher Dimensionen gestellt werden können und die den naturforschenden Menschen in eine völlig neue Lage versetzt und zu einigen Revisionen zwingt.

Kehren wir zur museologischen Behandlung von Fossilgut, im besonderen zum fossilen Wir-

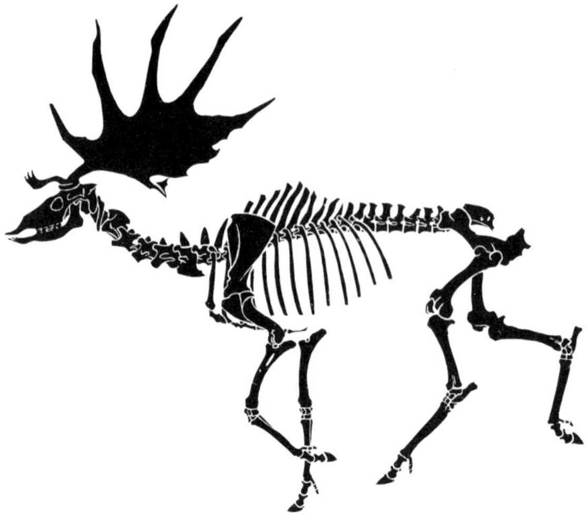

Abb. 154: Wirbeltiere, fossiles Säugetier: Megaceros hibernicus, Riesenhirsch aus einem Torfmoor Irlands. Bewegungsstudien. — Original, Senckenberg-Museum.

beltier, zurück: Dieses pflegt uns in zwei Erscheinungsformen entgegenzutreten: (1.) in der Schichtfläche, fest eingebettet, und damit in der Beziehung zum umgebenden Einbettungsmedium und mit diesem zusammen als Urkunde eines stattgehabten Vorganges zu werten (Abb. 88, 89, 94 und 135, 136 etc.) und (2.) aus der Schichtfläche befreit und in seinen (und mit seinen) überlieferten Skelettresten als Skulptur wieder aufgebaut (Abb. 121–124, 138, 151 etc.).

Die folgenden Ausführungen erfuhren in »Objekt & Bild, Beiträge zu einer Lehre vom Museum« (SCHÄFER 1974 a) ihre erste Darstellung. Ich entnehme von dort abgeändert und im Ausschnitt:

2. Das Fossil in der Schichtfläche

Die Kunst des Ausgrabens archäologischer und urgeschichtlicher Reste hat sich in den letzten hundert Jahren immer weiter verfeinert. Hat man zunächst seine Aufmerksamkeit nur dem Artefakt selbst und seiner Gewinnung gewidmet, will man heute auch die Fundumstände, also die Art, wie das Stück im Boden und in welchem Boden es liegt, kennenlernen: Das gleiche gilt auch für die Ausgrabung paläontologischer Objekte: hier des Wirbeltierfossils (KUHN-SCHNYDER 1967). Die Einmessung der Schichtfläche in möglichst großem Ausmaß und mit allen ihren Merkmalen ist wichtige Vorarbeit.

Sie gibt das fazielle Bild, erschließt die ehemalige Umwelt und dient der Datierung der Fundschicht.

Hier handelt es sich um das Freilegen und das Lesen einer bisher verborgenen Urkunde, eines einmal gegebenen und nur zu leicht zerstörbaren Berichts, eines Berichts, der oft durch die Korngröße des Sediments, durch Strömungsmarken, Regentropfeneindrücke auf der Schichtoberfläche, Rieselmarken, durch Bewegungsspuren von Boden-lebenden Tieren, durch Trittsiegel und Schwimmspuren etc. das ± vollständige Bild einer ehemaligen Umwelt aufgezeichnet hat; eines Berichts, der auch durch die Art der Lagerung des Wirbeltierfossils auf und in der versteinerten Schichtfläche, durch Vollständigkeit oder Unvollständigkeit der Skelettreste, durch Bruch und

Abb. 155: Wirbeltiere, fossiles Säugetier: Megaceros hibernicus, Riesenhirsch. Skelett total; links: zum Größenvergleich rezenter Alaska-Elch (Alces alces gigas); die beiden Tiere sind nicht näher verwandt. — Aufn. E. HAUPT, Senckenberg-Museum.

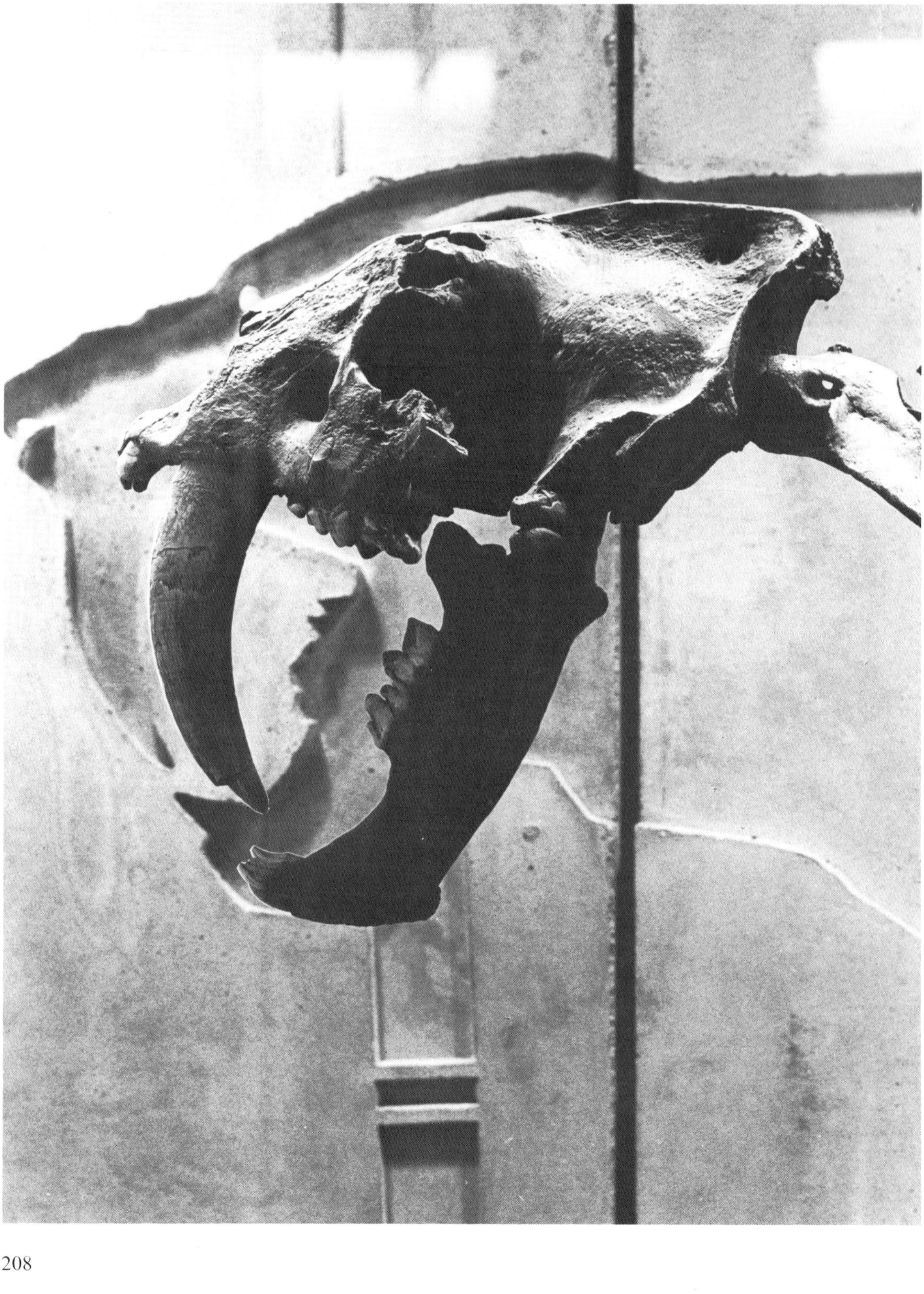

Abb. 157: Wirbeltiere, fossiles Säugetier: Smilodon californicus, Säbelzahntiger (jüngere Eiszeit). Rekonstruktion für Betonguß. – Zeichnung J. WIRTH, Senckenberg-Museum.

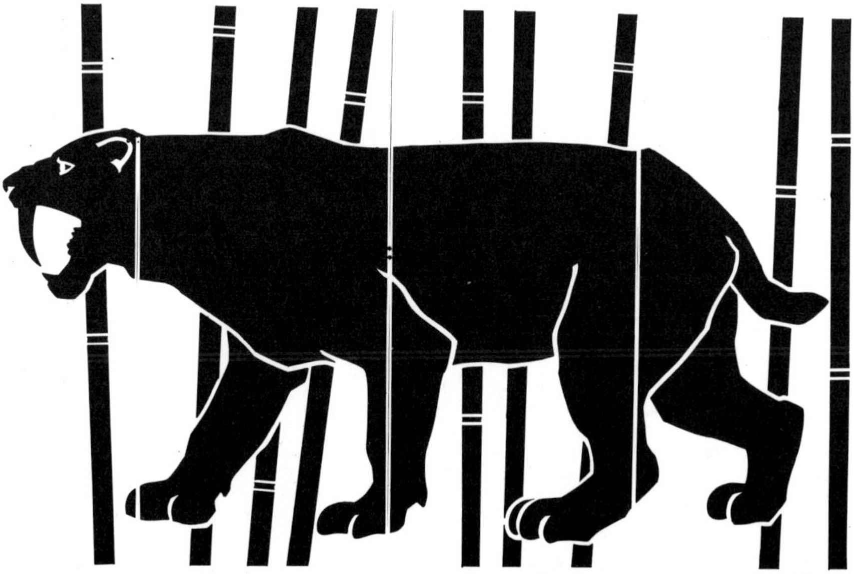

Schliff, durch Einzelvorkommen seine Bedeutung hat.

Die ganze Schichtfläche ist als Bild das Fragment eines erdgeschichtlichen Geschehens (Abb. 91); sie ist Abstraktion erdgeschichtlichen Geschehens.

Alles Biologisch-Funktionelle am Wirbeltierrest bleibt verhüllt. Der Beschauer dieses »Bildes« aber steht unter dem zunächst emotional bestimmten Eindruck dieser Fläche und ihren kompositionell-ästhetischen Elementen, noch ehe zählend und urteilend der hier offenbarte Vorgang seine letzte naturwissenschaftliche Analyse erfährt.

So ist es verständlich, wenn immer wieder versucht wird, solche Schichtflächen in ihrer Gesamtheit mit allen darauf zutage tretenden Merkmalen organischen und anorganischen Geschehens zu bergen, als »Halbrelief« zu fixieren und sie so einem größeren Kreis von Beschauern zugänglich zu machen, denn hier »malt« die Natur, wesentlich bestimmt durch die Projektion ursprünglich räumlicher Verhältnisse auf die Fläche, Bilder von oft unerhörter Schönheit in der Setzung der Zeichen und in der Beschränkung auf das fast abstrakte Gefüge von wenigen, aber – kann man sie lesen – bedeutungsvollen Linien, Flächen und Farben.

Abb. 156: Wirbeltiere, fossiles Säugetier: Smilodon californicus, Säbelzahntiger (jüngere Eiszeit, aus Asphaltsumpf von Rancho La Bra am Stadtrand von Los Angeles). Schädel. Im Hintergrund Rekonstruktion von Smilodon als Betonguß. – Senckenberg-Museum. Aufn. E. HAUPT.

Wir dürfen uns also nicht wundern, wenn die Steinbrüche, welche solche Funde beinhalten, immer wieder zu wahren »Ateliers« werden, in welchen »Bilder«, d. h. Gesteinstafeln sicher gewählten Ausschnitts mit Wirbeltierfossilien präpariert und einem größeren Publikumskreis zugänglich gemacht werden (HAUFF 1953). Da aber die Fossilfunde eben doch nicht häufig, und jeder neue Fund eine ganz bestimmte, einmalig und nur hier vorliegende Verteilung von Flächen und Linien zeigt, werden diese »Bilder« zu Unica, zu »Originalen«, deren Aufbewahrungsort der Eingeweihte kennt.

3. Die Skulptur und die Rekonstruktion des Fossils aus Einzelteilen

Nicht in allen Fällen ist es angebracht (und möglich), solche Urkunden in Form von Schichtunterseiten in der oben geschilderten Weise als Reliefs und als »Bilder« stattgehabter Ereignisse struieren fordert ein rationales Vorgehen, denn jede Rekonstruktion steht von Anfang her unter Kontrolle durch physiologische Zwänge.

Dies alles sollte sich auch – sozusagen als Probe auf's Exempel und als Revision theoretischer Überlegungen – in jeder zeichnerischen Auseinandersetzung mit dem zu rekonstruierenden fossilen Organismus ausdrücken. Wissenschaftliche Graphik als Verständigungsmittel ist hier nicht Wiedergabe eines Eindrucks mit allen impressionistischen Schönungen und ist nicht bildliches Aufzählen von nach Gutdünken gefügten Einzelteilen, sondern

sie ist praktisches Konstruieren, ist im Morphologischen das Funktionell-Wahrhaftige sichtbar, nachprüfbar und verstehbar machen.

Oft erst in einer Folge von Bildern,

die also Konstruktionen und bewegt handelnde Ganzheiten sind,

die den Wechsel der Belastung von Einzelteilen in der Bewegung deutlich machen,

die für jedes einzelne Organ im Bezug der Teile zueinander abgestimmt sein sollten, erweist sich die beabsichtigte Vergegenständlichung und der Grad der erreichten Sicherheit und zeigt sich der Zwangszusammenhang im rekonstruierten Ergebnis.

Dies alles gilt ausnahmslos für niedere Tiere, deren einfache technische Konstruktion funktionell, in Hinblick auf stammesgeschichtliche Fragen und auch ökologisch verstanden werden soll. Rekonstruktion ist hier ausschließlich Wiederherstellung im schematisch gegebenen Bauplanzusammenhang. Dies gilt so für alle sessilen Organismen, für Schwämme wie für Hohltiere und ihre freischwimmenden Larven, für alle Würmer und Stachelhäuter und für die meisten Mollusken, für Crustaceen und Insekten, vielleicht auch für Fische.

Komplexer stellt sich uns die Frage, sobald höhere Wirbeltiere zu rekonstruieren sind. Hier genügt der bloß schematisch gegebene Bauplanzusammenhang nicht.

Denn höhere Wirbeltiere mit ihren beweglichen und in jedem Augenblick anders beanspruchten funktionellen Teilen und Organen verfügen jeweils über viele wahre »Positionen« (Abb. 102, 104, 107, 114, 126), die der Rekonstrukteur – hat er nur sein Objekt verstanden – beherrschen sollte. Es sei z. B. erinnert

an die zahlreichen, funktionell möglichen Bilder der Hals-/Rückenhaltung,

an die in der Gesichtsmukulatur liegende Gestik, die als Signalträger im sozialen Leben der Art oft eine so große Rolle spielt und bisweilen in einem bestimmten Bezug zur Körperhaltung steht,

an die Gliedmaßen in der Variabilität der Stellung der Gelenkpunkte,

überhaupt der so und nicht anders gewählten »Grenzpunkte«, die den Körper als Ganzes in seinen äußeren räumlichen Umrissen festlegen. Es sei erinnert

an die funktionell immer begründbare Gesamthaltung, die im Körper als in jedem Augenblick vorhandene gestaltliche Ganzheit existiert: Momentbildern gleich eine Aufeinanderfolge von »Akten«, wie man bei der Darstellung des Menschen sagt. Sollen doch diese Rekonstruktionen so gebaut sein, daß sie in bestimmten Umwelten, in Landschaften mit allen biologischen und ökologischen Forderungen meist durch Jahrmillionen als Lebensformtypen hätten leben können. Die Fülle der bildhaft gegebenen, richtigen Bewegungen, jeweils als Momentaufnahme verstanden, macht also erst den fossilen Organismus dem Rekonstrukteur zu eigen. Solche (graphischen) Verfahrensweisen sind eine Form des Experimentierens am realen Objekt; und wir bemerken auch, erst im Rekonstruieren durch Nachschaffen verstehen wir richtig (Abb. 141 u. 148).

Abb. 159: Wirbeltiere, fossiles Säugetier: Ursus spelaeus, Höhlenbär (Jüngere Eiszeit, Europa). Linke Vorderextremität, drei Stadien des Schreitens (Steckpräparat). – Original, Senckenberg-Museum.

Abb. 160: Wirbeltiere, fossiles Säugetier: Ursus spelaeus, Höhlenbar (Jüngere Eiszeit, Europa). Ansicht schräg von hinten im Original. — Aufn. E. HAUPT, Senckenberg-Museum.

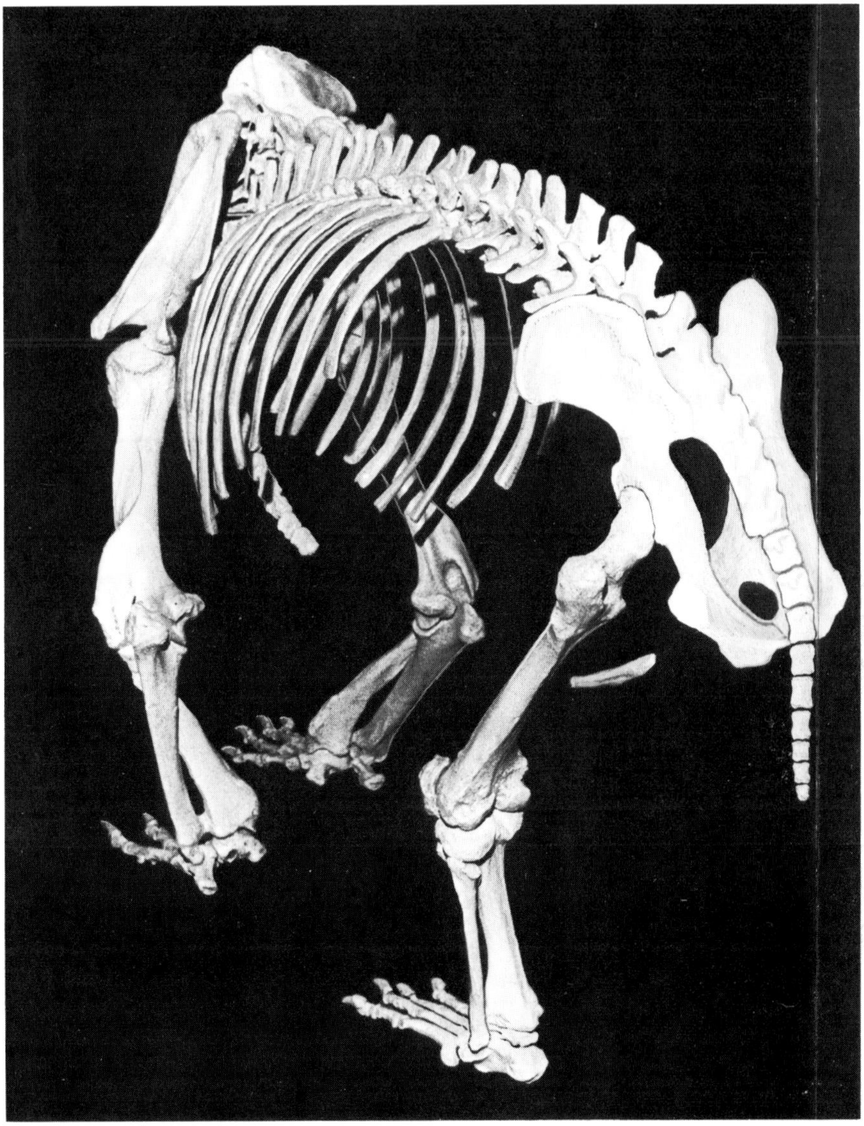

Wir begreifen nun, was hier gemeint ist: In der Rekonstruktion des höheren Wirbeltieres genügt uns nicht die Wiederherstellung im technischen »Bauplanzusammenhang«, welcher allein dem Stammbaumentwurf dienen soll. Hier soll vielmehr bis zur Art hinab rekonstruiert werden. Die Spezies aber hat schon Individuelles an sich, und das ist nicht nur biologisch-technisch richtiger Entwurf, das ist Ausdruckskraft und Harmonie als biologische Größen. Dies aber sind neue Gesichtspunkte, die das vordergründige Moment, die theoretische Funktion und den Bezirk der Quantität überlagern. Das ist Umgang mit Qualitäten. Deren schier grenzenlose Vielfalt ist aber nicht allein durch Kenntnis der Konstruktion, sondern auch über »Anschauung« und mit Hilfe aller qualitativen Energien zu gewinnen (Abb. 114, 115, 124 a u. b, 133 etc.).

»Anschauung gewinnen«, das ist zunächst einmal Leistung eines (optischen) Sinnesorganes mit seinem rezipierenden, speichernden Apparat, ist Vergleich und Ordnung der je im Rezenten einst

Abb. 167: Wirbeltiere, rezentes Säugetier: Ceratotherium simum, Breitmaul-Nashorn, Ostafrika. Betonguß, nat. Gr. — Original, Senckenberg-Museum. Aufn. E. Haupt.

4. Über den Torso

(aus Schäfer 1974 b)

Den Ausdruck »Torso« (aus dem Italienischen »Baumstumpf, Strunk«) verwendet der Kunsthistoriker in zweifacher Hinsicht: Er bezeichnet so die unvollständig erhaltene, aber auch gleichzeitig die unvollendete Statue (Jahn 1953). Ursprünglich galt wohl dieser Ausdruck (und deshalb auch im italienischen Sprachbereich entstanden) den vielen in italienischem Boden gefundenen und durch gewaltsame Einwirkung zerstörten antiken Statuen aus Marmor oder Bronze; er galt also zunächst allein den unvollständig erhaltenen, aber ehemals vollständig ausgeführten realen Körpern. Später erst hat sich der Ausdruck »Torso« auch auf jene Skulpturen ausgedehnt, welche vom Künstler garnicht vollendet gemacht wurden und »im nonfinito« steckengeblieben sind (Schmoll gen. Eisenwerth 1964), oder gar auf solche Stücke, welche in voller Absicht des Künstlers fragmentarisch blieben.

Seit der Renaissance und im besonderen im 19. Jahrhundert und in unserer Gegenwart wurden die »Ruine«, das »Fragment« und der »Torso« als Überbleibsel einer vergangenen Welt der Formen, Gegenstände und Gedanken zum Studienobjekt realer historischer Zusammenhänge, und man entdeckte außerdem ihren rein ästhetischen Wert. Diese Bedeutung des Teil-Zerstörten und auch des Unvollendeten ist heute so unumstritten, daß Kunstausstellungen allein unter dem Thema des »Torso« aufgebaut werden konnten (Brochowiak 1964, siehe Schmoll).

Warum aber, so müssen wir uns fragen, denkt der Naturwissenschaftler als Gestalter paläontologischer Rekonstruktionen über das Phänomen des Torso nach? – Wer sich mit fossilen Organismen beschäftigt und wer zudem der Aufgabe verpflichtet ist, solche Fossilien so aufzustellen, daß jedermann die Bedeutung dieser Naturobjekte als Zeugen der Geschichtlichkeit der Erde und als funktionelle Gestalten in ihrer Umwelt erkennt, der muß sich immer von neuem mit dem Phänomen des Torso und seiner Behandlung auseinan-

Abb. 168: Wirbeltiere, rezentes Säugetier: Rhinoceros unicornis, Panzer-Nashorn. Skelett und Hautpräparat desselben Individuums. — Original, Senckenberg-Museum. Aufn. E. HAUPT.

dersetzen; denn das, was uns aus Jahrmillionen überliefert ist, tritt uns häufig als Bruchstück, und sobald rekonstruiert, als Torso entgegen. Davon soll hier die Rede sein; denn erst die »richtige« Behandlung des Torso macht ihn zum Träger besonderer (z. B. phylogenetischer) Aussagen und führt ihn zu einer zweiten Verlebendigung.

In der Natur gibt es den Torso allerdings nur als unvollständig Erhaltenes eines einst sehr wohl Vollständigen. Denn dieses Vollständige war ja einst ein belebter Organismus, dessen Teile aufeinander bezogen waren und der als Ganzes mit einer bestimmten Umwelt fungierend verbunden war. Unvollendetes, nicht fertig Gemachtes (in dem Sinne des nonfinito, der Skizze und des Modellstücks in der Kunst) gibt es in der organischen Natur nicht. Darin ist der belebte Organismus dem technischen Gerät, der Maschine, ver-

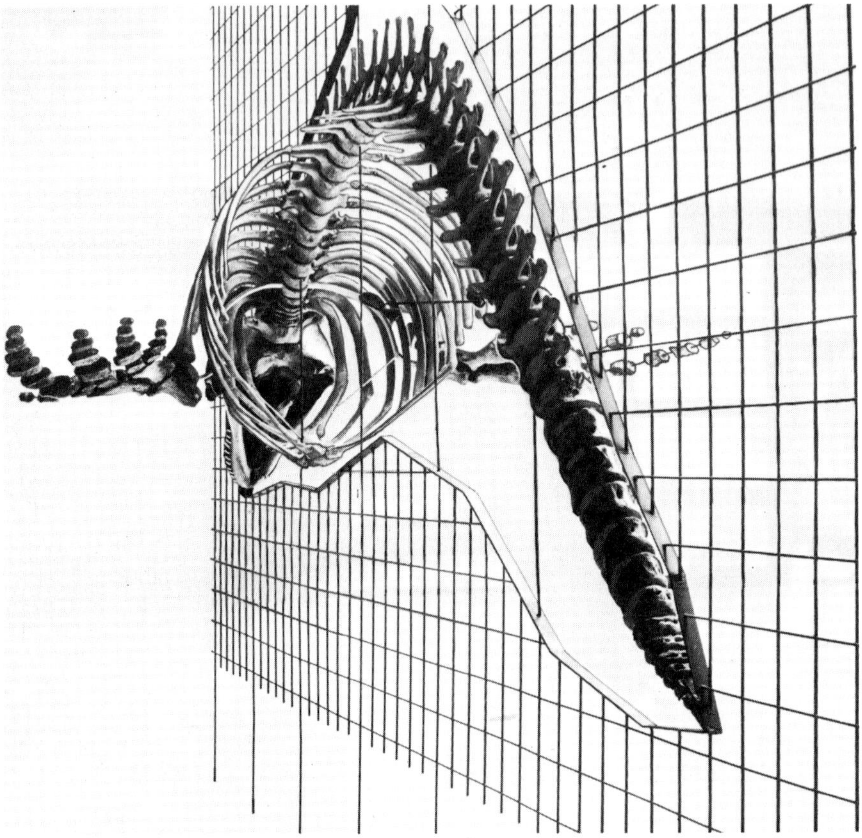

Abb. 169: Wirbeltiere, rezentes Säugetier: Orca orca, Schwertwal. Skelettpräparat mit Körperumriß. Bogenschwimmen durch antagonistische Kontraktion von Rücken- gegen Bauchmuskulatur (Galopp-Bewegung des Säugetieres). – Original, Senckenberg-Museum. Aufn. E. Haupt.

wandt; auch sie erhält erst in der Vollständigkeit, die Funktionsfähigkeit ist, ihren Sinn. Der Organismus steht, wie die Maschine, in erster Linie unter dem Gesetz der Zahl und des Maßes, der Mechanik und der Mathematik – er ist erst in zweiter Linie unter dem der Ästhetik zu verstehen. Wenn dies aber so ist,

wenn also Organismen als funktionelle Gestalten technischen Geräten gleich sind,

so wird das Bruchstück eines Organismus', das Fragment, der Torso – wenn die Funktion des ganzen Körpers und seine Beziehung zu seiner Umwelt nur verstanden sind – rekonstruierbar; das heißt, der Torso eines Organischen kann ergänzt werden. Dem überliefert Originalen ist Künstliches ohne Schaden für seine funktionelle Realität hinzuzufügen.

Indessen – die reale Form (als Torso sowohl wie in der rekonstruierten Ganzheit) ist etwas Sichtbares und ist gerade zum Angeschautwerden aufgebaut. So stellt sich noch einmal die Frage: hat die organische Form (wie heute unbestritten die technische, Bense 1965) auch ihre ästhetische Seite, und dürfen wir als Naturwissenschaftler (vgl. S. 186) diesem zweifellos vorhandenen Phänomen unsere Aufmerksamkeit widmen? Müssen wir es vielleicht sogar,um Organisches und unsere Stellung zu ihm in Vollkommenheit zu umgreifen? Oder anders gesagt:

Ist das naturwissenschaftliche Schaumuseum ein Institut, das allein Kenntnisse über organische Konstruktionen technischen und organischen Geschehens vermitteln will, also ein Ort der reinen Mitteilung – oder stellt es neben die Mitteilung von Fakten den Ausdruck eines Seienden?

Noch mehr: Wird vielleicht gerade vom Schaumuseum (ganz im Gegensatz zum reinen Forschungsmuseum) verlangt, daß der Organismus unter diesem doppelten Aspekt, nämlich unter dem rationalen und unter dem imaginativen, gesehen wird?

Abb. 170: Wirbeltiere, rezentes Säugetier: Orca orca, Schwertwal. In Schulen sich bewegend, Signalfarbe! Kosmopolit. — Original, Senckenberg-Museum.

Gliedern wir die Sachverhalte, wie sie in der musealen Praxis tagtäglich auftreten und wählen wir dazu das Beispiel des fossilen Wirbeltieres:

Nicht eben häufig und immer nur an besondere Fundpunkte mit besonderen Bedingungen der Fossilisation gebunden, tritt uns das Wirbeltier als Fossil (und als Torso) entgegen. Es gibt eine in zahlreichen Abhandlungen vorliegende Literatur, welche sich mit dem Studium der Bedingungen des Todes des Tieres, des Zerfalls und der Einbettung der Leiche befaßt, und welche die vielen verschiedenen Fälle des Torso-Werdens in Regeln zu fassen sucht, ein Teilgebiet der Aktuopaläontologie. Hat schon die Verwesung den Tierkörper in seiner äußeren Form vernichtet, den Körper also in jedem Fall zum Torso gemacht, so wird das erhaltene Skelett durch Ereignisse nach dem Tod häufig noch weiter zerlegt und Einzelteile gehen verloren. Gerade beim Wirbeltier zeigen sich also die Formen der mehr oder weniger vollständigen Überlieferung mit besonderer Deutlichkeit (Abb. 54), weil das allein erhaltbare kalkige Gerüst, das Skelett, hier aus vielen einzelnen und in ganz bestimmter Weise einander zugeordneten und aufeinander bezogenen Teile besteht. Jeder Fossilfund macht in der aufgefundenen Lage der Teile zueinander die Einmaligkeit des so erlittenen Todes oder der so gearteten postmortalen Bedingungen deutlich (SCHÄFER 1955). Darüberhinaus aber zeigt sich der Torso dem Betrachter als Symbolfigur, als Anruf aus einer vergangenen Welt. Mit dieser untergegangen, ist er als fragmentarische Urkunde das Zeichen einer echten, weil nicht reversiblen Geschichtlichkeit der Erde und des Organischen.

Nur zu oft besteht die Meinung, alle Arbeit an fossilen Objekten erschöpfe sich im geflissentlichen Nachvollziehen und im Vollständigmachen nach einem allgemeinen Schema, und sei dieses erkauft durch die billigste Rekonstruktion im billigsten Material; denn sie verbürge, mag auch al-

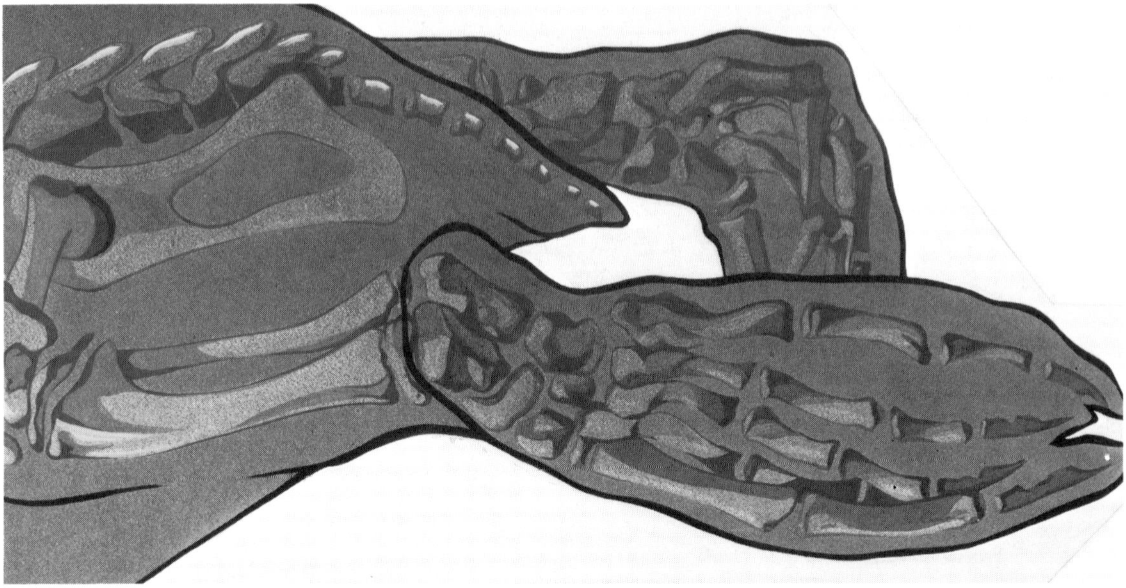

Abb. 171: Wirbeltiere, rezentes Säugetier: Phoca vitulina, Seehund. Hinterextremität zur Flosse umgebaut. Kurzer Oberschenkel, langer Fuß. — Original, Senckenberg-Museum.

le lebendige Kraft entwichen, die Wahrheit. Lernen wir lieber vom Torso!

(1.) So unvollständig auch die knöchernen Reste organischer Gestalten überliefert werden, sie zeigen als Fragment in vielen Fällen noch das Planhafte, das einst den ganzen Körper beherrscht hatte. Gerade dieses Planhafte aber, das im Torso unverwischbar lebt, gilt es deutlich zu machen; es enthält auch jetzt noch die vollendete Harmonie zwischen Inhalt und Form, indem der Plan auf die einst wirksamen, an die Formen gebundenen Funktionen und auf die Größe des Ausdrucks weist (Abb. 101 u. 115). Die einfachste und schonendste Weise, das Fragment oder die Gruppe von Fragmentstücken eines Körpers zu ordnen und ihr planhaftes Verhältnis aufzuzeigen, liegt darin, die überlieferten Teile untereinander und zur Schwerkraft des eigenen Ganzen in die richtige Beziehung zu bringen und damit offenen Raum für die gestaltende Phantasie des Betrachters zu schaffen (Abb. 139).

(2.) Deutlichere Hilfen zum Verständnis sind alle Konstruktionen, die zu einem neuen Ganzen sich verdichten und die auch mehr als ein bloßes Wiederherstellen fehlender Teile sind (Abb. 112). Hier aber lauert die Gefahr des Zuvielen. Denn die formbaren, heute zur Rekonstruktion bereitstehenden Materialien stellen in ihrer technischen Perfektion eine Versuchung dar, welcher der Gestaltende in seinem Drang auszumalen, nur zu leicht erliegt.

Rekonstruktion soll immer nur Denk- und Seh-Hilfe, Mittel zum Verständnis und zur Belebung der Vorstellungskraft des Betrachters bleiben; nichts mehr.

Die Montage einer freistehenden oder einer Relief-Skulptur kann sich im Ergänzen fehlender Skelett-Teile genügen, oder sie kann auch über das Skelett hinaus Körperumriß und Körperform neu gestalten (Abb. 127 a u. b). In beiden Fällen sollte die Maßnahme den Eindruck des Bruchstückhaften, des fossil Überlieferten nicht hinwegnehmen; denn gerade darin liegt eines der wichtigsten Ausdrucksmomente des Großfossils überhaupt. Es verdeutlicht dem Betrachter bei aller Vergänglichkeit der Einzelform in der wieder erstandenen Monumentalität das Gestalthafte des Organischen durch alle Zeiten. Rekonstruktion und Neukonstruktion sollten also im verwendeten Material und in der Formgebung des Körperganzen durch das Mittel der Abstraktion sich von den überlieferten Teilen mit Urkundencharakter

Abb. 172: Wirbeltiere, rezentes Säugetier: Odobaenus rosmarus, Walroß, Kopf und Teil des Halses, Stromlinienverlauf beim Tauchen, Werkzeichnung zu Metallplastik, in nat. Gr. — Original, Senckenberg-Museum.

abheben. Abstraktion aber ist Begriffsfindung, ist Absehen von den zufälligen (individuellen) Erscheinungen des Objektes, das unserer Betrachtung zugrunde liegt (Abb. 112); sich Begriffe-machen von einer Sache bedeutet, sie verstehen und sie beherrschen. Im gekünstelten Naturalismus, der dem Einzelfall nachjagt, liegt neben der inneren Unwahrhaftigkeit immer auch der Anspruch des willkürlichen Besitzergreifens, ja des Erniedrigens, und es geht im hemmungslos Machbaren die Achtung vor einem Überlieferten auch beim Beschauer verloren.

Übrigens führt uns die Absicht, mit gegebenen fossilen Überbleibseln und unter Zuhilfenahme geeigneter Materialien und geeigneter Formen eine Skulptur aufzubauen, nun doch in die Lage desjenigen, der eine Statue in voller Absicht fragmentarisch läßt, um dem Entwurf die lebendige Kraft des Offenen und Unvollendeten und damit den Spielraum menschlicher Ratio nicht zu früh zu nehmen (Abb. 125). Damit ist die Fossil-Statue mehr als eine Rekonstruktion; sie ist eigenschöpferisch und hat, als vom Menschen so Geschaffenes und als eine (unter vielen) mögliche Form der Demonstration Originalcharakter.

(3.) Der Entschluß, das Großfossil als monumentalen Torso wieder erstehen zu lassen, führt die Aufmerksamkeit des Gestalters über das Objekt hinaus. Denn es wird Teilstück des Raumes, in dem es sich befindet und mit dem es nun eine Einheit bilden soll. Museumskunst ist letzten Endes Baukunst; sie hat das Ziel, die Fülle der nach Form und Maß unterschiedlichen Körper und Gestalten räumlich zu ordnen und in die Architektur des Gesamtbaues und jedes einzelnen Raumes mit dem Ziel einzubinden, die ideelle Einheit von organischem Körper und Raum erstehen zu lassen. Der Torso des Großfossils lebt von dieser Beziehung.

Wir haben es schon gesagt: Das allgemeine Bedürfnis nach Erkenntnis natürlicher Zusammenhänge und natürlicher Gestalten war noch niemals so deutlich wie in unserer Zeit. So ist der Mensch mit diesem seinem Anspruch, mitzuerkennen und mitzuerleben, der eigentliche Auftraggeber aller dieser musealen Bemühungen. Dieses Erkenntnisbedürfnis realer Zusammenhänge versucht die Wissenschaft in diesem Fall durch die ausgestellten organogenen Torsi – als den eigentlichen Urkunden einer Geschichte des Lebens und als Trägern durchschaubarer organischer Funktionen – zu stillen. Daneben aber

Abb. 173: Wirbeltiere, rezentes Säugetier: Odobaenus rosmarus, Tiere an Land, Gruppenbildung. — Original, Senckenberg-Museum.

steht, wie oben deutlich gemacht, das Verlangen nach Ausdruck eines gestaltet Seienden – nur zu lange als Ziel der Bemühungen mißachtet und als unwissenschaftlich abgetan. Wer Großfossilien als Monumente und Torsi einer vergangenen Welt aufbaut, sollte sich aber gerade diesem imaginativen Moment seiner Tätigkeit immer bewußt sein, sonst bleiben seine Schätze (bei aller guten Absicht, über sie auszusagen) tot, Paläontologie als Anliegen der eigenen Welt wird nicht begriffen und der echte Kontakt zum Beschauer bleibt unerfüllt.

IX. Über das Fach, seine Fachvertreter und die Autodidakten in dieser Wissenschaft

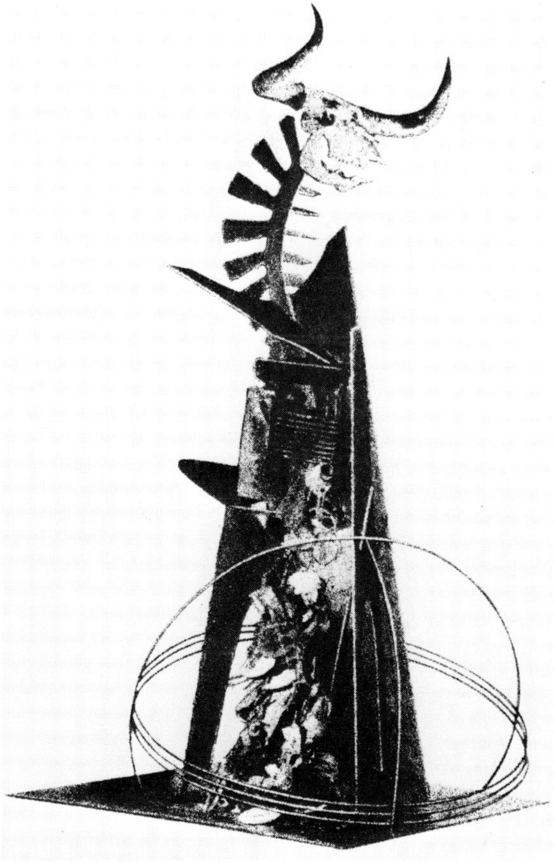

Abb. 174: »Ökoplage«, der Name einer 3 m hohen Eisenplastik; personifiziert die negativen Wirkungen von Übervölkerung und wuchernder, nicht beherrschter Technik. »In ihrem schimmernden Außengewand zeigt sie die Perfektion unseres modernen Lebens. Sie steht als Beherrscherin unserer Welt in der geneigten Erdachse ... Umwandern wir sie, so zeigt sich im geöffneten Inneren die Kehrseite der Perfektion: Müll, Schrott, Zivilisationsgifte, und auf ihrem steil aufgerichteten Körper sitzt anstatt eines belebten und die Zusammenhänge beherrschenden Kopfes der leere, gehörnte Schädel eines großen Tieres, der noch im Untergang die Genialität des Natürlichen zeigt. In solcher Weise verbindet sich im Anblick der Schönheit des nackten Schädels das Urwüchsige mit den Kennmalen des Zerfalls«. (Aus: KLAUSEWITZ, SCHÄFER & TOBIAS 1971).

Wir wissen es nur zu gut, Paläontologie gehört einerseits zu den Instrumenten, Ozeane und Kontinente wirtschaftlich und in ökonomischer Absicht zu durchdringen, und sie soll andererseits das Bild, das wir uns von unserer Erde und vom Leben auf diesem Planeten machen, transparent werden lassen.

Daher kein ängstliches Aufzählen von Anwendungsbereichen der paläontologischen Wissenschaft oder gar Vollzähligkeit im Aufzählen in Hinblick auf ihre Arbeitsbereiche in der Meinung, die Wissenschaft der Paläontologie dadurch aufwerten zu müssen. Das hat sie nicht nötig.

Aber lassen wir uns sagen, Paläontologie gibt es in ihren erkenntnistheoretischen und ökonomischen Zielen in der geschilderten Weise noch nicht lange. Als selbständiges und an den Universitäten so vertretenes Fach gibt es sie in Deutschland erst seit 1860 (München). Sie lebte in der Hauptsache bis in die Mitte des 19. Jahrhunderts durch die Arbeit von Privatgelehrten und Liebhabern. Das waren vor allem Mineralogen, Bergleute und Mediziner. Im übrigen war Paläontologie Hilfswissenschaft für die stratigraphische Geologie, die in der Mitte des 19. Jahrhunderts in einigen Fällen an den Hochschulen vertreten war.

Abb. 175: PLATON 427–348/347 v. Chr.

Abb. 176: ARISTOTELES 384–322 v. Chr.

Abb. 177: FRIEDRICH II. von Hohenstaufen 1194–1250. – Nach Siegel der Stadt Oppenheim.

Abb. 178: LEONARDO DA VINCI 1452–1519.

Abb. 179: NIKOLAUS KOPERNIKUS 1473–1543.

Abb. 180: ANDREAS VESALIUS 1514–1564.

Abb. 181: CONRAD GESSNER 1516–1565.

Abb. 182: FRANCIS BACON 1561–1626.

Geologische Landesanstalten, Akademien, naturwissenschaftliche Vereine und Gesellschaften und vor allem Museen mit ihren großen Sammlungen waren frühe Pflegestätten paläontologischer Forschung. Während die paläontologisch-stratigraphische Seite unserer Disziplin durch geologische Bedürfnisse schon immer besonders gestützt wurde, mußte die biologische Seite noch lange um eine kontinuierliche Betreuung besorgt sein. Vor allem waren es die Museen, die wenigstens die Wirbeltier-Paläontologie trugen.

Indem sie Erkenntnisse liefert, dient sie – wie oben gesagt – in zweierlei Hinsicht. Trotzdem wird Paläontologie niemals Massenfach, denn sie setzt Spezialbegabungen und Spezialinteressen voraus, und wer ihrer mangelt, sollte diese Wissenschaft meiden. Sie ist aber Ferment, ihre Leistung wird im Konzert der Stimmen nie ersetzbar werden, und dies besonders in ihrer engen Beziehung zu Stratigraphie und Geologie und zur Rezentbiologie.

Daß sie heute in unserem Lande, gerade auch in Hinblick auf ihre technisch-praktische Bedeutung unterbesetzt und unterprivilegiert ist, ja

daß sie selbst aus der Perspektive der Nachbarfächer bisweilen falsch gesehen wird (vielleicht, weil sie in ihren Methoden weniger aus dem Gerät als aus der durchdringenden Kraft bildhaften Sehens und produktiven, d. h. verknüpfenden Schauens in aller Reinheit lebt),

das sollte doch gesagt werden. Es sei auch darauf hingewiesen, daß eine Wissenschaft nicht nur

Abb. 183: GALILEO GALILEI 1564—1642.

Abb. 184: JOHANNES KEPLER 1571—1630.

Abb. 185: WILLIAM HARVEY 1578—1657.

Abb. 186: RENÉ DESCARTES 1596—1650.

Abb. 187: ISAAC NEWTON 1642—1726/7.

Abb. 188: GOTTFRIED WILHELM VON LEIBNIZ 1646—1716.

Abb. 189: CARL VON LINNAEUS, genannt LINNÉ 1707—1778.

Abb. 190: GEORGE DE BUFFON 1707—1788.

aus ihrer Literatur, d. h. allein aus dem geschriebenen Wort heraus zu erfassen ist, sondern aus den in ihrer Lebendigkeit speichernden, jederzeit produzierenden und reproduzierenden Gehirnen. Da aber diese geistige Speicherleistung eben an sterbliche Gehirne gebunden ist, bedeutet ein immer lebendiges Lehrer-/Schülerverhältnis mit allen daraus sich entwickelnden Bezügen und bedeutet das Überlappen von Amtszeiten die einzige Gewähr dafür, daß Wissen und Verfahrensfragen und daß der lebendige Zugang zur Wissenschaft, ja auch gerade das Verständnis für die logische und sprachliche Sauberkeit als Voraussetzung allen wissenschaftlichen Tuns den Einzelforscher überdauert, und daß die Wissenschaft als Ganzes unabhängig von ihren einzelnen Trägern (und doch ihnen engstens verbunden) über die Zeit bestehen kann.

In gleicher Weise und in gleichem Zusammenhang sollte auf paläontologische Vereinigungen hingewiesen werden; sie verbinden Fachgelehrte in der Sache und ganz persönlich miteinander.

Auch tragen solche »Paläontologische Gesellschaften« (sozusagen ein Vielfaches von Lehrern und Schülern im besten Wortsinn) ein lebendiges, gleicherweise auf Gegenwart wie Vergangenheit bezogenes Wissen durch die Zeiten.

Gerade diese feste Verankerung im Wissenschaftshistorischen und in der Gegenwart lebendigen wissenschaftlichen Geschehens gibt diesen Gesellschaften für den Fortbestand einer Wissenschaft eine große, auf das Ganze wirkende Be-

Abb. 191: Albrecht von Haller 1708–1777.

Abb. 192: Baptiste de Lamarck 1744–1829.

Abb. 193: Abraham Gottlieb Werner 1749–1817.

Abb. 194: Johann Wolfgang von Goethe 1749–1832. – Nach Büste im Senckenberg-Museum, Frankfurt am Main.

Abb. 195: Georges Cuvier 1769–1832.

Abb. 196: William Smith 1769–1839.

Abb. 197: Etienne Geoffroy Saint Hilaire 1772–1844.

Abb. 198: C. A. von Hoff 1773–1837.

deutung. Dies gilt gewiß für fast alle Disziplinen; für eine Disziplin, die sich wie die Paläontologie auf relativ wenige Forscher stützt, gilt dies besonders. In einer Zeit der Überprüfung von Dozenten- und Studentenzahlen der sog. »Konzentration« und der Notwendigkeit, durch Reduzierung und Schwerpunktbildung einzusparen, geraten »Kleine Fächer«, d. h. solche, die nur eine relativ kleine Zahl von Nachwuchskräften benötigen, in die Gefahr, ganz an den Rand der Existenz zu geraten. Darf doch Einsparen nicht Aufgeben von kleinen Fächern und damit Auslöschen einzelner Fragestellungen im ganzen sein; daß dies gerade für die Paläontologie bisher nicht gilt, sollte gesagt werden. Ob »Kleines« oder »Großes« Fach, das ist wissenschaftlich und in Hinblick auf Forschungsintensität und auf seine Bildungsfunktion belanglos. Wie oft haben »Kleine Fächer« katalysatorische Funktion. Sie sind gerade dadurch, daß sie aus der Hektik der Tagesgeschehnisse herausgehoben sind und daß ihr Lehr- und Forschungsstoff sich auch auf reines Bildungsgut, nämlich unmittelbar auf Fragen des Weltverständnisses bezieht, wichtige Kreuzpunkte im Leben der Menschheit. Dies gilt gerade auch für die Paläontologie. Möge diese Wissenschaft selber dieser ihrer besonderen Funktion stets bewußt sein.

Um so bedauerlicher ist es, daß die biologischen Disziplinen Zoologie und Botanik als große Lehrfächer an Universitäten und in ihrer Strahlungskraft auf viele Lehrergenerationen ei-

Abb. 199: Lorenz Oken 1779—1851.

Abb. 200: Carl Gustav Carus 1789—1869.

Abb. 201: Charles Lyell 1797—1875.

Abb. 202: A. d'Orbigny 1802—1857.

Abb. 203: Richard Owen 1804—1892.

Abb. 204: Louis Jean Rudolphe Agassiz 1807—1873.

Abb. 205: Charles Darwin 1809—1882.

Abb. 206: Amanz Gressly 1814—1865. — Aus: Martin (1965).

Abb. 207: Gregor Mendel 1822—1884.

Abb. 208: Alfred Wallace 1823—1913.

Abb. 209: Thomas Henry Huxley 1825—1895.

Abb. 210: Karl Möbius 1825—1908.

Abb. 211: Ernst Haeckel 1834—1919. — Nach Büste im Senckenberg-Museum, Frankfurt am Main.

Abb. 212: August Weismann 1834—1914.

Abb. 213: Louis Dollo 1857—1931.

Abb. 214: Johannes Walther 1860—1937.

nen so geringen Bezug zum Nachbarfach Paläontologie haben. Dies liegt wohl daran, daß einerseits Biologie, die sich als Gesetzeswissenschaft versteht, im Grunde ahistorisch denkt und daß andererseits Paläontologie fast nur zur Geologie täglichen Austausch hält. Dieser Austausch mit der geologischen Wissenschaft ist mit Recht deshalb so eng und für beide Seiten deshalb so notwendig, weil beide Wissenschaften als historisch arbeitende Naturwissenschaften am gleichen Objekt, nämlich der Erde (und das heißt an den gleichen fossilen Lebens- und Landschaftsräumen) tätig sind und weil dies für beide Seiten nur in einem ständigen Austausch, in einem Geben und Nehmen fruchtbar werden kann.

Die Beziehungen der Paläontologie zur Human-Anatomie hingegen sind seit je und heute besonders enger und fruchtbarer als die zur Rezent-Biologie, stehen doch in beiden Disziplinen gemeinsame, die Wirbeltiere betreffende vergleichend-anatomische oder gar funktionell-anatomische Fragen im Vordergrund.

Wer über die Lage einer Wissenschaft – und zumal über die unsrige – abhandelt, sollte auch ihre Einbettung in die Gedankenwelt des Laien untersuchen. Denn wissenschaftliche Ergebnisse sollten auf Dauer für die Allgemeinheit bewußtseinsbildend werden und sich so in einem größeren und weiteren Sinn verlebendigen. Wir erleben seit hundert Jahren etwa, wie Human-Historie ihre Erfahrungsbereiche ausdehnt, wie sie längst über die Zeit geschriebener Dokumente in das vorklassische Altertum und in die Spatenwissenschaft der Ur- und Vorgeschichte vorgedrungen ist, wie Paläontologie als Lebensgeschichte, zusammen mit Geologie und Himmelskörper-Geschichte längst als ein Ganzes in Raum und Zeit sich erweisen. Historie beginnt als Kosmologie auf erfahrbare Weise auch für einen größeren Kreis lebendig zu werden. Das ist gut so.

Abb. 215: Jakob von Uexküll 1864—1944.

Abb. 216: Othenio Abel 1875—1946.

Sich steigernder Museumsbesuch und vermehrte Pflege des diesbezüglichen Sachbuches sind untrügliche Zeichen dafür.

Jedoch: Wo in bezug auf eine Sache hart im Raume die Zahl der Beteiligten steigt, pflegen – wie überall – zu den erstrebten und begrüßenswerten Effekten Begleiterscheinungen hinzuzutreten, welche die erstrebten Bemühungen zu mindern oder gar auszulöschen im Begriff sind. Dies gilt auch hier. Freude am Fossil, sich durch eigene Sammeltätigkeit auf ein bestimmtes Ge-

Abb. 217: ALFRED WEGENER 1880–1930.

Abb. 218: RUDOLF RICHTER 1881–1957. – Aufn. O. KRAUS.

Abb. 219: PIERRE TEILHARD DE CHARDIN 1881–1955.

Abb. 220: JOHANNES WEIGELT 1890–1948. – Nach Privataufnahme WEIGELT.

Abb. 221: KARL JASPERS 1883–1969.

Abb. 222: ADOLF MEYER-ABICH 1893–1971. – Nach Privataufnahme.

Abb. 223: OTTO SCHINDEWOLF 1896–1971. – Aus: ERBEN: Paläont. Z., 45 (3/4): 95, 1971.

biet oder auf mehrere ausweitend, kann eine reine bleiben, wenn Größe des Raumes und Zahl der Liebhaber in einer günstigen Relation stehen. Denn wahres Liebhabertum wächst, wie überall, auch hier nur in der Vereinzelung. Wo aber, wie z. Z. häufiger geschehend, 80 bis 100 Sammler sich gleichzeitig auf die Verwitterungsfläche eines einzigen Ackers ergießen, wo Zeitungsannoncen für Fossil-Sammeltouren zu nur begrenzten, fossilhöffigen Gebieten auffordern; wo – und dies ist allzu menschlich – Fossilien nur zu bald Handelswert erlangen und zu Objekten eines ausgedehnten Fossilmarktes werden, dort beginnt ein bisher kaum vorausgesehenes Problem.

Wohlgemerkt: Die Gefahr liegt nicht im Handel an sich (es gibt auch einen Kunsthandel, ohne daß die Kunstwissenschaft Schaden erlitte), sie liegt aber darin, daß solche Fossilien (nur noch als ästhetische Größen angesehen) den Bezug zum Herkunftsort, die Fundortangabe, verlieren (oder niemals minutiös erhalten haben), und wenn diese damit stratigraphisch und faziell-ökologisch, gar funktionell-morphologisch aufhören, wissenschaftlich zu existieren. Sie sinken auf das im 18. Jahrhundert schon überwundene Stadium des »Naturspiels« zurück und fallen als wichtige Urkunden für eine Rekonstruktion gewesener Umwelten, als Glieder einer Stammesgeschichte mit allen Folgen auch in Hinblick praktisch-ökonomischer Gesichtspunkte aus. Dies ist dort besonders gefahrvoll, wo es sich ohnehin nur um wenige Fossilien in einem Gesteinskörper handelt und die aussagenden Belegstücke selten und damit um so aussagekräftiger sind. Außerdem fallen sie als eigentliche Bildungsträger für einen größeren Kreis aus. Für den Raum der Devon-Eifel haben sich – wie wir lesen – für 1977 insgesamt 1094 Personen an wöchentlich organisierten Sammelexkursionen beteiligt. Hier liegt echte Tragik vor: Der paläontologische Inhalt verlangt – wie oben näher ausgeführt – gewiß weite Verbreitung, aber wahre Erhellung wächst nur in der Vereinzelung; schlimmer: weite Verbreitung führt zur Zerstörung des Phänomens an sich.

Allzu großer, von vielen, wohlmeinenden Einzelnen schuldlos hervorgerufener Massenandrang auf zu kleiner produktiver Fläche zeigt nur zu makaber alle Symptome des »Kritischen Raumes« (Abb. 80): die angestrebten Pluscffckte werden durch die begleitenden Minuseffekte erstickt. Die an sich zu begrüßende und die mit Recht geförderte Freude am Naturobjekt als einem für unsere Zeit wichtigen Bildungsgut, schlägt ins Negative um und führt sich selbst ad absurdum.

X. Paläontologie, eine Wissenschaft für unsere Zeit

Wenn die Zusammenhänge aber so sind, wenn sich in dieser Wissenschaft reine Erkenntniswerte, historische Bezüge und Ordnungsformen, Bewußtsein und Verantwortung für eine Zukunft, praktisch-wirtschaftliche Utilitäten und ebenso unveräußerliche Bildungsfunktionen – gleichberechtigt und für den täglichen Gebrauch – miteinander verbinden und eine Ganzheit bilden, müssen wir dann noch – kleingläubig – Sorge um ihren Bestand haben? Es liegt allein an uns selber, was wir aus ihr machen; denn

sie ist als Gesetzeswissenschaft moderne Naturwissenschaft,

sie ist aber auch als Ereigniswissenschaft historische Disziplin.

Sie ist die Summe von Grund- und Folgewissenschaften,

sie ist, ihre Grund- und Folgewissenschaften zusammengefaßt, historisch zu verstehende Ganzheit und hat die Fülle der Gesichtspunkte.

Sie hat also die Qualitäten, den Stoff und die Mittel, Führungsfunktionen zu übernehmen.

Der moderne Mensch in seinen Verstrickungen braucht sie – technisch-ökonomisch, geistig, auch und gerade in seinem menschlichen Sein, im Bewußtsein, selber Teil einer Geschichte von Jahrmillionen zu sein, als Element der Orientierung, als Element der Gestaltung und jeglichen Impulses gestalterischer und imaginativer Natur –

sie ist offen zu allen Nachbardisziplinen, gibt und zehrt zugleich,

sie hat als solche menschenformende Qualitäten.

Was kann eine Wissenschaft mehr?

XI. Stichwortverzeichnis mit Erläuterungen

Abbilden: Methode der geordneten zeichnerischen Darstellung von Sachverhalten. Voraussetzung: Gestalt-Sehen als geistige Leistung.

Abstammungslehre: Deszendenzlehre. Alle Lebewesen haben sich in der Erdvergangenheit und heute in natürlicher Abfolge auseinander entwickelt.

Abstraktion: (lat. Abziehung), d. h. vom Einzelnen, vom Zufälligen absehen, aber das Wesentliche und das Allgemeine hervorheben, Verallgemeinerung.

Ästhetizismus: Ein Urteilen, das an Kultur- und Lebensführung ausschließlich den Maßstab des Ästhetischen legt.

Aktualismus: (franz. actuel = wirklich) Gesetzmäßigkeiten aus der Gegenwart übertragen auf Vorgänge in der Vergangenheit, um diese zu deuten (CHARLES LYELL 1872). Hier angewendet auf Geologie und Paläontologie als Aktuogeologie und Aktuopaläontologie (RUD. RICHTER 1929).

Aktuogeologie: Siehe »Aktualismus«.

Aktuopaläontologie: Siehe »Aktualismus«.

Anschauungsganzheit: Eine Sache, eine Idee, ein vielfältig Zusammengefügtes, nicht atomistisch, sondern als Ganzes im Verhältnis der Teile, der Proportionen und Gewichte sehen und verstehen.

Archäologie: (griech. arche = Anfang) Wissenschaft von den alten menschlichen Kulturen und ihren Hinterlassenschaften.

arid: Trocken; Verdunstung größer als Niederschlag (voll-arid, semi-arid).

Ausdrucksbewegung: In der Ethologie Körperbewegungen von Organismen in Hinblick meist auf Artgenossen (Drohen, Balz etc.), aber auch auf andere lebende Umwelt.

Autökologie: Die Ökologie, die sich mit der Lebensweise einer Einzelart und deren Beziehung zu ihrer Umwelt befaßt.

Beschreiben: Deskription; wissenschaftliche Methode = geordnete Darlegung von Sachverhalten, Dingen oder Vorgängen mit den Mitteln der Sprache und der Schrift. Eine Beschreibung hält sich an Tatsachen, an das »Was«; nicht durch Experimente erklärend in Hinblick auf eine Ursache.

Bestandsaufnahme: Periode erhöhter Sammeltätigkeit von Naturdingen. Es sind zu unterscheiden die drei großen Bestandsaufnahmen der Naturdinge der Erde als grundlegende wissenschaftliche Leistungen der Vergangenheit und der Gegenwart: 1. Bestandsaufnahme = 17. und 18. Jahrhundert und Romantik; 2. Bestandsaufnahme = 1870–1910; 3. Bestandsaufnahme = 1950-heute (SCHÄFER 1964).

Bewußtseinsbildung: Bewußtsein = Wissen, daß ich selbst bin, wie ich bin und zur Welt stehe. Voraussetzung: Wahrnehmung von mir selbst und mein Verhältnis zu geistiger und körperlicher Umwelt.

Bildungsgut: Geistiger Besitz eines Menschen und sein Urteilsvermögen in Hinblick auf ein meist im Zeitgeist gebundenes Bildungsideal.

binäre Nomenklatur: Seit LINNÉ (1735) Namengebung für eine Tier- oder Pflanzenart (fossil oder rezent) durch zwei Namen, wovon der erste die Gattung und der zweite die Spezies bezeichnet.

Bioerosion: Erosion durch tierisches und pflanzliches Verhalten (Zerbrechen, Wühlen, Bohren, Lösen eines Substrats).

Biofazies: (lat. facies = Gesicht) Ein durch seinen Fossiliengehalt gekennzeichneter, unter gleichen Bedingungen abgelagerter Sedimentationsbereich (Biofazies, meerische, siehe SCHÄFER 1963; Biofazies, fluviatile, siehe SCHÄFER 1977 a, b).

Biologismus: Im Biologismus ist die Welt des Physikalisch-Biologischen als Inbegriff und alleiniges Agens der Wirklichkeit absolut genommen. Biologie – die alleinige Basis für Geschichte, Weltanschauung, Weltorientierung und Politik.

Biomineralisation: Produktion von Biokristallen durch chemisch-physikalisch-biologische Prozesse, ablaufend in dazu befähigten Organen (Hartteilbildungen aller Art, Skelette).

Biostratigraphie: Lehre von der Datierung von Gesteinsschichten mit Hilfe von Fossilien.

Biostratinomie: Erforschen des Schicksals eines Fossilanwärters vom Tod bis zur endgültigen Einbettung des Ganzen oder von Teilen in ein Sediment. Aber auch: Das Ableiten von Zuständen des Ablagerungsmilieus zur Zeit der Einbettung aus der Lage des Fossils oder seiner Teile. Begriff und Forschungsrichtung von JOH. WEIGELT als »Biostratonomie« begründet.

Biotop: Lebensraum der Individuen einer Art oder einer Biozönose.

Biozönose: Lebensgemeinschaft von Tieren und Pflanzen verschiedener Arten an einem Lebensort; Ökosystem.

Club of Rome: Zusammenschluß von Wissenschaftlern und Wirtschaftlern; sie geben Bericht zur Lage der Menschheit im Hinblick auf das Wachstum der Menschheit.

Crowding: (Aus dem Englischen) Massenansammlung, die Populationsdichte betreffend.

Dendrochronologie: Datierung (geologischer Ereignisse) mit Hilfe von Jahresringen auf Baumquerschnitten.

Deszendenzlehre: Abstammungslehre, Transmutationstheorie, Transformismus, Ableitung der Tierformen aus wenigen, einfachen Stämmen (siehe auch »Phylogenetik«).

Diagenese: Stoffliche und strukturelle Veränderungen, die an Fossilanwärtern und an Lockersedimenten im Laufe der Fossilisation und der Gesteinsbildung ablaufen.

Ereigniswissenschaften: Naturwissenschaften, nicht forschend im Hinblick auf das Gesetz, vielmehr im Hinblick auf (historische) Vorgänge (Geologie, Paläontologie SCHINDEWOLF 1963).

Erosion: Natürliche Gesteinszerstörung durch Wasser, Eis oder Atmosphärilien (z. B. marine, fluviatile, äolische Erosion).

Ethologie: Verhaltensforschung, auch vergleichende Lehre vom Verhalten der Tiere.

Evolution: Kontinuierliche Entwicklung, Umformung der Organismen vom einfachen zum höher Organisierten (Bioevolution, Psychoevolution). Gegensatz: Unveränderliche Welt, Schöpfung aus dem Nichts.

Evolutionsmorphologie: Lehre von der Organismenentwicklung während der Stammesgeschichte.

Evolutionstheorie: Theorie von einer stammesgeschichtlichen Entwicklung der Organismen.

Fährten- und Spurenkunde: Lehre von den auf Schichtflächen und im Gestein überlieferten Bewegungs- oder Ruhespuren von im Sediment und auf der Sedimentoberfläche lebenden Tieren.

Fazies: Summe aller Merkmale eines Gesteinskörpers als eines in seinen Energien einheitlichen Bildungsraumes: Lithofazies, Biofazies (GRESSLY 1838).

Figurensteine: Ausdruck für Fossilien, gebräuchlich bis 18. Jahrhundert.

final: Bezogen auf ein Endziel. Gegensatz zu kausal. Hier: Prozeß, der metaphysisch auf ein Ziel hin gesteuert ist.

fluviatil: Dem fließenden Wasser zugehörig.

Fortpflanzung: Vermehrung, Reproduktion, Erzeugung neuer Individuen (geschlechtliche oder ungeschlechtliche Fortpflanzung).

Fossil: (lat. = ausgegraben). Gemeint ist der Überrest eines ausgestorbenen Organismus aus der Erdvergangenheit.

fossil: Versteinert, im ursprünglichen Sinne »das Ausgegrabene« (Körperfossil, Spurenfossil).

Fossilisation: Physikalische und chemische Prozesse, die zur Fossilwerdung von Organismen führen (Diagenese).

Fossil-Metamorphose: Umwandlung von Fossilien (chemisch und mechanisch) im Gestein.

Fossitextura deformativa: Sedimentgefüge, hervorgerufen durch das Schicht-deformierende Wühlen von im Sediment lebenden Tieren (SCHÄFER 1956).

Fossitextura figurativa: Sedimenttextur, hervorgerufen durch das Graben von im Sediment lebenden Tieren mit dem Ergebnis eines offenen, später von Sediment ausgefüllten Ganges (SCHÄFER 1956).

Fungieren (eines Organs): Eine Rolle spielen und ausfüllen. Frage nach dem »Wozu« (MOLLENHAUER 1970).

Funktionieren (eines Organs): Anatomische Teile in ihrem Zusammenwirken als Apparat und als Konstruktion. Frage nach dem »Wie« (MOLLENHAUER 1970).

Funktionsmorphologie:: Wissenschaft von dem Verhältnis zwischen Form eines Organs und dessen Funktion im Rahmen des Gesamtkörpers und dessen Fungieren gegenüber einer Umwelt.

Gesetzeswissenschaften: Naturwissenschaften, denen es um die Herausarbeitung von allgemein gültigen Naturgesetzen geht (meist mit Hilfe des Experiments); (vgl. SCHINDEWOLF 1963).

Grabgemeinschaft: Thanatozönose.

Hartteil: Jeder skelettartige Körperbestandteil, der als Hartgebilde durch Biomineralisation in einem Zellgewebe entstanden ist.

Hydroskelett: »Skelett« in Form eines durch Flüssigkeitsdruck versteiften Hohlgebildes mit biege-unsteifen Wänden. Abweichung von der automatisch sich einstellenden Kugel durch verspannend-versteifende Innen-Elemente oder Außenbandagen.

Idealismus: Die Idee als die bewegende Kraft der Geschichte. Das objektiv Wirkliche als Idee, Vernunft, Geist bestimmt auch Materie, letztlich als einer Erscheinungsform des Geistes.

Idealistische Morphologie: (Anfang des 19. Jahrhunderts, Romantik; ideal = angemessen, vorbildlich, musterbildlich). Die Anschauung, daß den Lebewesen in ihrer Vielfalt jeweils ein fester Plan zugrundeliegt, der auf eine jeweils bestimmte Idee (z. B. »Urpflanze« GOETHE's) zurückgeht. Gegensatz zu Idealismus: Realismus.

idiographisch: Nicht das Naturgesetz betreffend, vielmehr den besonderen Einzelfall. Historie arbeitet idiographisch (nach RICKERT 1925).

Inkohlung: Vorgang der Kohlebildung zu verschiedenen Kohlearten.

Kataklysmentheorie: Sintflut, Überschwemmung. Katastrophentheorie (18. Jahrh. bes. CUVIER). Vorstellung, daß Lebewelt mehrfach durch Katastrophen im Laufe der Erdgeschichte vernichtet. Jedesmal anschließende Neueinwanderung oder Neuschöpfung.

Katastrophe in der Sozietät: Zusammenbruch der Ordnungsmomente in einer Sozietät, durch übergroße Vermehrung der Bevölkerung ausgelöst (SCHÄFER 1971).

kausal: ursächlich; Kausalität = gesetzmäßiger Zusammenhang von Ursache und Wirkung.

Konkretion: Körperliches Gebilde im Gestein, knollig oder irgendwie geformt aus Mineralaggregaten, die mit Hilfe zerkleinernder Lösungen im Anschluß an örtliche »Keime« im Gestein entstanden sind.

Konstruktion: Gefüge, Gestaltung. In der Anatomie:

Organismus ist eine Konstruktion, gebaut im Hinblick auf ein in seinen Teilen funktionierendes Ganzes.

Korrelation: »Gesetz der Korrelation der Teile« (CUVIER) = Wechselwirkung und gegenseitige Abhängigkeit der Organe eines und desselben Tieres. Deshalb Möglichkeit, von einem Organ auf ein anderes und auf das ganze Tier zu schließen.

Kosmologie: Lehre von der Entstehung der Welt (Kosmos).

Kryptofossilien: Präkambrische Mikrofossilien des ultra-mikroskopischen Bereichs. Kleiner als Nannofossilien (siehe dort). Eiweiß-Makromoleküle mit dem Vermögen der Vermehrung und wahrscheinlich mixotropher Natur. Zellkernlose Prozyten als Vorstufen des Lebens.

lakustrisch: Durch Seen und Seeablagerungen entstanden (Limnisch: im Süßwasser entstanden).

Lamarckismus: Lehre LAMARCK's: Direkte Umwandlung von Organismen im Laufe der Erdgeschichte durch Gebrauch und Nichtgebrauch von Organen und durch Anpassung an neue Bedürfnisse in neuen Verhältnissen.

Lebensgemeinschaft: Biozönose, Ökosystem.

Leitfossil: Fossilien, die bestimmte Abschnitte der Erdgeschichte bezeichnen; sie erlauben, da ihr relatives Alter bekannt ist, das relative Alter der Fundschicht zu bestimmen.

Limnologie: Wissenschaft von den Vorgängen (Produkte und Ablagerungen) im Süßwasser. Lakustrisch = in Seen; fluviatil = in Fließgewässern.

Lithostratigraphie: Schichtgliederung und Datierung der geologischen Vorgänge mit Hilfe petrographischer Methode ohne Benutzung der Fossilien (Biostratigraphie = Datierung mit Hilfe von Fossilien).

Mechanismus: System von Bewegungen, gebunden an den Apparat. (Hier nicht mechanistische Weltanschauung gemeint).

Meeresstation: Wissenschaftliches Institut am Meer zu ganz bestimmten, am gewählten Ort optimal zu studierender Phänomene.

Mikro-Paläobotanik: Wissenschaft von der Paläontologie kleiner pflanzlicher Fossilreste.

Mikro-Paläozoologie: Wissenschaft von der Paläontologie kleiner tierischer Fossilreste.

mixotroph: Ernährung, sowohl auf autotrophe wie auf heterotrophe Weise. Mixotrophe Ernährung = frühe Form der Ernährung aus präkambrischer Zeit und der Photo-Autotrophie vorangehend.

Morphologie: Formenlehre, Wissenschaft vom Bau, von den geformten Gebilden.

Morphologie, funktionelle: Gestaltenlehre im Hinblick auf die Funktion der beschriebenen Teile.

Nahrungskette: Eine Folge von Tierarten eines Lebensraumes, die kettenhaft durch das Verhältnis Räuber und Beute aufeinander bezogen sind. Jedes dieser Tiere ist ein Nahrungskettenglied.

Nannofossilien: Sehr kleine Fossilien in der Größe von Nannoplankton.

Naturspiel: Fossil in der Auffassung des 17. Jahrhunderts: das Fossil, entstanden durch blind waltende Naturkräfte am Ort.

Nekrologie: Lehre von den Formen des Todes.

Nomenklatur, binäre: Nomenklatur = Technik der Namensgebung für Pflanzen und Tiere. Binär = zweinamig, Artname und Gattungsname für jede Spezies. Dazu dienen: Internationale Regeln für die zoologische und botanische Nomenklatur.

Nomothetisch: Gesetzgebend. Wissenschaften mit dem Ziel, allgemeingültige Gesetze zu finden.

Ökologie: Lehre von der Lebensweise der Tiere und von ihrer Beziehung zur Umwelt als ihren Lebensräumen.

Ökosystem: Lebensgemeinschaft samt ihren Beziehungen zur Umwelt, Biozönose.

Ökotechnik: Technischer Eingriff in die Natur unter Beachtung ökologischer Gesetze und mit der Absicht, bestimmte ökologische Abläufe möglich zu machen.

ontogenetisch: Die Keimesentwicklung (individuelle Entwicklung) betreffend.

Ontologie: Nach JOH. WALTHER 1893/94 = Aktualistische Methode. Aus Erscheinungen der Gegenwart Vorgänge der Vergangenheit ergründen. Sonst Lehre vom Seienden.

Orthogenese: Geradlinige (in eine bestimmte Richtung gehende) stammesgeschichtliche Entwicklung.

Paläanthropologie: Wissenschaft vom fossilen Menschen und Vormenschen.

Paläobiologie: Lehre vom Verhalten und den Anpassungen der Fossilien an ihren Lebensraum (nach L. DOLLO 1909, und O. ABEL 1912).

Paläökologie: Paläo-Ökologie. Wissenschaft von den Beziehungen der fossilen Organismen zu ihrer Umwelt und zueinander; auch Palökologie.

Paläogeographie: Lehre von der Land-/Wasserverteilung in der erdgeschichtlichen Vergangenheit.

Palichnologie: Paläo-Ichnologie. Lehre von den fossilen Lebensspuren.

Palynologie: Wissenschaft von den fossilen Pollenkörnern und Sporen.

Paradigma: Ursprünglich Musterbeispiel, vergleichbarer Fall. Gruppe von Naturphänomenen, geklärt durch ein Schema. Nach TH. S. KUHN (1976): Allgemein anerkannte wissenschaftliche Leistungen, die für eine gewisse Zeit einer Gemeinschaft von Fachleuten maßgebende Probleme und Lösungen liefern.

Petrefakt: Das aus Gestein Gemachte (16. und 17. Jahrhundert), häufig gleichbedeutend mit dem Fossil.

Phylogenetik: Wissenschaft von der Stammesgeschichte (HAECKEL 1866, Entwicklungsgeschichte der Stämme (siehe auch »Deszendenz«). Phylogenese: Vorgang der stammesgeschichtlichen Entwicklung.

phylogenetisch: Die Stammesgeschichte (Abstammung) betreffend.

Procyten: Präkambrische Vorstufe der heute lebenden »Euzyten«.

Qualitätenlehre: Lehre von Eigenschaften und Zuständen der Dinge, das »Wie« und das »Was« betreffend, im Anschaulichen ruhend.

Radiometrie: Zeitbestimmung und Zeitmessung mittels radioaktiver Minerale.

Raritätenkabinett: Sammlungsstätten des 17. und 18. Jahrhunderts. Aus ihnen im 19. Jahrhundert Museen nach wissenschaftlichen Gesichtspunkten.

Raum, kritischer in der Sozietät: Der jedem einzelnen Individuum in der Sozietät notwendig zur Verfügung stehende Lebensraum; er wird bisweilen beschnitten durch Bevölkerungsvermehrung. Die Raumverteilung wird »kritisch« (SCHÄFER 1971).

Regression: Rückzug des Meeres aus bisher eingenommenen Gebieten.

Rekonstruktion: Das wieder zu einer Konstruktion Machen, Wiederherstellung. Hier: Aufbau eines Organismus' aus einzelnen Teilen.

rezent: Heutzeitig, in der Gegenwart lebend.

Sapropel: Faulschlamm, unter Sauerstoffabschluß biochemisch umgewandelte organische Reste, meist am Grund von Gewässern.

Sedimentgefüge: Schichtenverband in einem Sedimentkörper.

Sedimentologie: Wissenschaft von den Sedimenten; ihre Entstehung, ihr Aufbau, ihre Frachtung und die Formen der Ablagerung. Sediment = Ablagerungsmaterial, Ausgangsmaterial für Sedimentgesteine.

Seinsstufen, in der Sozietät: Im Leben tierischer Sozietäten Stufen ökologischen Gleichgewichts, voneinander getrennt durch kritische Situationen, hervorgerufen durch Massenvermehrung der Bevölkerung in einer Sozietät. Ökologische Gleichgewichte werden in der Sozietät erreicht durch Organisation und (oder) durch technische Leistung der Sozietätsglieder (SCHÄFER 1971).

Selektion: (lat. selectio = Auswahl). Innerhalb einer Population führen die Bedingungen der Umwelt (Faktoren der unbelebten und der belebten Umwelt) zu einer natürlichen Auslese. Der erzeugte Selektionsdruck führt zur Auslese bestimmter Mutationen.

sessil: Festsitzende Lebensweise.

Signal: In der Ethologie ritualisierte Bewegung im Hinblick auf Artgenossen (Signalkode als Grundlage der Verständigung).

Sintfluttheorie: Abgeleitet von biblischer Sintflut. Diese, das Festland überdeckend und Meeresfossilien überall hinbringend.

Situation, kritische in der Sozietät: Kritischer Augenblick im Leben der Sozietät, hervorgerufen durch übergroße Bevölkerungsvermehrung (SCHÄFER 1971).

Skulptur: Im eigentlichen = Erzeugnis der Bildhauerkunst. Bauplastik, immer Körper-bildend, »Vollplastik«.

Sozietät: Organisiertes Zusammenleben von Individuen einer Spezies.

Sozietät, sessile: Tierische Sozietät, aufgebaut aus Individuen einer sessilen Tierart.

statisch: (griech. staticos = zum Stillstand bringend). Die Gleichgewichtslehre, die Festigkeit betreffend, Ruhelage.

Stratigraphie: Lehre von der Schichtenfolge, geordnet nach Bildungsalter. Schichtbeschreibung; als solche Zweig der historischen Geologie. »Biostratigraphie« = stratigraphische Ordnung und Datierung mit Hilfe von in den Schichten aufgefundenen Fossilien.

Synökologie: Die Ökologie, die sich mit der Lebensgemeinschaft und ihrer Beziehung zu einem Lebensraum darstellt.

Systematik: Einordnung der Taxa der abgegrenzten Spezies in ein System.

Thanatozönose: Totengesellschaft, zusammengeführt durch gemeinsamen Tod oder durch passive Trift von Leichen.

Taphozönose: Grabgemeinschaft.

Taxonomie: (Taxation = Festsetzung, Bestimmung; taxieren = abschätzen). Lehre von der Abgrenzung der Arten.

Teleologie: Lehre vom Zweck, von der Zweckmäßigkeit. Gesamtgeschehen durch überirdische Macht und in irdisches Geschehen eingreifend (siehe: final).

Tiersozietät: Organisierte Ansammlung von Tieren einer Spezies.

Transgression: Vorrücken des Meeres in vorher trocken liegende Gebiete.

typologisch: Den Typus betreffend. Typus ist die Grundform, das Urbild, die Urgestalt, die einer Reihe von realen Gestalten zugrunde liegt und die die Gattung am besten charakterisiert. Typologisch denken = in »Begriffen« denken (nicht schließend denken).

Typus: typisch = musterbildlich, gültig, bezeichnend. In der idealistischen Morphologie = als ideales Urbild ein abstraktes Schema ohne besondere Anpassungsmerkmale (Archetypie); in der Systematik = das erstmals beschriebene Urstück einer Tier- oder Pflanzenart (vgl. Typusbegriffe bei STARCK 1978).

Übervölkerung: Bevölkerungszahl, welche die Kapazitäten eines Biotops überschreitet.

Ultra-Mensch: Mensch, der den gegenwärtigen Zustand überschritten hat und zu einer besser organisierten, sozusagen »erwachsenen« Form über sich hinauswächst (TEILHARD DE CHARDIN 1961).

Umwelt: Ökologischer Begriff; Umwelt = Lebensraum eines Organismus.

Urphänomen: Phänomen als Resultat aller Erfahrung und aller Versuche.

vagil: Ortsbewegliche Lebensweise.

Wirklichkeit, ästhetische: »Wirklichkeit« in Gegensatz zu Scheinbarem und zu bloß Möglichem: Realität, Dasein. Ästhetisch = die Sinne betreffend, sinnerfüllend durch Harmonie.

Zerebralisation: Gehirnausbildung.

XII. Schriftenverzeichnis

ABEL, O. (1912): Grundzüge der Palaeobiologie der Wirbeltiere. – 708 S. (Schweizerbart) Stuttgart.

ABEL, O. (1929): Paläobiologie und Stammesgeschichte. – 423 S. (Fischer) Jena.

ABEL, O. (1935): Vorzeitliche Lebensspuren. – 644 S., (Fischer) Jena.

ALBRECHT, G., HAHN, J., KOENIGSWALD, W., VON MÜLLER-BECK, H., TAUTE, W. & WILLE, W. (1976): Die klimatische Veränderung des terrestrischen Lebensraumes und ihre Rückwirkung auf den Menschen. – Zbl. Geol. Paläont. Teil II, H. 5/6: 449–480, (Schweizerbart) Stuttgart.

ARBER, A. (1960): Sehen und Denken in der biologischen Forschung. – Rowohlt's deutsche Enzyklopädie, 322 S., (Verl. GmbH Reinbek) Hamburg.

ARNHEIM, R. (1969): Anschauliches Denken. – 322 S., (Du Mont Schauberg.)

BACH, K., BEREITER-HAHN, F., GUTMANN, W. F., HELMCKE, J. G., NACHTIGALL, W., OTTO, F., RACCANELLO, R., SCHAUR, E. & SCHILL, R. (1977): Pneus in Natur und Technik. – Mitt. Inst. leichte Flächentragwerke Univ. Stuttgart, IL 9: 1–336, Stuttgart.

BAYER, W. (1977): Cephalopoden-Septen. 1. Konstruktionsmorphologie des Ammoniten-Septums. – N. Jb. Geol. Paläont. Abh. **154**, 3: 290–366, Stuttgart.

BENSE, M. (1965): Aesthetica. Einführung in die neue Aesthetik. – 348 S., (Agis-Verlag) Baden-Baden.

BEREITER-HAHN, J. (1977): Die Zelle – ein Pneu? In: Pneus in Natur und Technik. – Mitt. Inst. leichte Flächentragwerke Univ. Stuttgart, IL 9: 152–156, Stuttgart.

BERINGER, C. C. (1954): Geschichte der Geologie und des Geologischen Weltbildes. – 158 S., (F. Enke) Stuttgart.

BERTHOLD, W.-U. et al. (1976): Cytologische und ökologische Aspekte der Morphogenese und Struktur rezenter und fossiler Protisten-Skelette. – Zbl. Geol. Paläont., Teil II, H. 5/6: 325–338, (Schweizerbart) Stuttgart.

BEURLEN, K. (1977): Die Zukunft des Menschen aus paläontologischer Sicht. – Geol. Rundsch., 66 (3): 803–814, Stuttgart.

BINSWANGER, H. C., GEISBERGER, W. & GINSBURG, Th., Hrsg. (1978): Der NAWU-Report: Wege aus der Wohlstandsfalle. – 327 S., (S. Fischer-Verl.) Frankfurt a. M.

BOCK, W. J. & WAHLERT, G. VON (1965): Adaptation and the form-function complex. – Evolution 19: 269–299.

BÖKER, H. (1935, 1937): Einführung in die Vergleichende Biologische Anatomie der Wirbeltiere. – 2 Bde. (Gustav Fischer) Jena.

BONIK, K. (1977): Quantitative Aspekte hydraulischer Systeme in Metazoen-Konstruktionen. I. Die Statik von Hydroskelett-Konstruktionen. – Courier Forschungsinstitut Senckenberg, 23: 1–79, Frankfurt a. M.

BONIK, K., GRASSHOFF, M. & GUTMANN, W. F. (1977 a): Funktion bestimmt Evolution. – Umschau in Wiss. u. Techn., 77 (20): 657–668, Frankfurt a. M.

BONIK, K., GRASSHOFF, M. & GUTMANN, W. F. (1977 b): Die Evolution der Tierkonstruktionen. V. Die Entwicklung des Zentralnerven-Systems in Abhängigkeit von der Biomechanik der Rahmenkonstruktion (Bauplan). – Courier Forschungsinstitut Senckenberg, 22: 1–66, Frankfurt a. M.

BONIK, K., GRASSHOFF, M., GUTMANN, W. F. & HAUDE, R. (1977): Die Chordaten-Konstruktion als phylogenetische Vorbedingung für die Ableitung der Pterobranchier und Echinodermen. – Geotagung '77, Vortrags-Kurzfassungen, Nachr. dt. geol. Ges., H. 17: 80–81, Hannover.

BONIK, K., GRASSHOFF, M., GUTMANN, W. F. & MAIER, W. (1978): Hydraulik als Grundlage der Morphologie aller tierischen Lebewesen. – Natur u. Museum, 108 (6): 162–174, Frankfurt a. M.

BONIK, K., GUTMANN, W. F. & PETERS, D. S. (1977): Optimierung und Ökonomisierung im Kontext der Evolutionstheorie und phylogenetischer Rekonstruktionen. – Acta Biotheoretica, 26 (2): 75–119, Leiden.

BRODA, E. (1975): The evolution of the bioenergetic processes. – 211 S., (Pergamon Press) Oxford, New York, Toronto, Sydney, Paris, Braunschweig.

BUNDESMINISTER FÜR BILDUNG UND WISSENSCHAFT, Hrsg. (1972): Gesamtprogramm Meeresforschung und Meerestechnik in der Bundesrepublik Deutschland 1972–1975. – Univ. Druckerei, Bonn.

BUYTENDIJK, F. J. J. (1958): Mensch und Tier. Ein Beitrag zur vergleichenden Psychologie. – Rowohlt's deutsche Enzyklopädie, Rowohlt's Taschenbuch-Verlag GmbH, Hamburg.

CARR, E. H. (1977): Was ist Geschichte? – Urban-Taschenbücher, Kohlhammer, 5. Aufl. Stuttgart, Berlin, Köln, Mainz.

CHAPMAN, G. (1958): The hydrostatic skeleton in the invertebrates. – Ber. Soc., 33 (3): 338 S., Cambridge.

CIZEK, F. & HODANOVA, D. (1971): Evolution als Selbstregulation. – 480 S., (VEB Fischer) Jena.

CLARK, R. B. (1974): Dynamics in metazoan evolution. The origin of the coelom and segments. – 313 S., (Clardendon Press) Oxford.

DEINSE, A. B. VAN (1931): De fossile en recente Cetacea van Nederland. – Diss. Utrecht.

DEUTSCHE FORSCHUNGSGEMEINSCHAFT, Hrsg. (1974): Zur Lage der Museen (Denkschrift). – 208 S., (Harald Boldt Verl.) Boppard.

DOCUMENTA 6 (1977): Ausstellungskatalog, 3 Bände. – (Paul Dierichs Verl. KG).

DOLLO, L. (1909): La Paléontologie éthologique. – Bull. Soc. Belge Géol. Paléont. Hydr., 23: 386, Bruxelles.

EIGEN, M. (1970): Selbstregulation der Materie und die Evolution biologischer Makromoleküle. – Naturw. Rundschau, 23: 777–779, Stuttgart.

EIGEN, M. (1971): Selforganization of matter and the evolution of biological macromolecules. – Naturwiss. 58: 462–522.

EHRENBERG, K. (1975): OTHENIO ABEL's Lebensweg. – Österreichische Hochschülerschaft, 162 S., Univ. Wien.

ENGELHARDT, W. VON (1977): Geowissenschaften und die Zukunft des Menschen. – Geol. Rundsch., 66 (3): 653, Stuttgart.

ERBEN, H. K. (1975): Die Entwicklung der Lebewesen. Spielregeln der Evolution. – 518 S., (R. Piper & Co.) München, Zürich.

FETSCHER, J. (1976): Überlebensbedingungen der Menschheit – Zur Dialektik des Fortschritts. – Konstanzer Universitätsreden, 83 S. (Universitätsverlag), Konstanz.

FINK, E. (1978): Zur Bildungstheorie der technischen Bildung. – In: PLEINES, J. E. Bildungstheorien, Probleme und Positionen, 230 S. (Herder) Freiburg, Basel, Wien.

FISCHER, J. C. & GAYRARD-VALY, Y. (1977): Faszination in Stein. Die schönsten Fossilien in Farbe. – 200 S., Fotos von D. Serrette u. R. Kandaroun, (Herder) Freiburg, Basel, Wien.

FLÜGEL, E. (1978): Mikrofazielle Untersuchungsmethoden von Kalken. – 454 S., (Springer) Berlin, Heidelberg, New York.

FRANZEN, J. L. (1972): Wie kam es zum aufrechten Gang des Menschen? – Natur u. Museum, 102 (5): 161–172, Frankfurt a. M.

FRANZEN, J. L. (1978): Senckenberg-Grabungen in der Grube Messel bei Darmstadt. 1. Probleme, Methoden, Ergebnisse 1976–1977. – Cour. Forsch. Inst. Senckenberg, 27: 1–137, Frankfurt a. M.

FRANZEN, J. L., GUTMANN, W. F., MOLLENHAUER, D. & PETERS, D. S. (1973): Was ist Phylogenetik? – Natur u. Museum, 103 (7): 238–242, Frankfurt a. M.

FRENZEL, J. (1958): Ästhetik. – In: DIEMER, A. & FRENZEL, F., Hrsg.: Philosophie. – Das Fischer-Lexikon, (Fischer-Bücherei KG) Frankfurt a. M.

FREY, R. W., ed. (1975): The study of trace fossils. A synthesis of principles, problems and procedures in Ichnology. – 562 S., (Springer) Berlin, Heidelberg, New York.

FREYBERG, B. VON (1932): Die geologische Erforschung Thüringens in älterer Zeit. – 160 S., (Bornträger) Berlin.

FRIEDELL, E. (1927/31): Kulturgeschichte der Neuzeit. – 1571 S., (C. H. Beck) München.

GEHLEN, A. (1968): Anthropologische Forschung. Zur Selbstbegegnung und Selbstentdeckung des Menschen. – Rowohlt's deutsche Enzyklopädie, 150 S., Reinbeck b. Hamburg.

GLOCKNER, H. (1963): Gegenständlichkeit und Freiheit. I Metaphysische Meditationen zur Fundamentalphilosophie. – 537 S., (H. Bouvier & Co. Verl.) Bonn.

GLOCKNER, H. (1969): Einführung in das Philosophieren. – (Buchholz & Weißwange) 60 S., Berlin.

GRAY, A. (1876): Darwiniana. Essays and Reviews Pertaining to Darwinism. – 327 S., Neudruck, 1963, DUPREE, A. H., Ed., (Belknap Press of Harvard Univ. Press) Cambridge, Mass.

GREER, S. A. (1975): Estuars of the Georgia Coast, U.S.A.: Sedimentology and Biology. III. Sandboy, Geometry and Sedimentary Facies at the Estuary-Marine Transition Zone, Onabaw Sound, Georgia: A Stratigraphic Model. – Senckenberg. maritima, 7: 105–135, Frankfurt a. M.

GUTMANN, W. F. (1966): Coelomgliederung, Myomerie und die Frage der Vertebraten-Antezedenten. – Z. zool. Syst. Evolutionsforsch. 4: 13–57.

GUTMANN, W. F. (1972): Die Hydroskelett-Theorie: Abriß der Coelomaten-Herleitung von einer metameren Vorläufer-Konstruktion. – Aufs. u. Red. senckenb. naturf. Ges., 21: 1–91, Frankfurt a. M.

GUTMANN, W. F. (1974): Biotechnik in der stammesgeschichtlichen Entwicklung. – Umschau in Wiss. u. Techn., 74: 267–272, Frankfurt a. M.

GUTMANN, W. F. (1977): Biotechnische Analyse niederer Vielzeller. – In: Pneus in Natur und Technik. – Mitt. Inst. leichte Flächentragwerke Univ. Stuttgart, IL 9: 164–181, Stuttgart.

GUTMANN, W. F. & PETERS, D. S. (1973): Konstruktion und Selektion: Argumente gegen einen morphologisch verkürzten Selektionismus. – Acta biotheoret., 22 (4): 151–180, Leiden.

HÄNTZSCHEL, W. (1938): Quer-Gliederung bei rezenten und fossilen Wurmröhren. – Senckenbergiana, 20: 145–154, Frankfurt a. M.

HÄNTZSCHEL, W. (1962): Trace fossils and problematica. – In: R. C. Moore (ed.) Treatise on invertebrate palaeontology, Pt. W. Mexellanea. Geol. Soc. America and Univ. Kansas Press.

HÄNTZSCHEL, W. (1965): Vestigia invertebratorum et problematica. – Fossilium Catalogus 1: Animalia, pars. 108, 142 S. (Junk) 's Gravenhage.

HAM, W. E. (1962): Classification of carbonate rocks. A Symposion arranged by the Research Committee of the American Association of Petroleum Geologists. – Amer. Ass. Petrol. Geol., Tulsa.

HARRISON, R. J., Hrsg. (1972–1977): Functional Anatomie of marine Mammals. – Vol. 1 (1972), Vol. 2 (1974), Vol. 3 (1977), Academic Press, London, New York, San Francisco.

HAUBOLD, H. (1974): Die fossilen Saurierfährten. – Die Neue Brehm-Bücherei, 479, 168 S., Wittenberg-Lutherstadt.

HAUFF, B. (1953): Das Holzmadenbuch. – 54 S., (Verl. Hohenlohe'sche Buchhandlung) Öhringen.
HELMCKE, J. G. (1977): Der biologische Pneu. – In: »Pneus in Natur und Technik«. – Mitt. Inst. leichte Flächentragwerke Univ. Stuttgart, IL 9: 138–148, Stuttgart.
HELWIG, W. (1978): Geheimnis und Gewalt. Die Megalith-Kulturen in Europa. – Bilder und Zeiten. Samstags-Beilage der Frankf. Allg. Zeitung Nr. 215, 30. 9. 1978, Frankfurt a. M.
HERDEG, W., Hrsg. (1973): Der Künstler im Dienst der Wissenschaft. – (The Graphik Press) Zürich.
HERM, D. (1976): Paläontologie. – Naturwissenschaften, 63: 81–86.
HERSEY, J. B., ed. (1967): Deep Sea Photography. – The Johns Hopkins Oceanographic studies, Number 3, 310 S., (Johns Hopkins Press), Baltimore.
HEUSS, TH, (1948): ANTON DOHRN. – 2. erweiterte Aufl. mit einem Beitrag von MARGRET BOVERI, Rein. Wunderlich Verl., 448 S., Stuttgart, Tübingen.
HÖLDER, H. (1960): Geologie und Paläontologie in Texten und ihrer Geschichte. – In: Orbis Academicus, Problemgeschichten der Wissenschaft in Dokumenten und Darstellungen, 566 S., (Karl Elber Verl.) Freiburg u. München.
HOFER, H. & ALTNER, G. (1972): Sonderstellung des Menschen. Naturwissenschaftliche und geisteswissenschaftliche Aspekte. – 231 S., (Gustav Fischer) Stuttgart.
HUXLEY, J. (1965): Ich sehe den künftigen Menschen. – 290 S., (List-Verlag) München.
HUXLEY, T. H. (1894): Evolution & Athics and other Essays. – (Collected Essays 2), Macmillan & Co., London.

IRION, G. (1976): Mineralogisch-geochemische Untersuchungen an der pelitischen Fraktion amazonischer Oberböden und Sedimente. – Biogeographica, 7: 7–25.

JAHN, J. (1953): Wörterbuch der Kunst. – 4. Aufl., 730 S., (Alfred Kröhmer) Stuttgart.
JASPERS, K. (1956): Vom Ursprung und Ziel der Geschichte. – 269 S., (Fischer-Bücherei) Frankfurt a. M.

KAISER, E. (1931): Der Grundzug des Aktualismus in der Geologie. – Z. dtsch. geol. Ges., 83: 389–407, Stuttgart.
KLAUSEWITZ, W., SCHÄFER, W. & TOBIAS, W. (1971): Umwelt 2000. – Kleine Senckenberg Reihe, 3: 1–96, (Kramer), Frankfurt a. M.
KREJCI-GRAF, K. (1978): Organische Ablagerungen in Seen. – Cour. Forsch. Inst. Senckenberg, 26: 1–56, Frankfurt a. M.
KUENEN, PH. H. (1950): Marine Geology. – 568 S., (Wiley) New York.
KUHN, TH. S. (1976): Die Struktur wissenschaftlicher Revolutionen. – 2. Aufl., 239 S. (Suhrkamp Taschenbuch, Wissenschaft 25) Frankfurt a. M.
KUHN, H. (1976): Model Consideration for the Origin of Life. – Naturwissenschaften, 63: 68–80.
KUHN-SCHNYDER, E. (1967): Paläontologie als stammesgeschichtliche Urkundenforschung. – Mitt. paläontolog. Inst. Univ. Zürich, Nr. 26.
KUHN-SCHNYDER, E. (1977): Paläozoologie zwischen gestern und heute. – Vierteljahresschr. naturforsch. Ges. Zürich, 122 (2): 159–195, Zürich.
KUHN-SCHNYDER, E. (1978): KARL ERNST VON BAER. Begründer der modernen Embryologie (1792–1826). – Acta Teilhardiana, 13: 1–32, München.
KULLMANN, J. (1976): Morphogenese und Funktion von Cephalopoden-Gehäusen. – Zbl. Geol. Paläont., Teil II, H. 5/6: 294–298, (Schweizerbart) Stuttgart.
KUMMER, B. (1959): Bauprinzipien des Säugetierskelettes. – 236 S., (Georg Thieme Verl.) Stuttgart.

LEPPIEN, H. R., Hrsg. (1973): Kunst nach Wirklichkeit. Ein neuer Realismus in Amerika und in Europa. – Kunstverein Hannover.
LINKE, O. (1939): Die Biota des Jadebusenwatts. – Helgol. wiss. Meeresuntersuch., 1: 201–348, Helgoland.
LIPSCHÜTZ, A. (1915): Allgemeine Physiologie des Todes. – 184 S., (Vieweg) Braunschweig.
LORENZ, K. (1959): Gestaltwahrnehmung als Quelle wissenschaftlicher Erkenntnis. – Z. exper. angew. Psychol., 62: 118–165.
LORENZ, K. (1965): Naturschönheit und Daseinskampf. – In: DARWIN hat recht gesehen. – Opuscula, 20: 1–74, aus Wissenschaft und Dichtung, (Verl. G. Nerke) Pfullingen.
LORENZ, K. (1977): Gespräche mit RICHARD I. EVANS, ein Briefwechsel mit DONALD CAMPBELL und vier Essays. – 260 S., (Ullstein) Frankfurt a. M., Berlin, Wien.
LORENZ, K. & LEYHAUSEN, P. (1969): Antriebe tierischen und menschlichen Verhaltens. – 472 S., (Pieper & Co.) München.
LOTKA, A. J. (1956): Elements of mathematical biology. – Dover Publ. Inc., 465 S., New York.
LUCKE, TH. (1940): LEONARDO DA VINCI: Tagebücher und Aufzeichnungen. – 954 S., (Paul List) Leipzig.
LYELL, CH. (1872): Principles of Geology or the modern changes of the earth and its inhabitants. – Eleventh and entirely revised edition, New York.

MARTIN, G. P. R. (1965): Zum einhundertsten Todestag des Wegbereiters von Paläobiologie und Palökologie am 13. April 1965. – Natur und Museum, 95 (5): 217–226, Frankfurt a. M.
MEADOWS, D. (1972): Die Grenzen des Wachstums. Bericht des Clubs of Rome zur Lage der Menschheit. – 180 S., (Dtsch. Verl.-Anstalt) Stuttgart.
MEYER, R. W., Hrsg. (1969): Das Problem des Fortschritts – heute. – 292 S., (Wiss. Buchges.) Darmstadt.

MEYER-ABICH, H. (1926): Logik der Morphologie im Rahmen einer Logik der gesamten Biologie. – 290 S., (Julius Springer) Berlin.
MEYER-ABICH, H. (1963): Geistesgeschichtliche Grundlagen der Biologie. – 322 S., (Gustav Fischer) Stuttgart.
MÖBIUS, K. (1871): Das Tierleben am Boden der deutschen Ost- und Nordsee. – Sammlg. gemeinverst. wiss. Vorträge, 6: 3–32, Hamburg.
MÖBIUS, K. (1877): Die Auster und die Austernwirtschaft. – Berlin.
MOLLENHAUER, D. (1970): Betrachtungen über Bau und Leistung der Organismen. 1. Teil: Begriffliches, Terminologisches, Sprachliches und einige Erläuterungen dazu. – Aufs. u. Red. senckenberg. naturforsch. Ges., 19: 1–55, Frankfurt a. M.
MOLLENHAUER, D. (1976): Systemtheorie und botanische Systematik. Drei Betrachtungen. – In: W. SCHÄFER (Hrsg.), Evoluierende Systeme I. und II. – Aufs. u. Red. senckenberg. naturf. Ges., 28: 32–68, Frankfurt a. M.

NACHTIGALL, W. (1971): Biotechnik. – 127 S. UTB, (Quelle & Mayer) Heidelberg.
NACHTIGALL, W. (1977): »Pneus« – Beispiele aus der Zoologie. – In: Pneus in Natur und Technik. – Mitt. Inst. leichte Flächentragwerke Univ. Stuttgart, IL 9: 182–191, Stuttgart.

OSCHE, G. (1966): Grundzüge der allgemeinen Phylogenetik. – In: Handb. Biologie 3/2: 817–906, (Akad. Verl.-Ges.) Frankfurt a. M.
OSCHE, G. (1974): Evolution. Grundlagen-Erkenntnisse, Entwicklungen der Abstammungslehre. – (Herder-Verl.) Freiburg, Basel, Wien.
OTTO, F. (1977 a): Zur Evolution der Formenwelt der lebenden Natur. – In: Pneus in Natur und Technik. – Mitt. Inst. leichte Flächentragwerke Univ. Stuttgart, IL 9: 192–215, Stuttgart.
OTTO, F. (1977 b): Das Konstruktionssystem Pneu. – In: Pneus in Natur und Technik. – Mitt. Inst. leichte Flächentragwerke Univ. Stuttgart, IL 9: 20–21, Stuttgart.
OTTO, F. (1978): Der Pneu: Bauprinzip des Lebens. – Bild. d. Wissenschaft, 15 (10): 124–135.
OTTO, F. (1979): Grundlagen. – Mitt. d. Inst. für leichte Flächentragwerke (IL 21), 190 S., Stuttgart.

PETERS, D. S. (1972): Das Problem konvergent entstandener Strukturen in der anagenetischen und genealogischen Systematik. – Z. zool. Syst. Evolutionsforsch., 10: 161–173, Hamburg.
PETERS, D. S. (1976): Systematik: Schwerpunkt in der Forschung an Naturhistorischen Museen. – Natur u. Museum, 106 (7): 205–210, Frankfurt a. M.
PETERS, D. S., FRANZEN, J. L., GUTMANN, W. F. & MOLLENHAUER, D. (1974): Evolutionstheorie und Rekonstruktion des stammesgeschichtlichen Ablaufs. – Umschau, 74 (16): 501–506, Frankfurt a. M.
PETERS, D. S. & GUTMANN, W. F. (1971): Über die Lesrichtung von Merkmals- und Konstruktionsreihen. – Z. zool. Syst. Evolutionsforsch., 9 (4): 237–263, Hamburg.
PETERS, D. S., MOLLENHAUER, D. & GUTMANN, W. F. (1971): Bau, Konstruktion und Funktion des Organismus. – Natur u. Museum, 101 (5): 208–218, Frankfurt a. M.
PFLUG, H. D. (1971): Neue Fossilfunde im Jung-Präkambrium und ihre Aussagen zur Enstehung der höheren Tiere. – Geol. Rundschau, 60 (4): 1340–1350.
PFLUG, H. D. (1974): Vor- und Frühgeschichte der Metazoen. – N. Jb. Geol. Paläont. Abh., 145 (3): 328–374, Stuttgart.
POPPER, K. R. (1969): Logik der Forschung. – 3. Aufl., (J. C. B. Mohr) Tübingen.
POPPER, K. R. (1972): Naturgesetze und theoretische Systeme. – Theorie und Realität. – In: HANS ALBERT, Kapitel 2, S. 43–58, (J. C. B. Mohr), Tübingen.
PORTMANN, A. (1960): Der Pfeil des Humanen. Über P. TEILHARD DE CHARDIN. – 61 S., (Karl Alber) Freiburg, München.
PORTMANN, A. (1973): Biologie und Geist. – Suhrkamp-Taschenbuch 124, 339 S.
PORTMANN, A. (o. Jahr): Die Tiergestalt. Studien über die Bedeutung der tierischen Erscheinung. – 246 S., (Friedrich Reinhardt AG) Basel.

RATHMEYER, W. (1975): Zoologie heute. Aufgaben, Stand und Förderungsmöglichkeiten der zoologischen Wissenschaft in der Bundesrepublik Deutschland. – 62 S., (Gustav Fischer) Stuttgart.
REICH, O. (1965): KARL ERNST ADOLF VON HOFF, der Bahnbrecher moderner Geologie. – Leipzig.
REIF, W.-E. (1975): Lenkende und limitierende Faktoren in der Evolution. – Acta biotheoret., 24 (3–4): 136–162, Leiden.
REIF, W.-E. (1976 a): Morphogenese und Funktion des Exoskelettes der Haie. – Zbl. Geol. Paläont., Teil II, H. 5/6: 277–285, (Schweizerbart) Stuttgart.
REIF, W.-E. (1976 b): Funktion von Schale und Ligament bei Muscheln. – Zbl. Geol. Paläont., Teil II, H. 5/6: 298–303, (Schweizerbart) Stuttgart.
REINECK, H. E. (1963): Der Kastengreifer. Die Entwicklung eines Gerätes zur Entnahme ungestörter, orientierter Grundproben vom Meeresboden. – Natur und Museum, 93 (3): 102–108, Frankfurt a. M.
REINECK, H.-E. (1973): Bibliographie geologischer Arbeiten über rezente und fossile Kalk- und Silikatwatten (Bibliography of Recent and Ancient Tidalits). – Cour. Forsch.-Inst. Senckenberg, 6: 1–57, Frankfurt a. M.
REINECK, H.-E. Hrsg. (1978): Das Watt. Ablagerungs- und Lebensraum. – 2. verb. u. erweiterte Aufl., 185 S., (W. Kramer) Frankfurt a. M.
REINECK, H. E., DÖRJES, J., GADOW, S. & HERTWECK, G. (1968): Sedimentologie, Faunenzonierung und Faziesabfolge vor der Ostküste der inneren

Deutschen Bucht. – Senckenbergiana lethaea, 41 (4): 261-309, Frankfurt a. M.
REINECK, H. E. & SINGH, J. B. (1973): Depositional Sedimentary Environments. – 439 S., (Springer) Berlin, Heidelberg, New York.
REMANE, A. (1943): Die Bedeutung der Lebensformtypen für die Ökologie. – Biologia General, 17: 164-182, Wien.
REMANE, A. (1952): Die Besiedlung des Sandbodens im Meer und die Bedeutung der Lebensform-Typen für die Ökologie. – Verh. dtsch. Zool. Ges. Wilhelmshaven 1951, Leipzig.
REMANE, A. (1956): Die Grundlagen des natürlichen Systems, der vergleichenden Anatomie und Phylogenetik. – (Akad. Verl. Ges.) Leipzig.

RENSCH, B. (1977): Das universale Weltbild. Evolution und Naturphilosophie. – 320 S., (Fischer Taschenbuch-Verl., Bücher des Wissens), Frankfurt a. M.
RICHTER, R. (1929): Gründung und Aufgaben der Forschungsstelle für Meeresgeologie »Senckenberg« in Wilhelmshaven. – Natur u. Museum, 59 (1): 1–30, Frankfurt a. M.
RICHTER, R. & E. (1940): Studien im Paläozoikum der Mittelmeerländer. 5. Die Saukianda-Stufe von Andalusien, eine fremde Fauna im europäischen Ober-Kambrium. – Abh. senckenberg. naturf. Ges., 450: 1–88, Frankfurt a. M.
RICKERT, H. (1925): Die Grenzen der naturwissenschaftlichen Begriffsbildung. Eine logische Einleitung in die historischen Wissenschaften. – 743 S., 5. Aufl. (J. C. Mohr) Tübingen u. Leipzig.
RIEDL, R. (1975): Die Ordnung des Lebendigen. Systembedingungen der Evolution. – 372 S., (Paul Parey) Hamburg.
ROLAND, K. (1965): FREI OTTO – Spannweiten. Ideen und Versuche zum Leichtbau. – 168 S., (Verl. Ullstein) Berlin, Frankfurt a. M., Wien.
RUDOLPH, H. (1978): Was ist Geschichte? Zum Streit über die Bedeutung von politischen und sozialen Faktoren. - Frankf. Allg. Zeitung Nr. 119 (9. 6. 78): 25, Frankfurt a. M.

SCHÄFER, W. (1951): Fossilisations-Bedingungen brachyurer Krebse. – Abh. senckenberg. naturforsch. Ges., 485 (RICHTER-Festschrift): 221–238, Frankfurt a. M.
SCHÄFER, W. (1952): Das wissenschaftliche Tierbild. – Senckenberg-Buch 22: 143 S., (Verl. W. Kramer), Frankfurt a. M.
SCHÄFER, W. (1954): Form und Funktion der Brachyuren-Schere. – Abh. senckenberg. naturf. Ges., 489: 1–65, Frankfurt a. M.
SCHÄFER, W. (1955): Fossilisations-Bedingungen der Meeressäuger und Vögel. – Senckenbergiana leth., 36: 1–25, Frankfurt a. M.
SCHÄFER, W. (1956): Wirkungen der Benthos-Organismen auf den jungen Schichtverband. – Senckenbergiana leth., 37: 183–263, Frankfurt a. M.
SCHÄFER, W. (1962): Aktuo-Paläontologie. – Senckenberg-Buch 41: 666 S., (W. Kramer) Frankfurt a. M.
SCHÄFER, W. (1963): Biozönose und Biofazies im marinen Bereich. – Aufs. u. Red. senckenberg. naturf. Ges., 11: 1–36, Frankfurt a. M.
SCHÄFER, W. (1964): Naturwissenschaftliche Museen als Forschungsstätten. – Aufs. u. Red. senckenberg. naturf. Ges., 14: 1–28, Frankfurt a. M.
SCHÄFER, W. (1967): Biofazies-Bereiche im subfossilen Korallenriff Sarso (Rotes Meer). – Senckenbergiana leth., 48 (2): 107–133, Frankfurt a. M.
SCHÄFER, W. (1971): Der kritische Raum. Über den Bevölkerungsdruck bei Tier und Mensch. – Kleine Senckenberg Reihe, 4: 136 S., (W. Kramer, Frankfurt a. M.).
SCHÄFER, W. (1972): Ecology and Palaeoecology of marine Environments. – Translated by Irmgard Oertel, Ed. G. Y. Graig, Hrsg., 568 S., (Oliver & Boyd) Edinburgh.
SCHÄFER, W., Hrsg. (1973 a): Phylogenetische Rekonstruktionen – Theorie und Praxis. – Aufs. u. Red. senckenberg. naturf. Ges., 24: 179 S., Frankfurt a. M.
SCHÄFER, W. (1973 b): Altrhein-Verbund am nördlichen Oberrhein. – Cour. Forsch.-Inst. Senckenberg, 7, 63 S., Frankfurt a. M.
SCHÄFER, W. (1974 a): Objekt & Bild. Beiträge zu einer Lehre vom Museum. – Kleine Senckenberg Reihe, 6: 290 S., (W. Kramer), Frankfurt a. M.
SCHÄFER, W. (1974 b): Museen in unserer Zeit. – In: DEUTSCHE FORSCHUNGSGEMEINSCHAFT: Denkschrift Museen. Zur Lage der Museen in der Bundesrepublik Deutschland und Berlin (West). – (Harald Boldt-Verl. KG) Boppard.
SCHÄFER, W., Hrsg. (1975): Ontogenetische und konstruktive Gesichtspunkte bei phylogenetischen Rekonstruktionen. Beitr. d. 3. Arbeitsgesprächs zu Fragen der Phylogenetik und Systematik in der Außenstelle Lochmühle. – Aufs. u. Red. senckenberg. naturf. Ges., 27: 125 S., Frankfurt a. M.
SCHÄFER, W. (1976 a): Paläontologie, Wissensgut – Bildungsgut. – Paläont. Z., 50 (3/4): 113–129, Stuttgart.
SCHÄFER, W. (1976 b): Fossilien, Objekte der Erkenntnis, der Praxis und der Bildung. – Senckenberg-Buch 56: 37 S., Frankfurt a. M.
SCHÄFER, W. (1977 a): Aktuopaläontologische Beobachtungen. 12. Fluviatile Sedimentation. – Natur u. Museum, 107 (8): 235–238, Frankfurt a. M.
SCHÄFER, W. (1977 b): Aktuopaläontologische Beobachtungen. 15. Biofazies-Bereiche in den Sedimenten des Oberrheins und Fossilisationsbedingungen von Flußfischen. – Natur u. Museum, 107 (11): 338–345, Frankfurt a. M.
SCHÄFER, W. (1978): Der Oberrhein, ökotechnisch gesehen. – Cour. Forsch.-Inst. Senckenberg, 31: 87 S., Frankfurt a. M.
SCHÄFER, W. & HERTWECK, G. (1974): Veröffentlichungen aus der Meeresgeologie und Aktuopaläontologie in den Zeitschriften und Schriftenreihen des

Forschungsinstituts Senckenberg. – Cour. Forsch.-Inst. Senckenberg, 8: 1–126, Frankfurt a. M.
SCHILL, R. (1977): Pneumatische Konstruktionen in der Botanik. – In »Pneu in Natur und Technik«. – Mitt. Inst. leichte Flächentragwerke Univ. Stuttgart, IL 9: 158–163, Stuttgart.
SCHINDEWOLF, O. (1948): Einhundert Jahre Paläontologie (Paläozoologie). Ein Rückblick auf ihre Entwicklung in Deutschland. – Z. dtsch. geol. Ges., 100: 67–93, Stuttgart.
SCHINDEWOLF, O. (1963): Erdgeschichte und Weltgeschichte. – Akad. Wiss. u. Lit. Mainz, Abh. math.-naturwiss. Kl., 2: 54–104, Wiesbaden.
SCHMALFUSS, H. (1976): Panzerskulpturen bei Arthropoden.– Zbl. Geol. Paläont., Teil II, H. 5/6: 312–316 (Schweizerbart) Stuttgart.
SCHMID, E. (1973): Das Tier in der Kunst des Eiszeitmenschen. – Aus: Kunst und Realität. Akad. Vorträge geh. an der Univ. Basel, (Helbig u. Lichtenhahn) Basel.
SCHMIDT, H. (1958): Zur Rangordnung der Faziesbegriffe. – Mitt. Geol. Ges. Wien, 49: 333–345, Wien.
SCHMIDT, H. (1960): Philosophisches Wörterbuch. – 18. Aufl., (Kröner) Stuttgart.
SCHMOLL, gen. EISENWERTH, J. A. (1964): Torso und Non-Finito. – In: Torso – das Unvollendete als künstlerische Form. – Städt. Kunsthalle Recklinghausen.
SCHNEIDER, J. (1977): Geowissenschaftler und ihre Verantwortung für die menschliche Gesellschaft. Beispiel: Manganknollen-Gewinnung aus der Tiefsee. – Geol. Rundsch. 66 (3): 740–755, Stuttgart.
SCHREIBER, H. (1976): Kommt der Realismus wieder? Zur Kunst der Gegenwart. – Texte, Thesen 28, (A. Fromm) Osnabrück.
SCHUMANN, D. (1976): Mesodermale Endoskelette bei Brachiopoden. – Zbl. Geol. Paläont., Teil II, H. 5/6: 316–320, (Schweizerbart) Stuttgart.
SCHWARZBACH, M. (1974): Das Klima der Vorzeit. Eine Einführung in die Paläoklimatologie. – 3. neubearb. Aufl., 380 S., (Ferd. Enke) Stuttgart.
SCHWEMMLER, W. (1978 a): Evolution der Urzeller: Rekonstruktion des Lebensursprungs. – Natur u. Museum, 108 (2): 49–53, Frankfurt a. M.
SCHWEMMLER, W. (1978 b): Die Rekonstruktion der Präcytenevolution als experimenteller Forschungsanreiz. – Cour. Forsch.-Inst. Senckenberg, 28: 75 S., Frankfurt a. M.
SCHWENKE, W. (1955): Ergebnisse und Aufgaben der ökologischen und biozönologischen Entomologie. – Ber. 7. Wanderversammlung Deutscher Entomologen 1954: 62–80.
SEDLMAYER, H. (1970): Gefahr und Hoffnung des Technischen Zeitalters. – 68 S. (Otto Müller Verl.) Salzburg.
SEIBOLD, E. (1974): Der Meeresboden. Ergebnisse und Probleme der Meeresgeologie. – 183 S., (Springer-Verl.) Berlin, Heidelberg, New York.
SEILACHER, A. (1953 a): Studien zur Palichnologie. I. Über die Methoden der Palichnologie. – N. Jb. Geol. Paläont., 96: 421–452, Stuttgart.
SEILACHER, A. (1953 b): Studien zur Palichnologie. II. Die fossilen Ruhespuren (Cubichnia). – N. Jb. Geol. Paläont., 98: 87–124, Stuttgart.
SEILACHER, A. (1976 a): Palökologie. Konstruktionen, Sedimentologie, Diagenese und Vergesellschaftung von Fossilien. – Zbl. Geol. Paläont. Teil II, H. 5/6: 203–494, Stuttgart.
SEILACHER, A., ed. (1976 b): Evolution von Spuren-Vergesellschaftungen. Palökologie. Konstruktionen, Sedimentologie, Diagenese und Vergesellschaftung von Fossilien. Bericht 1970–1975 des Sonderforschungsbereichs 53, Tübingen. – Zentralbl. Geol. u. Paläont., Teil II, H. 5/6: 396–402, Stuttgart.
SEILACHER, A. (1976 c): Photosymbiontische Muscheln. – Zbl. Geol. Paläont., Teil II, H. 5/6: 303–305, (Schweizerbart) Stuttgart.
SEILACHER, A. (1976 d): Konstruktionsmorphologische Lizenzen des Echinodermen-Skelettes. – Zbl. Geol. Paläont., Teil II, H. 5/6: 306–311, (Schweizerbart) Stuttgart.
S.-F. (1978): Die Weltauffassung der modernen Wissenschaften. – Frankf. Allgemein. Zeitung Nr. 172, 11. August 1978, Frankfurt a. M.
SIEWING, R., Hrsg. (1978): Evolution. Bedingungen, Resultate, Konsequenzen. – (Gustav Fischer Verl.) Stuttgart, New York.
SIMON, W. (1948): Zeitmarken der Erde. Grund und Grenze geologischer Forschung. – Die Wissenschaft (Hrsg. WESTPHAL), 232 S., (Fr. Vieweg & Sohn) Braunschweig.
STARCK, D. S. (1966): Vergleichende Anatomie der Wirbeltiere von Gegenbaur bis heute. – Verh. Deutsch. Zool. Ges., 28: 51–67, Jena, Leipzig.
STARCK, D. (1977): Tendenzen und Strömungen in der vergleichenden Anatomie der Wirbeltiere im 19. und 20. Jahrhundert. – Natur u. Museum, 107 (4): 93–102, Frankfurt a. M.
STARCK, D. (1978): Vergleichende Anatomie der Wirbeltiere auf evolutionsbiologischer Grundlage, Band 1. Theoretische Grundlagen. Stammesgeschichte und Systematik unter Berücksichtigung der niederen Chordaten. – 276 S. (Springer-Verl.) Berlin, Heidelberg, New York.

TEILHARD DE CHARDIN, P. (1961): Die Entstehung des Menschen. – Aus dem Französischen von Günther Scheel, 2. Aufl., 129 S., (C. H. Beck) Nördlingen.
THENIUS, E. (1966): Ergebnisse und Probleme der Wirbeltierpaläontologie. – Naturwissenschaften, 11: 261–268, Berlin, Heidelberg, New York.
THENIUS, E. (1977): Meere und Länder im Wechsel der Zeiten. Die Paläogeographie als Grundlage für die Biogeographie. – 100 S., (Springer) Berlin, Heidelberg, New York.
THIENEMANN, A. (1942): Vom Wesen der Ökologie. – Biol. General., 15: 312–331, Wien.
THIENEMANN, A. (1959): Erinnerungen und Tage-

buchblätter eines Biologen. Ein Leben im Dienste der Limnologie. – 499 S., (Schweizerbart) Stuttgart.
TISCHLER, V. (1955): Synökologie der Landtiere. – 415 S., (Gustav Fischer) Stuttgart.
TOYNBEE, A. J. (1949): Der Gang der Weltgeschichte. – 583 S. (Kohlhammer) Stuttgart.

UEXKÜLL, F. VON (1956): Streifzüge durch die Umwelten von Tieren und Menschen. Bedeutungslehre. – 182 S., (rowohlts deutsche enzyklopädie) Hamburg.

VÖGE, W. (1914): Die Bahnbrecher des Naturstudiums um 1200. – Z. f. bildende Kunst, N. F., 25 (8): 193–216.
VOGEL, K. (1975): Funktionsmorphologie als Hilfsmittel paläontologischer Evolutionsforschung. – Sitz. – Ber. Wiss. Ges. Joh. W. Goethe-Univ. Frankfurt/M., 13 (1): 1–29, Wiesbaden.

WAHLERT, G. VON (1978): Co-Evolution herrscht überall. – In: O. KRAUS (Hrsg.): 20. Phylogenetisches Symposium: Co-Evolution, (Paul Parey Verl.) Hamburg u. Berlin.
WALTHER, J. (1893/94): Einleitung in die Geologie als historische Wissenschaft (1893). – Lithogenesis der Gegenwart (1894), (Gustav Fischer) Jena.
WALTHER, J. (1912): Das Gesetz der Wüstenbildung in Gegenwart und Vorzeit. – 2. neubearb. Aufl., 342 S., (Quelle & Meyer) Leipzig.
WEGENER, A. (1915): Die Entstehung der Kontinente und Ozeane. – 6. Aufl., 1962, Braunschweig.
WEIGELT, JOH. (1927): Rezente Wirbeltierleichen und ihre paläobiologische Bedeutung. – 227 S., (Max Weg) Leipzig.
WEIGELT, JOH. (1932): Die eozäne Lebewelt in der Braunkohle des Geiseltales. – Nova Leopoldina, N. F., 1 (1): 1–27, Halle.
WENDT, J. (1976): Der Skelettbau mesozoischer und rezenter Kalkschwämme. – Zbl. Geol. Paläont., Teil II, H. 5/6: 321–325, (Schweizerbart) Stuttgart.
WESTPHAL, F. (1976): Morphogenese und Funktion von Reptil-Skeletten. – Zbl. Geol. Paläont., Teil II, H. 5/6: 285–293, (Schweizerbart) Stuttgart.
WILSON, J. L. (1975): Carbonate Facies in Geologic History. – 302 S., (Springer) Berlin, Heidelberg, New York.
WILSON, J. T. (1966): Did the Atlantic close and than re-open? – Nature, 211: 676–681, London.
WINDELBAND, W. (1892): Lehrbuch der Geschichte der Philosophie. – 15. Aufl., 1957.
ZANKL, H. (1971): Upper triassic Carbonate Facies in the Northern Limestone Alps. – In: Müller, G. (Ed.) Sedimentology of Parts of Central Europe. – Guidebook, 8. Intern. Sed. Congress, Heidelberg.
ZIEGLER, B. (1972): Einführung in die Paläobiologie Teil 1. Allgemeine Paläontologie. – 245 S., (E. Schweizerbart) Stuttgart.
ZITTEL, K. VON (1899): Geschichte der Geologie und Paläontologie bis Ende des 19. Jahrhunderts. – 868 S., (R. Oldenbourg) München u. Leipzig.
ZORN, H. (1978): Die Variationsanalyse als Mittel zum besseren Verständnis von Form, Funktion, Adaption und Evolution (erläutert an einem devonischen Branchiopoden). – Aufs. u. Reden senckenb. naturf. Ges. 29: 39–57.
ZWÖLFER, H. (1978): Mechanismen und Ergebnisse der Co-Evolution von phytophagen und entomophagen Insekten und höheren Pflanzen. – In: KRAUS, O. (Hrsg.) 20. Phylogenetisches Symposium: Co-Evolution – (Paul Parey Verl.) Hamburg u. Berlin.

Abbildungs-Nachweis

Aus LEONARDO DA VINCI (1965): – Emil Vollmer Verl. Wiesbaden, Berlin. 4. verb. Aufl.; die Abbildungen 8 a–g, 140 a u. b.
Aus OTTO, F., Hrsg. (1977): Pneus in Natur und Technik. – IL 9, Mitt. Inst. leichte Flächentragwerke Univ. Stuttgart; die Abbildungen 13a-e.
Aus PLATON, Umschlagbild von »Mit den Augen des Geistes« (1955). – Fischer-Bücherei, Frankfurt a. M.; die Abbildung 175.
Aus NOWIKOFF, M. (1949): Grundzüge der Geschichte der biologischen Theorien. – C. Hanser Verl., München; die Abbildungen 178, 179, 180, 183, 188, 189, 190, 197, 198, 201, 205, 206, 207, 210.
Aus HOTTINGER, Chr., Hrsg. (1881): Die Welt in Bildern (orbis pictus). – Berlin u. Straßburg; die Abbildungen 177, 181, 182, 184, 186, 203.
Aus Der neue Brockhaus, 4: 6, A. Brockhaus, Wiesbaden; die Abbildung 185.
Aus HAGBERG, K., (1940): CARL LINNAEUS. – Goverts Verl. Hamburg; die Abbildung 189.
Aus KUHN-SCHNYDER, E. (1953): Geschichte der Wirbeltiere. – Benno Schwabe, Basel; die Abbildungen 190, 194, 202, 211.
Aus FISCHER, W. (1936): ABRAHAM GOTTLIEB WERNER in Darstellungen der bildenden Künste. – Mitt. Museum f. Min., Geologie u. Vorgeschichte zu Dresden. N. F. 40, Dresden; die Abbildung 193.
Aus FREYBERG, D. v. (1932): Die geologische Erforschung Thüringens in älterer Zeit. – Gebr. Bornträger, Berlin; die Abbildung 196.
Aus SCHWARZBACH, M. (1974): Das Klima der Vorzeit. – Ferd. Enke Verl., Stuttgart; die Abbildungen 217.
Aus MARTIN, G. P. R. (1965): AMANZ GRESSLY. – Natur u. Museum, 95 (5): 217–226, Frankfurt a. M.; die Abbildung 206.
Aus Festschrift KARL MÖBIUS (1905): – Zool. Jb. Suppl. VIII, Fischer, Jena; die Abbildung 210.
Aus Festschrift JOHANNES WALTHER (1930): – Kaiserl. Leopold. Akad. Naturforsch., Halle; die Abbildung 214.
Aus UEXKÜLL, G. v. (1964): JAKOB VON UEXKÜLL, seine Welt und seine Umwelt. – Wegener, Hamburg; die Abbildung 215.
Aus EHRENBERG, K. (1975): OTHENIO ABEL's Lebensweg. – Österr. Hochschülerschaft Univ. Wien; die Abbildung 216.
Aus SAUER, H. (1970): KARL JASPERS in Selbstzeugnissen und Bilddokumenten. – Rowohlt, Reinbeck b. Hamburg; die Abbildung 221.
Aus ERBEN, H. K. (1971): OTTO HEINRICH SCHINDEWOLF. – Paläont. Z. 45 (3/4): 95–96, Stuttgart; die Abbildung 223.
Aus Umschlagbild ARAGONEZ, Cl. (1962): Pilger der Zukunft, Neue Reisebriefe. – Karl Albers, Freiburg, München; die Abbildung 219.
Aus BARTENSTEIN, H. (1966): ALCIDE D'ORBIGNY 1802– 1857. – Aus: Geschichte der Mikroskopie, 3: 303– 312, Umschau, Frankfurt a. M.; die Abbildung 202.

Über den Autor:

WILHELM SCHÄFER, Jahrgang 1912, von 1961–1978 Direktor des Naturmuseums und Forschungsinstituts Senckenberg in Frankfurt am Main. Davor, während 22 Jahren, örtlicher Leiter des senckenbergischen Zweiginstituts für Meeresgeologie und Meeresbiologie in Wilhelmshaven. Habilitiert an der Johann Wolfgang Goethe-Universität in Frankfurt am Main; Honorarprofessor. Publikationen aus den Gebieten der Meeresbiologie und Meerespaläontologie, der Biofazieskunde, der Flußökologie und der Ökotechnik sowie der Geschichte der Biologie. Neben einem Universitätsstudium der Naturwissenschaften ein solches der Kunstgeschichte und praktischen Malerei. Seit je als Graphiker und in der Plastik tätig und vor allem Fragen der wissenschaftlichen Illustration nachgehend: anatomische Rekonstruktionsmethoden (fossile Wirbeltiere), Museumsbau und Museumsgestaltung. Reisen im Mittelmeergebiet, in SO-Europa, im Roten Meer (Korallenriffe), in Ostafrika und in den USA.